"十四五"职业教育河南省规划教材

职业教育国家在线精品课程配套教材

肉及肉制品加工

主　编　唐雪燕　漯河食品工程职业大学

李翔辉　漯河食品工程职业大学

副主编　李　静　广东轻工职业技术大学

马长路　北京农业职业学院

程丽丽　漯河食品工程职业大学

参　编　赵建生　河南双汇投资发展股份有限公司

王文光　陕西农林职业技术大学

徐薇薇　广西农业职业技术大学

郑俊峰　漳州职业技术学院

刘飞龙　河南双汇投资发展股份有限公司

李亚欣　河南职业技术学院

吕永林　漯河食品工程职业大学

王丽莎　漯河食品工程职业大学

孟亚萍　郑州科技学院

张媛媛　漯河食品工程职业大学

图书在版编目（CIP）数据

肉及肉制品加工 / 唐雪燕，李翔辉主编.--西安：西安交通大学出版社，2025.1.--ISBN 978-7-5693-3940-6

Ⅰ.TS251.5

中国国家版本馆CIP数据核字第2025VT5232号

Rou ji Rouzhipin Jiagong

书　　名　肉及肉制品加工
主　　编　唐雪燕　李翔辉
责任编辑　郭泉泉
责任校对　肖　眉
装帧设计　伍　胜

出版发行　西安交通大学出版社
（西安市兴庆南路1号　邮政编码710048）
网　　址　http://www.xjtupress.com
电　　话　（029）82668357　82667874（市场营销中心)
（029）82668315（总编办）
传　　真　（029）82668280
印　　刷　西安五星印刷有限公司

开　　本　787 mm × 1092 mm　1/16　印张　24.25　字数　473千字
版次印次　2025年1月第1版　2025年1月第1次印刷
书　　号　ISBN 978-7-5693-3940-6
定　　价　55.00元

如发现印装质量问题，请与本社市场营销中心联系。
订购热线：（029）82665248　（029）82667874
投稿热线：（029）82668803

前 言

随着国家扩大内需政策的实施与城乡居民收入水平的提升，肉制品行业的市场规模持续扩大。近年来，肉制品市场规模年均复合增长率达3.20%，显现出强劲的发展态势，行业对肉制品加工高素质技术、技能人才需求增加，职业院校肩负着培养技术、技能人才的重任。

教材作为知识传承与技能培养的关键载体，在人才培养体系中具有基础性作用。现有肉制品加工类教材普遍存在产教融合滞后于产业技术升级、课程体系实践导向不足的双重困境。依托产教融合协同创新机制，漯河食品工程职业大学联合行业龙头企业河南双汇投资发展股份有限公司与兄弟院校，共同开发了实践导向型校企合作教材《肉及肉制品加工》，通过嵌入式二维码关联数字资源包，作为职业教育国家在线精品课程“肉制品加工技术”配套教材。

本书共9个模块20个任务。每个任务设置“任务书”和“学习活动”两个板块，其中“学习活动”涵盖接受任务、制订方案、任务实施、任务评价、相关知识5个环节。每个活动中都配有相应表单，使学生通过表单填写提前掌握企业实际生产工作，为职业岗位能力迁移奠定基础。

本书由漯河食品工程职业大学和河南双汇投资发展股份有限公司组织编写，漯河食品工程职业大学唐雪燕、李翔辉任主编，广东轻工职业技术大学李静、北京农业职业学院马长路、漯河食品工程职业大学程丽丽任副主编。模块一由吕永林、赵建生、唐雪燕编写，模块二由程丽丽、王丽莎、李静编写，模块三由王丽莎、王文光、张媛媛编写，模块四由刘飞龙、李翔辉、程丽丽编写，模块五由程丽丽、孟亚萍、马长路编写，模块六由李静、李翔辉、马长路编写，模块七由唐雪燕、郑俊峰、徐薇薇编写，模块八由孟亚萍、吕永林、唐雪燕编写，模块九由李翔辉、张媛媛、李亚欣编写，附录由吕永林、刘飞龙编写。

鉴于肉制品品类多样性特征及产业技术快速迭代趋势，新产品、新工艺、新技术不断涌现，尽管编者尽了最大努力，但由于资料有限和经验不足，加之时间仓促，书中难免还存在不妥之处，真诚希望广大读者批评指正。

唐雪燕　李翔辉

2024 年 12 月

目 录

模块一　畜禽屠宰加工

畜禽屠宰加工是指宰杀畜禽以生产畜禽肉及副产品的过程。通常把畜禽经过刺杀、放血、开膛去内脏、副产品整理等加工流程，最后加工成胴体和副产品的过程，称为屠宰加工；按照市场需求将屠宰后的胴体按不同部位进一步分割成肉块的加工过程，称为分割加工。分割肉便于直接供给消费者或进一步深加工。畜禽肉可加工成热鲜肉直接销售，但更多的企业是加工成冷鲜肉或冷冻肉包装销售，既有利于贮藏保鲜和肉制品加工，又有利于提高畜禽肉的商品价值，增加企业的经济效益。

各种畜禽的屠宰与分割加工过程大致相同，本模块设计“屠宰加工猪”和“屠宰加工鸡”2个任务，每项任务包含“接受任务”“制订方案”“任务实施”“任务评价”“相关知识”5项学习活动，通过2个学习任务来整合食品智能加工技术专业学生处理和解决疑难问题所涉及的技能点和知识点，适合相关专业师生和生产企业员工参考阅读。

通过本模块的学习，你能学会：①屠宰加工猪；②屠宰加工鸡。

任务一　屠宰加工猪

任务书

一、任务情境描述

公司销售部门接到“冷鲜猪肉”订单，下达生产部，生产部编制生产计划单，下达生产车间。请你按照《生猪屠宰加工工艺规程》完成本次生产任务，并按时供货。

二、价值分析

（一）社会价值

为确保食品安全，我国实行生猪定点屠宰，持有政府颁发的定点屠宰证的企业才允许屠宰生猪，严禁私屠乱宰。学习屠宰加工技术，培养高级屠宰加工技师，能确保人民吃上放心肉。

（二）职业价值

在无数次重复的工作中，不断提升自己的实操技能和职业操守，充分体现卓越屠宰加工技师遵照规程、执行规范、生产安全营养放心肉的崇高职业素养，你很快会从技师走向高级技师，同时，随着综合能力和经营意识的提升，你会成为复合型人才，走向企业中高层领导岗位。

学习活动

屠宰加工猪的学习活动见表 1–1。

表 1–1　屠宰加工猪的学习活动

活动序号	学习活动	完成情况	完成时间 / min
1	接受任务		
2	制订方案		
3	任务实施		
4	任务评价		
5	相关知识		

学习活动一 接受任务

学习要求：通过该活动，同学们要明确“冷鲜猪肉生产计划单”中的具体要求，按时完成冷鲜猪肉的生产任务。具体工作步骤及要求见表 1–2。

表 1–2 具体工作步骤及要求

序号	工作步骤	要求	完成情况	完成时间 / min
1	识读生产计划单	能快速准确地明确计划要求并清晰表达，在教师要求的时间内完成，能够读懂生产计划单中的各项内容		
2	确定生产工艺和设备	能够选择任务需要完成的工艺，并进行时间和工作场所安排，掌握相关理论知识		
3	编制任务分析报告	能够清晰地描写任务认知与理解等，思路清晰，语言描述流畅		

今接到一生产计划单，具体内容见表 1–3。

表 1–3 生产计划单

项目	内容	项目	内容
计划下达部门		计划接收部门	
计划下达日期		订单号	
产品代码		产品类别	
产品名称		级别与规格	
单位		订单数量	
生产日期		包装物要求	
要求最迟到货日期		到货地点	
备注说明			

生产部编制计划人员：__________ 生产部部长：__________

一、识读生产计划单

（1）请用红色笔标出生产计划单中的关键词，并把关键词抄在下面横线上。

____

____

（2）请从关键词中选择词语组成一句话，说明生产计划单的要求（其中包含产品总量、规格、交货时间的具体要求）。

二、确定生产工艺和设备

（1）根据《生猪屠宰加工工艺规程》，以表格形式列出工艺过程中的主要设备设施、技术参数及工作要求，详见表 1–4。

表 1–4　生猪屠宰的主要设备设施、技术参数及工作要求

工序	主要设备设施	技术参数	工作要求
生猪接收检验			
待宰静养			
致昏放血			
吊挂预清洗			
烫毛脱毛（或剥皮）			
吊挂燎毛			
抛光清洗			
开膛净腔			
检验检疫			
劈半			
摘三腺			
去头、蹄			
修整复验、撕板油			
计量分级、整修			
预冷排酸			
检验包装发货			

（2）为顺利完成生产任务，请提前学习本公司的《生猪屠宰加工工艺规程》并查阅相关资料，写出带皮冷鲜白条猪肉的分级标准和加工标准。

三、编写任务分析报告

（一）基本信息（表 1–5）

表 1–5　基本信息

项目	内容	备注
产品名称		
生产数量		
到货时间		
接收检验生猪时间		
设备器具清洗消毒时间		
生产时间		
白条肉入库时间		
发货时间		

（二）任务分析

依据订单需求，按照公司《生猪屠宰加工工艺规程》生产加工带皮冷鲜白条猪肉，请绘制详细的生产工艺流程图。

____

____

学习活动二　制订方案

学习要求：通过对《生猪屠宰加工工艺规程》的分析，编制工作流程、仪器设备清单、原辅材料清单及生产方案。具体要求见表 1–6。

表 1–6　具体要求

序号	工作步骤	要求	完成情况
1	编制工作流程	在 30 min 内完成工作流程编制，工作流程内容完整	
2	编制仪器设备清单	在 30 min 内完成仪器设备清单编制，满足生产工艺需要	
3	编制原辅材料清单	在 20 min 内完成生猪屠宰需求清单编制，与订单计划对接	
4	编制生产方案	在 40 min 内完成生产方案编制，确保生产工作顺利进行	

一、编制工作流程

（1）项目的主要工作流程可以分为5个部分，分别是设备及工器具的清洗消毒、原辅材料的准备、实施生产加工、出厂检验、物流配送。

请回忆一下，各部分的主要工作任务有哪些？各部分的工作要求分别是什么？大约需要花费多长时间？具体工作流程见表1–7。

表1–7　工作流程

序号	工作流程	主要工作内容	参考标准	时间 / h
1	设备及工器具的清洗消毒			
2	原辅材料的准备			
3	实施生产加工			
4	出厂检验			
5	物流配送			

（2）请分析《生猪屠宰加工工艺规程》，写出工作流程，并写出完整的工作内容和要求，详见表1–8。

表1–8　生猪屠宰生产工作流程

序号	工作流程	具体工作内容	要求
1			
2			
3			
4			
5			
6			
7			
8			
9			
10			
11			
12			
13			
14			
15			
16			

二、编制仪器设备清单

为了完成生产过程，需要用到哪些仪器设备？请列表完成（表1-9）。

表1-9　生猪屠宰生产仪器设备清单

序号	仪器设备名称	型号	作用	是否会操作
1				
2				
3				
4				
5				
6				
7				
8				
9				
10				
11				

三、编制原辅材料清单

为完成生产任务，需要用到哪些原辅材料？请列表完成（表1-10）。（提示：既包括符合订单要求的生猪，还包括卫生消毒用到的耗材、生产环节用到的包装物等耗材。）

表1-10　生猪屠宰原辅材料清单

序号	原辅材料名称	用量	作用	备注
1				
2				
3				
4				
5				
6				

四、编制生产方案

方案名称：________________

（一）生产目标

（填写说明：概括说明本次生产任务要达到的目标。）

（二）工作内容安排（表 1–11）

表 1–11　生猪屠宰生产工作内容安排

生产流程	仪器设备及原辅材料	生产要求	操作要求	计划时间 / h

（三）产品加工标准及感官质量评价

（填写说明：从产品的加工标准、色泽、组织状态等方面进行感官质量评价）

（四）有关安全注意事项及防护措施

（填写说明：生产过程中的安全操作及防护要求。）

学习活动三　任务实施

建议学时：2~3 学时。

学习要求：按照生猪屠宰生产方案中的内容，完成生产过程。生产过程符合生产安全、食品安全、质量标准、现场“6S”管理等要求。工作流程及要求见表 1–12。

表 1–12　工作流程及要求

序号	工作流程	要求	学时安排	备注
1	设备及工器具的清洗消毒	按照设备及工器具清洗消毒规程按时完成上述工作		
2	原辅材料的准备	按照订单需求准备原辅材料		
3	实施生产加工	严格按照《生猪屠宰加工工艺规程》执行，按时完成任务		

续表

序号	工作流程	要求	学时安排	备注
4	出厂检验			
5	物流配送			
6	评价			

一、安全注意事项

请结合在实训基地生产时的安全事项，写出本任务需要注意的安全事项。

____

____

二、设备及工器具的清洗消毒

（一）完成清洗消毒

请阅读下述材料，完成设备及工器具的清洗消毒，并做好记录（表 1-13）。

设备及工器具的清洗消毒流程：清刮干净残留物→清水冲洗→清洁剂刷洗→清水冲洗→消毒液消毒→清水冲洗→沥干水分→定点定位放置。

表 1-13　清洗消毒记录表

设备及工器具名称	清洗消毒方法	完成人	完成时间	是否完成

（二）相关要求

（1）清刮干净残留物，另行处理，防止进入下水道污染环境。

（2）消毒液消毒，通常用 0.01%~0.02% 次氯酸钠溶液喷洒消毒 30 min 以上，或者用 75% 食用酒精喷洒消毒。

（3）涂抹润滑油，设备易生锈的部位沥干水分后需涂抹食用级润滑油，防止生锈。

（4）生产用工器具在清洗池内清洗消毒，合格后定点定位放置。

（5）打扫地面卫生的扫帚、拖把、垃圾铲等卫生器具应在拖把池内清洗合格后定点定位放置，严禁在生产器具清洗池内清洗，防止交叉污染。

三、原辅材料的准备

按照订单需求接收生猪，并完成屠宰前准备，具体见表 1–14。

表 1–14　原辅材料记录

序号	原辅材料名称	用量	完成人	完成时间
1				
2				
3				
4				
5				
6				

四、实施生产加工

严格执行《生猪屠宰加工工艺规程》，按时完成任务，并填写生产记录（表 1–15）。

表 1–15　生猪屠宰生产记录

序号	生产步骤	标准、要求	操作人	完成时间要求
1				
2				
3				
4				
5				
6				
7				
8				
9				
10				
11				
12				
13				
14				
15				
16				

五、出厂检验

查阅生猪屠宰相关知识，掌握同步检验检疫、初检、复检等知识点，写出出厂检验的注意事项及白条猪肉合格后需要盖的章。

____

____

六、物流配送

查阅生猪屠宰相关知识，写出冷鲜白条猪肉的包装及物流配送要求。

____

____

学习活动四　任务评价

建议学时： 0.5 学时。

学习要求： 通过最后的任务评价，学生能明白做事要善始善终，知道自己掌握了多少，知道自己要努力的方向。

分小组按照任务评价表要求进行评价（表 1–16）。

表 1–16　任务评价表

项次	项目要求		配分	评分细则	自我评价	小组评价	教师评价
素养（20 分）	纪律情况（5分）	按时到岗，不迟到、早退	2 分	缺勤全扣，迟到、早退出现 1 次扣 1 分			
		积极思考、回答问题	2 分	根据上课统计情况得 1~2 分			
		学习用品准备	1 分	自己主动准备好学习用品并确保齐全得 1 分			
		执行教师命令	0 分	此为否定项，违规酌情扣 10~100 分，违反校规按校规处理			
	职业道德（6分）	主动与他人合作	2 分	主动合作得 2 分，被动合作得 1 分			
		主动帮助同学	2 分	主动帮助同学得 2 分，被动帮助同学得 1 分			
		严谨、追求完美	2 分	对工作精益求精且效果明显得 2 分，对工作认真得 1 分，其余不得分			

续表

<table>
<tr><th>项次</th><th colspan="2">项目要求</th><th>配分</th><th>评分细则</th><th>自我评价</th><th>小组评价</th><th>教师评价</th></tr>
<tr><td rowspan="3"></td><td rowspan="2">“6S”（4分）</td><td>桌面、地面整洁</td><td>2 分</td><td>自己工位的桌面、地面整洁且无杂物得 2 分，不合格不得分</td><td></td><td></td><td></td></tr>
<tr><td>物品定置管理</td><td>2 分</td><td>按定置要求放置得 2 分，其余不得分</td><td></td><td></td><td></td></tr>
<tr><td>阅读能力（5分）</td><td>快速阅读能力</td><td>5 分</td><td>能快速准确地明确任务要求并清晰表达得 5 分，能主动沟通并在受指导后达标得 3 分，其余不得分</td><td></td><td></td><td></td></tr>
<tr><td rowspan="10">核心技术（60 分）</td><td rowspan="3">接受任务（15 分）</td><td>识读计划单</td><td>5 分</td><td>能全部完成任务得 5 分，其余视情况得 1~4 分</td><td></td><td></td><td></td></tr>
<tr><td>确定生产工艺和设备</td><td>5 分</td><td>能全部完成任务得 5 分，其余视情况得 1~4 分</td><td></td><td></td><td></td></tr>
<tr><td>编写任务分析报告</td><td>5 分</td><td>能全部完成任务得 5 分，其余视情况得 1~4 分</td><td></td><td></td><td></td></tr>
<tr><td rowspan="3">制订方案（15 分）</td><td>编制工作流程</td><td>5 分</td><td>能全部完成任务得 5 分，其余视情况得 1~4 分</td><td></td><td></td><td></td></tr>
<tr><td>编制仪器设备清单</td><td>5 分</td><td>能全部完成任务得 5 分，其余视情况得 1~4 分</td><td></td><td></td><td></td></tr>
<tr><td>编制原辅材料清单</td><td>5 分</td><td>能全部完成任务得 5 分，其余视情况得 1~4 分</td><td></td><td></td><td></td></tr>
<tr><td rowspan="4">任务实施（30 分）</td><td>编制生产方案</td><td>5 分</td><td>能全部完成任务得 5 分，其余视情况得 1~4 分</td><td></td><td></td><td></td></tr>
<tr><td>设备器具清洗消毒</td><td>5 分</td><td>能全部完成任务得 5 分，其余视情况得 1~4 分</td><td></td><td></td><td></td></tr>
<tr><td>原辅材料准备</td><td>5 分</td><td>能全部完成任务得 5 分，其余视情况得 1~4 分</td><td></td><td></td><td></td></tr>
<tr><td>生产加工</td><td>15 分</td><td>能全部完成任务得 15 分，其余视情况得 1~14 分</td><td></td><td></td><td></td></tr>
<tr><td rowspan="5">工作页完成情况（20 分）</td><td rowspan="5">按时、保质保量完成工作页（20 分）</td><td>按时提交</td><td>4 分</td><td>按时提交得 4 分，迟交不得分</td><td></td><td></td><td></td></tr>
<tr><td>书写整齐度</td><td>3 分</td><td>文字工整、字迹清楚得 3 分</td><td></td><td></td><td></td></tr>
<tr><td>内容完成程度</td><td>4 分</td><td>视完成情况分别得 1~4 分</td><td></td><td></td><td></td></tr>
<tr><td>回答准确率</td><td>5 分</td><td>视准确率情况分别得 1~5 分</td><td></td><td></td><td></td></tr>
<tr><td>有独到的见解</td><td>4 分</td><td>视见解程度分别得 1~4 分</td><td></td><td></td><td></td></tr>
<tr><td colspan="3">合计</td><td>100 分</td><td></td><td></td><td></td><td></td></tr>
<tr><td colspan="5">总分 [加权平均分（自我评价占 20%，小组评价占 30%，教师评价占 50%）]</td><td></td><td></td><td></td></tr>
</table>

学习活动五　相关知识

一、生猪屠宰加工工艺规程

目前，我国生猪实行定点屠宰、集中检疫制度。由于集中屠宰，大中型屠宰场都采用流水线作业（图 1–1），用吊轨连续输送屠宰后的猪。这样可以减轻工人的劳动强度，提高工作效率，还可以减少污染机会，保证肉质。《生猪屠宰加工工艺规程》如下。

彩图

图 1–1　生猪屠宰生产流水线

（一）工艺流程

生猪接收检验→待宰静养→致昏放血→吊挂预清洗→烫毛脱毛（或剥皮）→吊挂燎毛→抛光清洗→开膛净腔→检验检疫→劈半→摘三腺→去头、蹄→修整复验、撕板油→计量分级、整修→预冷排酸→副产品整理→分割加工→冷加工。

（二）操作要求

1. 生猪接收检验

屠宰前，应向所在地动物卫生监督机构申报检疫，按照《生猪屠宰检疫规程》等进行检疫和检验，合格后方可屠宰。具体操作步骤如下。

（1）进厂前检验：由专职动物检疫人员负责在厂外进行感观初检，若发现疑似有疫病的生猪，及时报告动物执法部门，并按动物执法部门的处理意见进行处理。整车未发现疑似疫病生猪时方可准予进厂。车辆进厂时，必须在进厂门口进行消毒。生猪进厂时按国家有关标准、法规，逐车索要各种证件，认真核查动物产地检疫合格证明、动物及动物产品运输工具消毒证明、药残检验合格单、耳标、生猪头数等，确保手续齐全、合法有效。

（2）屠宰前检验接收：生猪进厂后卸车，进行屠宰前检验接收，先对生猪进行感官质量、疫病、品质质量、种猪、母猪、晚阉猪等方面的检验，然后按比例抽取尿样检测盐酸克伦特罗、莱克多巴胺等。将检测合格的健康生猪赶入待宰圈候宰，将可疑病猪赶入隔离圈进行观察；将急宰猪送急宰间急宰，根据屠宰后检验结果，按相关规定处理。

2. 待宰静养

生猪屠宰前应在待宰圈内静养 12~24 h，静养期间自由饮用清水至屠宰前 3 h 停止。夏季气温高时，对生猪及时冲淋降温，以防止中暑、减少应激反应；冬季应做好保温，并及时补充饮用的温水(温度 25 ℃左右)。

专职检验人员确认待宰生猪健康后，按接收时间先后、编号分批送宰，将生猪分批驱赶到淋浴圈内，用淋浴洗净待宰猪体表的粪便、污物等。

注意事项：①静养期间，饲养人员必须认真查看待宰圈舍内生猪的状况，发现异常生猪及时通知专职检验人员，并根据检验结果处理。隔离圈生猪经过饮水和充分休息后，恢复正常的，赶入待宰圈；症状仍不见缓解的，或其他需要急宰的生猪，及时送急宰间急宰，根据屠宰后检验结果按相关规定处理；死猪直接进行无害化处理。②送猪时，用推板轻轻地将猪自然地赶进麻电通道，禁止用棍棒、电鞭等野蛮驱赶；淋浴时，夏季用常温水、冬季用温水（25 ℃左右），减少生猪应激反应。通过淋浴，一是可去掉猪体表的污染物和细菌，防止在以后的屠宰过程中交叉污染；二是使猪趋于安静，保证取得良好的放血效果；三是淋洗后的猪体易于导电，有利于麻电击昏。

3. 致昏放血

（1）致昏：具体包括以下几点。

致昏方式：应采用电致昏或 CO_2 致昏。电致昏法是采用人工麻电或自动麻电等致昏方式对生猪进行致昏；CO_2 致昏是将生猪赶入 CO_2 致昏设备设施内致昏。

国内多数屠宰厂常用三点式麻电致昏法，将生猪分批有序地赶入麻电通道，采用三点式自动击晕机进行心脑麻电，心脏击晕电压 325 V，击晕时间 3~4 s，头部击晕电流 2.4 A，时间 3~4 s。采用手动击晕钳麻电时，对准生猪的耳根下部麻电，击晕电压 70~90 V，时间 1~3 s。操作人员应穿戴合格的绝缘靴、绝缘手套。麻电设备应配备电压表、电流表、调压器，按生猪品种和体重大小等适当调整电压和麻电时间。

致昏要求：致昏后应心脏跳动，呈昏迷状态，不应致死或反复致昏。为减少应激反应，麻电速度要均匀，防止生猪在麻电笼或通道内长时间积压，避免二次麻电。

（2）放血：致昏后，应立即进行刺杀放血，可选择以下放血方法。

切断颈部血管法：最常用的方法，其放血效果良好，操作简便、安全。具体操作：将刀尖对准咽喉正中偏 0.5~1 cm 处向心脏方向刺入，再侧刀下拖切断颈部动脉和静脉，不应刺破心脏或割断食管、气管。刺杀放血刀口长度约 5 cm，沥血时间不少于 5 min。刺杀时，不应使猪呛嗝、淤血。

空心刀放血法：将具有抽气装置的特制空心刀从事先在颈部沿气管做好的皮肤切口处插入，经第 1 对肋骨中间直向心脏插入，血液即通过刀刃孔隙、刀柄腔道沿橡皮管流入容器内。用空心刀放血法可以获得未经污染的血液，以供食用或医疗用。空心刀放血法虽刺伤心脏，但因有真空抽气装置，故放血效果良好。

注意事项：包括以下几点。①刀具消毒：刺杀放血、去头、雕圈、开膛等各工序用刀具，每用 1 次，刀具需在 82 ℃以上的热水中消毒 1 次，刀具消毒后轮换使用，防止交叉污染。②时间要求：从致昏到刺杀放血间隔时间应控制在 30 s 以内，以免引起肌肉出血；生猪从刺杀放血到取出内脏应控制在 30 min 以内，否则对脏器和肌肉质量均有影响；从刺杀放血到白条入预冷库应控制在 45 min 以内。加工好的猪副产品、白条肉在生产现场积压时间应控制在 30 min 以内。

4. 吊挂预清洗

放血后的猪屠体用吊链环套挂在猪一条后腿跗关节上方，将猪从放血平台提升至输送机的缓冲轨道上继续沥血。要求按对应的编号分批提升，不允许混淆。

预清洗机喷淋有一定压力的清水洗掉猪屠体表面的血污、粪污等污染物。清洗后可采用烫毛、脱毛工艺生产带皮白条，或采用剥皮工艺生产去皮白条。

5. 烫毛、脱毛

（1）烫毛：采用浸烫池或蒸汽烫毛隧道方式烫毛，应按猪屠体的大小、品种、年龄和季节差异，调整烫毛温度、时间，以不烫熟，打毛机打毛后猪体表面无浮毛、无机械损伤为宜。烫毛时保持适当的温度和时间，使表皮、真皮、毛囊和毛根的温度升高，使毛根及周围毛囊的蛋白质受热变性收缩，毛根和毛囊易于分离。同时毛经过浸烫后变软，增加了韧性，脱毛时不易折断，可起到连根拔起的效果。

烫毛的具体操作如下。①浸烫池法：放血后的猪经沥血后，由悬空轨道上转入烫毛池进行浸烫。猪体在浸烫池内 3~6 min，池内最初水温以 70 ℃为宜，猪入池后应保持在 58~63 ℃。浸烫池应有溢水口和补充净水的装置，并安装温度计，随时监测水温；浸烫池水根据卫生情况每天更换 1 或 2 次。浸烫过程中不应使猪屠体沉底、烫生、烫老。如想获得猪鬃，可在烫毛前将猪鬃拔掉，生拔的猪鬃弹性强、质量好。②蒸汽烫毛隧道法：调整隧道内温度至 59~62 ℃，烫毛时间为 6~8 min。蒸汽烫毛法具有节能、环保、高效、卫生的特点。进入烫毛室的猪由蒸汽加热，蒸汽的冷凝水顺猪体表滑落，不会从刺杀刀口进入体内，减少了胴体间的交叉污染，提高屠宰后肉的品质。要求蒸汽烫毛机内蒸汽压力稳定。

（2）脱毛：又称煺毛、刮毛（分机械刮毛和手工刮毛）。脱毛后猪屠体宜无浮毛、无机械损伤和无脱皮现象。国内使用的刮毛机主要有滚筒式刮毛机和螺旋式刮毛机。多数屠宰厂常用滚筒式刮毛机。猪屠体烫毛后，利用自动脱链装置自动卸落，进入滑槽，落入刮毛机随即进行刮毛。刮毛过程中刮毛机中的软、硬刮片与猪体相互摩擦，将毛刮去，同时向猪体喷淋温水冲洗掉猪毛，刮毛完毕自动移出至吊挂平台上。然后再由人工将未刮净的部位（如耳根、大腿内侧）的毛刮去。

（3）剥皮：生产去皮白条肉时需剥皮，可以毛剥（不经烫毛和脱毛直接剥去毛皮称为毛剥），也可以烫剥（烫毛、脱毛后再剥皮称为烫剥）。剥皮方式可采用人工剥皮或机械剥皮方式。①人工剥皮：将猪屠体放在操作台（线）上，按顺序挑腹皮、预剥前腿皮、预剥后腿皮、预剥臀皮、剥整皮。剥皮时不宜划破皮面，少带肥膘。人工剥皮的操作程序如下。A. 挑腹皮：从颈部起刀刃向上沿腹部正中线挑开皮层至肛门处。B. 预剥前腿皮：挑开前腿腿裆皮，剥至脖头骨。C. 预剥后腿皮：挑开后腿腿裆皮，剥至肛门两侧。D. 预剥臀皮：先从后臀部皮层尖端处割开一小块皮，用手拉紧，顺序下刀，再将两侧臀部皮和尾根皮剥下。E. 剥整皮：从左右两侧分别剥。剥右侧时，一手拉紧、拉平后裆肚皮，按顺序剥下后腿皮、腹皮和前腿皮；剥左侧时，一手拉紧脖头皮，按顺序剥下脖头皮、前腿皮、腹皮和后腿皮；用刀将脊背皮和脊膘分离开，扯出整皮。②机械剥皮：剥皮机操作程序如下。A. 按剥皮机性能，预剥一面或两面，确定预剥面积；B. 按上述人工剥皮的要求挑腹皮、预剥前腿皮、预剥后腿皮、预剥臀皮；C. 预剥腹皮后，将预剥开的大面猪皮拉平、绷紧，放入剥皮设备卡口夹紧，启动剥皮设备；D. 水冲淋与剥皮同步进行，按皮层厚度掌握进刀深度，不宜划破皮面，少带肥膘。

6. 吊挂燎毛

（1）二次吊挂：将脱毛后或剥皮后的猪体移至吊挂平台上，右手握刀，左手抬起猪的两后腿，在猪后腿跗关节上方穿孔，刀口为 5~6 cm，要求不得割断胫、跗关节韧带，然后穿上扁担钩，按对应的编号分批用提升机输送至胴体加工线轨道上，不允许混淆，提升后用清水冲洗掉表面血污。

（2）预干燥：人工清刮或用预干燥机清除掉猪体表面的水分、浮毛等。

（3）燎毛：对体表检验合格的带皮猪屠体进行燎毛（剥皮的猪屠体不需要燎毛）时，多使用燎毛炉（1000 ℃以上）或喷灯（火焰温度 800~1300 ℃），这样既可彻底去除猪体表面残留的猪毛，还可起到表面高温灭菌的作用。用燎毛炉自动燎毛时，时间为 3~5 s，燃气压力为 80 ± 0.5 kPa；人工用喷灯火焰燎毛时，时间为 10~15 s，要求全身燎烤，根据猪屠体表面残留猪毛的多少、面积大小，调整燎毛时间和喷灯的火焰强度。对燎不干净的猪毛，可进行人工二次燎毛。使用喷灯火焰燎毛时，要注意火焰必须不断移动，以免烧焦皮肤。

7. 抛光清洗

对带皮猪屠体燎毛后，用抛光机或刮刀刮去焦毛，清洗掉表面的灰烬及杂质。用 82 ℃热水喷淋猪屠体表面，压力为 0.2~0.3 MPa，时间为 5 s 左右。

抛光清洗后再次进行脱毛检验，人工修净猪体表残留的灰渣、毛茬、皮毛块及其他杂质，也称为一次修整，从而完成非清洁区的操作。

为满足同步检验的需要，可对猪胴体进行编号，将编号牌挂在扁担钩上。要求编号清晰可见，一猪一号，不允许漏编、重编、错编。

8. 开膛净腔

（1）去尾：一手抓猪尾，一手持刀，紧贴猪的尾根部关节割下猪尾。要求断面整齐，使割后猪胴体没有骨梢突出皮外，没有明显凹坑。猪尾与猪胴体保持同一编号，待同步检验完毕再加工。

（2）雕圈：刀刺入肛门外围，雕成圆圈，掏开大肠头垂直放入骨盆内，或用开肛设备对准猪的肛门，随即将探头深入肛门，启动开关，利用环形刀将直肠与猪胴体分离。肛门周围应少带肉，肠头脱离括约肌，不应割破直肠，以免内容物溢出污染猪胴体。

（3）挑胸：自放血口沿胸部正中挑开胸骨，打开锁骨，将喉骨裸露出来。

（4）剖腹：沿腹部正中线自上而下剖开腹腔，刀把向内、刀尖向外剖腹，拉出生殖器并从基部割除全部猪鞭、输尿管，不应伤及内脏。要求挑胸刀口、剖腹刀口平滑，与放血刀口连成一线。

（5）拉直肠、割膀胱：一手抓住直肠，另一手持刀，割断膀胱系膜及韧带连同大肠头一起取出，不应刺破直肠。瘦肉精检测：在线进行瘦肉精检测的企业，割膀胱时，逐头抽取膀胱内尿液，用试剂条检测盐酸克伦特罗、莱克多巴胺等，若膀胱内无尿液，则抽取对应的猪肝样品进行检测。

（6）扒白脏：左手抓住猪胃大弯头，右手靠近猪腰处下刀，将系膜组织和肠胃等剥离猪体，再割断韧带及食管，取出胃肠后送入同步检验盘中。不允许食管残留过短，不得划破肠、胃、胆囊。

（7）扒红脏：一手抓住肝脏，另一手持刀，在猪胸口处割断肝筋，拉住肝脏，划开两侧横膈膜，割断膈肌角肉和脊动脉，同时取横膈膜肌角备检，将肝脏往下掀过第 1 对肋骨，划开两侧护心油；割断气管、食管，拉出红脏，再割断喉骨系带、舌根系带，一起摘下猪舌和红脏（也可以去猪头后再去猪舌），取出心、肝、肺等挂到同步检验挂钩上或放入专用检验盘中。要求刀下划到喉部时，必须向两侧倾斜，避免划破甲状腺。

（8）冲洗体腔：取出内脏后，及时冲洗胸腔和腹腔，洗净腔内淤血、浮毛和污物等。

9. 检验检疫

同步检验按《生猪屠宰产品品质检验规定》（GB/T 17996—1999）的规定执行，同步检疫按照《生猪屠宰检疫规程》的规定执行。

10. 劈半

用带式劈半锯(图 1-2)沿脊椎中线将猪胴体一分为二,要求骨节对开,劈半均匀,无劈偏现象。对劈半后的片猪肉,应冲洗血污、锯末等。

彩图

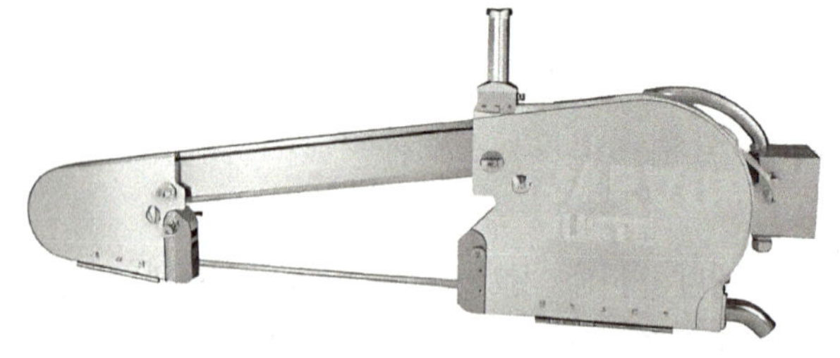

图 1-2　带式劈半锯

11. 摘三腺

(1)摘甲状腺:甲状腺呈紫红色,为枣核状,位于喉头与气管连接处。红脏取出后,立即完整摘下甲状腺及其附带的外包膜、结缔组织、脂肪等。对摘下的甲状腺及碎片,用专用容器单独存放、醒目标识。

(2)摘肾上腺:肾上腺呈暗红色,为长条形,位于左、右肾的内前方,长度2~10 cm。劈半后应立即完整地摘下肾上腺及其外包膜、外包脂肪。对摘下的肾上腺及碎片,用专用容器单独存放、醒目标识。

(3)摘病变淋巴结:病变淋巴结外观呈紫色或红色,充血,或触摸时肿胀、硬化,而正常的淋巴结呈淡粉色。

12. 去头、蹄

(1)去蹄:将前蹄从腕关节处、后蹄从跗关节处下刀去掉,要求骨头断面猪皮整齐,猪皮长度与断面平齐。

(2)去头:可选择以下方法去头。①断骨:用液压式去头钳或刀,从枕骨大孔处将头骨与颈骨分开。②去平头:从两耳根后部连线处割开皮肉,用手下压,用力紧贴枕骨割开猪头(仍连在胴体上),待同步检验完毕,用刀切下猪头(然后再去猪舌)。③去三角头:从颈部寰骨处下刀,左右各划割至露出关节和咬肌,露出左右咬肌 3~4 cm,然后将颈肉在离下巴痣 6~7 cm 处割开(仍连在胴体上),待同步检验完毕,用刀切下猪头,然后再去猪舌。

13. 二次修整、去板油

(1)二次修整:修净小里脊两侧的淋巴结、后腿软裆处的浅腹股沟淋巴结;修去臀部和腿裆部的黑皮、皱皮;修净胴体表面残留的皮肤结节、毛皮块、猪毛、粪污、胆污、血污、伤斑、淤血、脓胞、皮癣、湿疹等。二次修整时,摘净所有病变淋巴结及其外包膜。对摘下的病变淋巴结及碎片，用专用容器单独存放、醒目标识。

（2）去板油：一手拇指插入第 5 肋骨下板油和肌膜间隙内，五指捏紧，向上掀起板油；另一手抓住胴体，两手向相反的方向同时用力撕下板油，并摘下肾脏。注意将体腔内残留的碎板油尽量去净。也可以用撕板油机去除板油。

14. 计量分级、整修

（1）计量分级：企业可用人工测量肥膘厚度分级（第 6~7 胸椎处含皮背膘厚度），也可用瘦肉率测定仪测量后按瘦肉率分级，并用轨道秤对白条进行准确称量并记录每头白条重量。参照国标要求企业可以制定企业分级标准。将符合市场需求标准的白条挑出，运入白条加工间按标准进行整修。

（2）整修头：订单需求的冷鲜白条在入预冷库之前，依据白条加工标准（表 1-17），按顺序整修腹部、放血刀口、下颌肉、暗伤、脓包、伤斑和可视病变淋巴结，再次检查并摘净肾上腺、甲状腺残留碎片，冲洗净体腔内的淤血、浮毛、锯末和污物等。需要切割槽头时，槽头上要尽量少带前腿肌肉，并保持肉青完整。

表 1-17　冷鲜带皮白条猪肉分级及感官质量标准

项目	一级	二级	三级	四级
第 6~7 胸椎处含皮背膘厚度 /cm	膘厚≤ 2.0	2 <膘厚≤ 2.8	2.8 <膘厚≤ 3.5	3.5 <膘厚≤ 4.5
白条肉重量 /kg	≥ 55	≥ 55	≥ 55	≥ 55
加工整修标准	①劈半均匀，带皮，去头、蹄、尾、内脏、板油。沿颈骨头下 1 cm 处垂直白条平齐割去槽头。 ②摘净甲状腺、肾上腺、病变淋巴结，修净槽头部位的外露异常淋巴结、淤血等杂质。 ③体表轻度淤伤面积不超过 1/3。修去奶脯、后腿软裆膘油，体腔内保留膈肌，修净体腔内的脂肪块。后腿内侧皮膘斜刀修掉 5~7 cm，露出大片后腿肉			
感官质量标准	①色泽：肌肉有光泽，红色均匀，脂肪洁白。 ②弹性：指压后的凹陷立即恢复。 ③黏性：外表微干或微湿润，不粘手。 ④气味：具有鲜猪肉正常的气味。 ⑤煮沸后肉汤：澄清透明，脂肪团聚于液面，具特有鲜香味			

15. 预冷排酸

白条猪肉可采用一段式预冷或二段式预冷工艺。

（1）一段式预冷：吊挂着的白条肉通过轨道进入冷却间，相互间隔不低于 3 cm，冷却间相对湿度为 75%~90%，温度为 0~4 ℃，预冷 16~24 h，直到后腿中心温度冷却至 7 ℃以下。

（2）二段式预冷：吊挂着的白条肉通过轨道进入 -15 ℃以下的快速冷却间，相互间隔不低于 3 cm，快速冷却 1.5~2 h，然后进入 0~4 ℃的冷却间（图 1-3），预冷 14~20 h，直到后腿中心温度冷却至 7 ℃以下。

图 1-3　白条肉冷却间

预冷排酸后的白条猪肉，经兽医检验（包括头部、内脏、胴体、寄生虫的初检和复检等）合格后盖上“兽医验讫”“检验合格”印章，包装后可直接作冷鲜白条猪肉销售。所有屠宰产品的包装、标签、标志应符合《包装储运图示标志》（GB/T 191—2008）、《食品安全国家标准　畜禽屠宰加工卫生规范》（GB 12694—2016）等相关标准的要求。若需进一步加工成分割肉，则进入分割工序。

16. 副产品整理

（1）整理要求：副产品整理过程中，不应落地加工。

（2）分离心、肝、肺：切除肝膈韧带和肺门结缔组织。摘除胆囊时，不应使其损伤、残留；猪心宜修净护心油和横膈膜；猪肺上宜保留 2~3 cm 肺管。

（3）分离脾、胃：将胃底端脂肪割除，切断与十二指肠连接处和肝、胃韧带。剥开网油，从网膜上割除脾脏，少带油脂。翻胃清洗时，一手抓住胃尖冲洗胃部污物，用刀在胃大弯处戳开 5~8 cm 小口，再用洗胃设备或长流水将胃翻转冲洗干净。

（4）扯小肠：将小肠从割离胃的断面拉出，一手抓住花油，另一手将小肠末梢挂于操作台边，自上而下挤出粪污，操作时不应扯断、扯乱。对扯出的小肠，应及时清除肠内污物。

（5）扯大肠：摆正大肠，从结肠末端将花油（冠油）撕至离盲肠与小肠连接处 2 cm 左右，割断，打结。不应使盲肠破损、残留油脂过多。翻洗大肠，一手抓住肠的一端，另一手自上而下挤出粪污，并将大肠翻出一小部分，用一手二指撑开肠口，向大肠内灌水，使肠水下坠，自动翻转，可采用专用设备进行翻洗。经清洗、整理的大肠不应带粪污。

（6）摘胰脏：从胰头摘起，用刀将膜与脂肪剥离，再将胰脏摘出。

（7）副产品预冷：整理后的副产品应立即摆放在专用晾肉架上或专用托盘内进入预冷间，确保上、下层之间留有通风的间隙，防止产品发闷变质。预冷间设定温度为 3 ℃以下，在保持副产品不冻结的情况下温度越低越好。预冷后，副产品中心温度达到 3 ℃以下。

17. 分割加工

为满足市场个性化需求和肉制品深加工原料需求，屠宰厂生产的白条除直接鲜销外，部分白条需进一步分割加工。目前，我国大型屠宰加工厂均采用流水线作业进行猪肉的分割（图 1–4）。猪肉的分割首先是将白条切割成前、中、后三段，在此基础上根据市场需求再进一步分割成不同的肉块。

彩图

图 1–4　猪肉分割流水线

（1）预冷白条出库：采用冷分割工艺，将白条预冷到后腿中心温度低于 7 ℃时，才能出库分割。

（2）白条检验：出库的白条肉，对需检部位进行检验，要求体表干净卫生，无油泥、猪毛及其他杂质，无甲状腺、肾上腺、病变淋巴结残留，修净体表印章。

（3）下猪：利用自动脱钩设备或人工将每片猪胴体内腔面朝上，卸落在传送带上。

（4）分段：每片白条可分为三段（图 1–5）。分割标准：自第 5~6 肋骨间对应的胸椎处斩下前腿部位称为前段，前段流入 2 号分割线接受进一步细分割（图 1–6）；中间的脊背部位称为中段，中段流入 3 号分割线接受进一步分割（图 1–7）；自腰椎与荐椎连接部斩下后腿部位称为后段，后段流入 4 号分割线接受进一步细分割（图 1–8）。

彩图

彩图

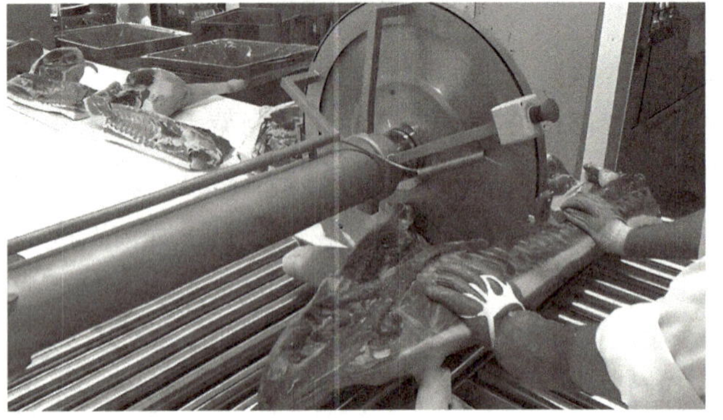

图 1-5 分段切割

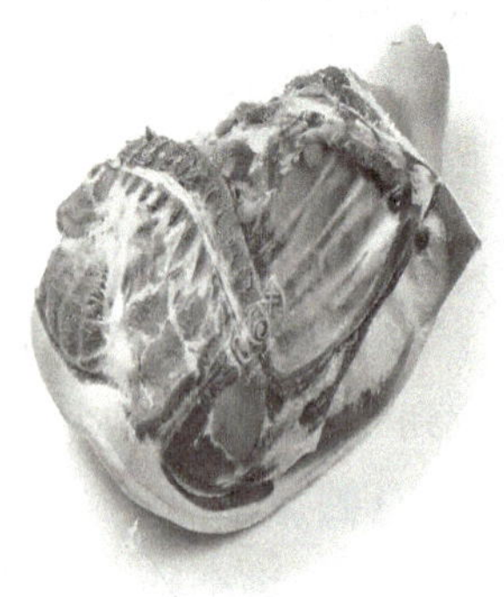

图 1-6 前段

彩图

彩图

图 1-7 中段

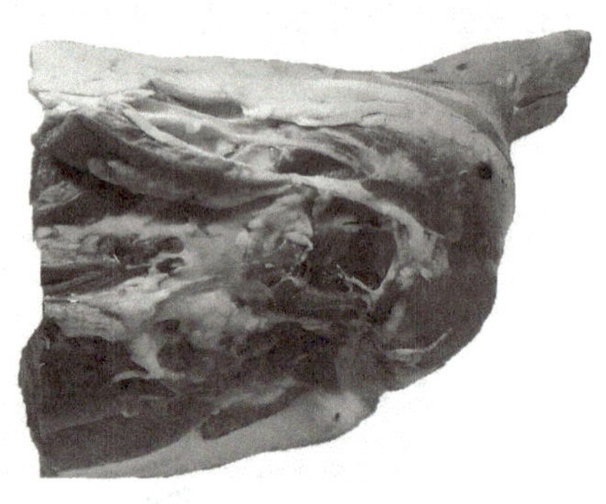

图 1-8 后段

（5）后腿部位加工：后腿部位可以整体销售，若需细分割，则按以下标准加工。①去腿圈：自跗关节上方 2~3 cm 处锯下腿圈（小蹄膀），加工带腿圈产品时不锯腿圈。②剔尾、叉骨：手按后腿，刀走尾骨边缘，剥离尾骨，剔下叉骨，根据市场需求确定尾骨、叉骨带肉率。③扒膘：抠住肥膘，从肥膘与肌膜连接处下刀扒掉肥膘，保持肌膜完整。④修面：扒膘后，修去后腿肌肉表面残留的脂肪块，修净外露淋巴结、筋腱、软骨及杂质，保持肌膜完整。⑤剔后腿骨、寸骨：自内腿肉与元宝肉肌间组织处划开，露出股骨，再自胫骨下刀，沿肌肉走向剥离后腿腿弧，沿骨肉结合处割断筋腱，然后从腓骨和胫软骨连接处下刀，掰下寸骨。保持肌肉完整，根据市场需求，确定后腿骨带肉率。寸骨一次成形保留骨柄，单个重量 70 g 左右。

（6）前腿部位加工：前腿部位可以整体销售，若需细分割，则按以下标准加工。①去前排、颈背肌肉：先修去胸腔入口处的淤血、淋巴结。自小排与前腿肌肉中间肌膜处下刀，刀锋靠肩胛骨板向前推割，从前腿部位分割下肉前排。然后刀贴肋骨表面剔开颈背肌肉，再沿颈骨边缘剔下颈背肌肉。②扒膘、修面：具体如下。A. 扒膘：抠住肥膘，从肥膘与肌膜连接处下刀，扒掉肥膘。B. 修面：扒膘后，在线修去前腿肌肉表面残留的脂肪块，修净外露淋巴结、筋腱、软骨、淤血、皮毛块及杂质，要求保持肌膜完整。③剔骨：剔掉前腿骨、肩胛骨，割掉脆骨边，要求保持肌肉完整，避免带大刀伤；脆骨边不破损。根据市场需求确定前腿骨、肩胛骨带肉率。

（7）脊背部位加工：具体如下。①锯大排：在脊椎骨下约 4 cm 肋骨处平行脊骨下锯，用手持气动切割锯锯断所有肋骨，不伤及大排肌肉。②扒大排：沿大排肌肉的肌膜与脊膘结合处扒下大排，保持表面肌膜完整。③扒肋排：按肋排的腩肉轮廓，从腹肋部位划开，然后从肋骨的断面处下刀，根据肋骨走向和产品标准，呈扇形扒下肋排，扒肋排时带一层均匀红肉。④剔大排肌肉：脊骨平面向下，手抓大排前端，刀锋顺肋骨向下划到脊骨的夹角处，再从脊突边缘持刀割下大排肌肉。根据市场需求确定脊骨带肉率。

（8）产品修整：按产品质量标准修整，保持产品块型完整；干净卫生，无淤血、浮毛、淋巴结及其他杂质。

（9）分拣：按不同销售流向，分拣为鲜销产品、冷冻产品两部分。根据产品种类不同，分别单独盛装在周转盒内入预冷库暂存，按产品种类整齐码放。①鲜销产品，需过金属检测器检测合格后进行鲜品销售。②冷冻产品，根据不同要求对产品进行包装，包装前必须过金属检测器，经检测合格后，再对产品用塑料薄膜进行内包装，装袋或装箱后及时入冷冻库进行冷冻。

（10）注意事项：①分割肉加工工艺宜采用冷剔骨工艺，要求猪的后腿中心温度≤ 7 ℃才能出库（预冷库温度 0~4 ℃）分割，分割加工间室温要求 12 ℃以下；②成品感官质量要求肌肉色鲜红、有光泽，脂肪呈乳白色；肉质紧密，具有猪肉特有的正常气味；③为确保产品质量与安全，从白条进入分割加工间至分割产品再入预冷库应控制在 60 min 以内。

18. 冷加工

由于冷鲜肉在加工中经过了 0~4 ℃的冷却及成熟过程，与一般热鲜肉、冷却肉、冷冻肉相比拥有更好的口感、风味、营养价值和安全性，因而被认为是集安全、卫生、美味、营养、方便于一体的优质鲜肉。但冷鲜肉储藏期一般只有 1 周左右，不能满足屠宰企业淡储旺销的经营需要，不能满足肉制品深加工企业连续化大生产的原料需求，因此，除了加工冷鲜肉外，还应当加工冷冻肉。操作步骤如下。

（1）金属检测：对分割后的产品，用金属检测器（图 1–9）或 X 光机检测，合格后再计量、包装，含骨的产品一般不用 X 光机检测。

（2）计量、包装：按照国家关于产品净含量计量标准执行，对每种产品计量、称重、标识。重量规格依市场需求而定，市场冷白条属不定量产品，每片白条以实际称量为准；分割产品一般每件 10 kg、15 kg、20 kg、25 kg。

市场冷鲜白条包装：检验合格且盖完检验章的白条，后腿中心温度预冷到 7 ℃（或按区域市场要求10~15 ℃）时，从头部到后腿部位套上食品级专用塑料袋，袋口在后腿部位打结包严，重量、级别、追踪码等产品信息牌吊挂在白条上（图1-10）。

彩图

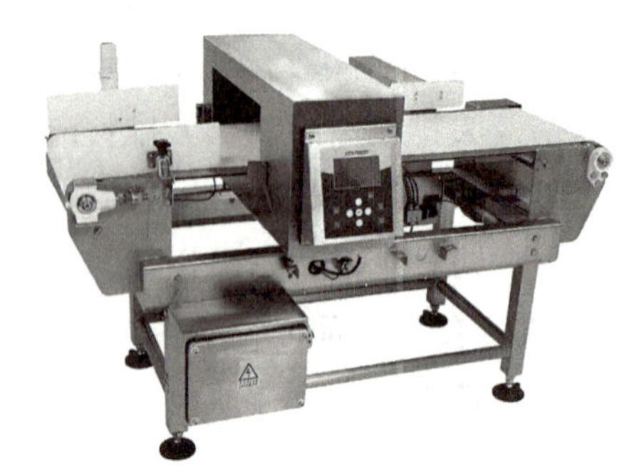

图1-9 金属探测器

图1-10 冷鲜白条包装

冷鲜分割肉包装：根据不同产品对包装材料的要求，先用食品级塑料薄膜将肉包裹密封，然后装入生鲜周转盒、纸箱或编织袋等包装物内进行外包装。同时，在线同步将产品名称、生产日期、批号、检验人员编号、重量等生产信息打印在彩印标签上，要求字迹清晰、不变色、不褪色；再将动检标签和彩印标签贴在包装物上（周转盒装、袋装的贴在塑料薄膜上，纸箱装的贴在纸箱外面）；最后封纸箱口或缝编织袋口时，将合格证放入箱（袋）中，封口后在外包装上盖上日期。要求内、外包装干净整洁，符合食品卫生要求。

冷冻分割肉包装：具体如下。①纸箱大包装：先在纸箱内衬塑料袋1个，分割后的产品按品种、规格摆放平整美观，塑料袋口掖塞平整严密并用胶带粘贴，再用胶带把纸箱封好，最后用捆扎机打上两道打包带。动检标签和彩印标签贴在箱外，合格证放入箱内。②纸箱小包装：先将分割品用食品级塑料薄膜包裹成小圆柱状，包裹时尽量向中间压紧，平掌推裹两圈，再捻紧两端薄膜尾头，掖到夹层中，整齐地放入纸箱中，再用胶带把纸箱封好，最后用捆扎机打上两道打包带。动检标签和彩印标签贴在箱外，合格证放入箱内。其中，颈背肌肉、大排肌肉按自然块型包裹；前腿肌肉、后腿肌肉先将带筋膜部分折叠到剔骨后的凹处，再将薄膜卷起按要求包裹。③编织袋包装：首先打铁盒，先在铁盒内衬塑料袋1个，计量后的分割产品按品种、规格摆放平整美观，塑料袋口掖塞平整严密并用胶带粘贴。动检标签和彩印标签贴在塑料袋上，然后盖上铁盒盖，用捆扎机打上两道打包带。二次包装：铁盒入急冻库急冻合格后，出库去铁盒，然后将产品装入编织袋内，放入合格证，编织袋上打印生产日期，最后缝口。

（3）冷鲜肉的冷藏、成熟与销售：将在线包装后的分割肉转运至冷藏间中进行成熟、储藏，冷藏期间温度要保持相对稳定，以 -1~1 ℃为宜。进肉或出肉时温度不得超过 3 ℃，相对湿度保持在 90% 左右，空气流速保持自然循环状态。冷鲜肉应按订单生产加工，完工后及时发货，在冷藏间的存贮时间应不超过 3 d，以免因存放时间长而发闷变质。发货时用 0~4 ℃冷藏车运输，终端售卖时需在 0~4 ℃低温保鲜柜中展示、售卖。

注意事项：①白条的冷却过程尽可能在最短时间内完成，因此，冷却时的空气温度应采用尽可能低的温度，但不能使肉尸内部冻结。②白条在冷却间吊挂时，要保持一定距离（不小于 3 cm），以使肉尸各部位都得到良好的冷却。③把较大或较肥的白条挂在冷风机的出风口处，较小的肉尸挂在冷风机的吸风口处，以保证在同一时间内完成冷却过程。当天屠宰当天冷却完毕，禁止隔日混放冷却，以确保冷鲜肉的质量。④成品感官质量要求：肌肉色鲜红、有光泽，脂肪呈乳白色，肉质紧密。

（4）冷冻肉的急冻与冻藏：将在线包装后的分割肉放入 −28 ℃以下的急冻库冻结（也可用速冻隧道冻结），急冻库温度越低越好，一般控制在 −28 ℃以下，经 15~24 h 急冻，冷却肉的深层温度从 0~4 ℃降至 −15 ℃以下（通常为 −18~−15 ℃），然后转入 −18 ℃冻藏库中码垛或放在货架上冻藏。冻藏时间一般控制在 1 年以内，出库销售时需用 −18 ℃以下的冷冻车运输，销售商需存储在 −18 ℃以下的冷库中，终端超市在冷冻柜中展示售卖。

注意事项：①急冻库内的空气流速一般为 2~3 m/s，相对湿度为 92% 左右。②冻藏库内的温度应保持稳定，其波动范围不得超过 ±1 ℃，如温差过大，会造成肉的冰结晶体融化和再结晶，增加干耗损失和脂肪酸败。室内的湿度一般维持在 90%~95%，其变动范围不能超过 ±5%，以尽量减少水分蒸发。室内空气只允许有微弱循环，如果用微风速冷风机，其风速应控制在 0.25 m/s 以下范围内，不能用强风循环，以免增加冷冻肉的干耗。③冷冻肉在冻藏库码垛时，垛底必须使用垫板，不得将产品直接垛在地面上，垛与垛之间、垛与墙之间应留 20 cm 以上间距。④成品感官质量要求：肌肉有光泽，呈红色或稍暗，脂肪白色，肉质紧密，有坚韧性。

二、畜禽屠宰术语

（1）畜禽肉：指经屠宰并检验检疫合格的适合人类食用的所有畜禽屠宰产品，包括畜禽胴体和分割肉。

（2）屠宰：指宰杀畜禽以生产畜禽肉及副产品的过程。

（3）分割肉：指畜禽胴体进行分割获得符合产品要求的肉块。

（4）屠体：指畜禽宰杀、放血后的躯体。

（5）胴体：包括畜胴体和禽胴体。①畜胴体：畜经宰杀、放血后去皮或不去皮

（去除毛），去内脏、头、蹄、尾、三腺、生殖器及其周围脂肪的屠体。②禽胴体：禽经宰杀、放血后去除羽(毛)、去内脏、去头或不去头、去爪或不去爪的屠体。

（6）宰前管理：指畜禽屠宰之前对场地、人员的要求，以及对待宰、送宰、无害化处理、可追溯性和记录等屠宰前的管理。

（7）宰前检查：指在畜禽屠宰前，综合判定畜禽是否健康和适合人类食用，对畜禽群体和个体进行的检查。

（8）待宰静养：指畜禽到达屠宰厂(场)后，屠宰前禁食、供水，以缓解运输、装卸等引起应激反应的休养过程。

（9）急宰：指畜禽在屠宰前出现疫病、疾病和其他损伤时，根据我国检验检疫相关法律、法规和标准要求对经屠宰前检查确认无碍于肉食安全且濒临死亡的畜禽进行的紧急屠宰过程。

（10）同步检验检疫：指与屠宰操作相对应，将畜禽的头、蹄(爪)、内脏与胴体生产线同步运行，由检验人员对照检验和综合判断的一种检验方法。

（11）无害化处理：指用物理、化学等方法处理病死及病害动物和相关动物产品，消灭其所携带的病原体，消除危害的过程。进行无害化处理的场所称为无害化处理间。

（12）肉的相关概念：所谓肉，从广义上可理解为动物机体上所有可供人类食用的部分。在肉制品加工中，按其加工利用价值，通常把胴体称为白条肉。把头、蹄、尾、内脏等称为副产品。副产品中的胃、肠、心、肝、肺等内脏又俗称“下水”，其中心、肝、肺俗称“红脏”，胃、肠等内脏俗称“白脏”。

屠宰后未经冷却的肉称“热鲜肉”，刚屠宰后不久体温还没有完全散失，肉尸温度一般为35~40 ℃；畜禽屠宰后，肉内部发生了一系列变化，使肉变得柔软、多汁，并产生特殊的滋味和气味，这一过程称为肉的成熟，这种肉称为“成熟肉”，因这种肉中的糖原变成了乳酸，使肉的pH降低，故这种肉又称“排酸肉”；畜禽屠宰后经冷却处理，在24 h内使肉的中心温度降低到0~4 ℃，并在0~4 ℃环境中储存的鲜肉称“冷却肉”。“冷鲜肉”实际上就是成熟了的冷却肉，冷鲜肉与冷却肉之间在温度上并无差异，而冷却肉若冷处理的时间过短，则不一定成熟。在低于 –28 ℃环境下，将肉的中心温度降低到 –15 ℃以下，并在 –18 ℃以下的环境中储存的肉称“冷冻肉”。

三、畜禽的致昏方法

应用物理或化学方法，使动物在宰杀前短时间内处于昏迷状态，称为致昏(致晕)，也称击晕。致昏的目的：一是使猪暂时失去知觉，减少挣扎和痛苦，有利于充分放血；二是可避免猪在宰杀时挣扎消耗过多的糖原，以保证肉质；三是有利于减轻工人体力劳动，保证环境安静和人员安全。致昏常用的方法有机械致昏法、电击晕法和二氧化碳致昏法。我国最常用的方法是电击晕法。这里仅介绍电击晕法和二氧化碳致昏法。

（一）电击晕法

电击晕法俗称“麻电法”，是目前广泛使用的一种畜禽致晕昏法，它是将电流通过畜禽全身，使之因中枢神经麻痹而晕倒的方法。此法还能刺激心脏活动，便于放血。麻电效果与电流强度、电压大小、频率高低及作用部位和时间有很大关系。实践证明，采用低压高频电流电击畜禽的额部或颞部可获得较好的麻电效果，且肌肉出血量可大大减少。麻电过浅，达不到致晕的目的；麻电过深，会引起心脏麻痹，造成死亡或放血不全，断骨及皮肤或内脏出现点状出血等现象。

麻电器可分为人工控制麻电器和自动控制麻电器 2 种类型。人工控制麻电器使用时工人必须穿胶鞋并带橡胶手套，手持麻电器，两端分别浸蘸 5% 食盐水（增加导电性），但不可将两端同时浸入食盐水中，以防止短路。操作时，用力将电极的一端按在畜禽眼与耳根交界处 1~4 s 即可，规模较小的屠宰场多用此法，经济适用。自动控制麻电器是使畜禽自动触电而晕倒的一种装置。麻电时（这里以猪为例），将猪赶至狭窄通道，当第一头猪麻电时，后面的猪被栅栏拦住。这时，进入麻电及麻电部位的猪头两侧即被自动移动的触电极夹住，1~4 s 后猪被击晕，被击晕的猪沿斜面通道下滑到传送带上。而后麻电又回复原位，挡板打开，第二头猪进入麻电器。

（二）二氧化碳致昏法

这种方法是将比空气重的 CO_2 气体注满一个“V”形隧道的底部，使之保持 65%~75% 的浓度，用传送带使畜禽通过隧道，畜禽在 CO_2 中历经 15~45 s 即能达到麻醉，完全失去知觉可维持 2~3 min。采用此法致昏，畜禽无紧张感，可减少体内糖原消耗，CO_2 可加大畜禽的呼吸频率，促进血液循环，放血良好，有利于提高肉的质量。但此法成本较高。

四、肉的形态结构

肉（胴体）主要是由肌肉组织、脂肪组织、结缔组织和骨骼组织四部分组成。这些组织的构造、性质不仅可决定肉的营养价值和质量，而且可影响肉品的加工用途和商品价值。一般情况下，肌肉组织含量高的，蛋白质含量相应多一些，肉的营养价值也就高。而脂肪含量多的，肉相应肥一些，产生的热量就大。相对而言，肉中骨骼和结缔组织数量越少，肉的质量就越高。

（一）肌肉组织

肌肉组织是构成肉的主要成分，是肉类食品原料中最重要的一种组织，是决定肉质的首要因素，是肉制品加工的主要研究对象。肌肉组织包括横纹肌、平滑肌和心肌，占胴体的 50%~60%。横纹肌主要附着在骨骼上，又称骨骼肌。除由许多肌纤维构成外，肌肉组织中还有少量的结缔组织、脂肪组织、肌腱、血管、神经纤维、淋巴等。

（二）脂肪组织

脂肪组织是决定肉质的第二个因素，在肉中的含量变化较大，占胴体的5%～45%，具体多少取决于畜禽的种类、品种、年龄、性别及育肥程度。脂肪的颜色随畜禽的种类、品种及饲料中的色素而有不同。比如，猪和山羊的脂肪为白色，其他畜禽脂肪带有黄色，幼畜脂肪的颜色比老龄畜稍浅。夏季牲畜因吃青草多，脂肪稍显黄色，冬季则多呈白色。

（三）结缔组织

结缔组织是肉的次要成分，除形成肌肉的内、外肌束膜外，它还是畜禽的毛皮、血管、淋巴、神经纤维、肌腱、韧带的主要成分，可起到支持和连接各器官、组织的作用，使肉具有一定的硬度和弹性。结缔组织由细胞、纤维和无定形基质组成，约占胴体的12%，其含量与肉的嫩度有密切关系。结缔组织中的纤维主要有胶原纤维、弹性纤维和网状纤维 3 种，以前 2 种为主。

（四）骨骼组织

骨骼组织是肉的极次要成分，食用价值和商品价值较低。不同成年动物骨骼占胴体的比例：猪 5%~9%，牛 15%~20%，羊 8%~17%，鸡 8%~17%，兔 12%~15%。骨骼组织包括硬骨、软骨和骨髓，是动物体的支柱组织。骨骼组织中含有大量的钙盐，可以粉碎后作为矿物质饲料添加剂，也可以熬出骨油和骨胶，制作骨素、骨精和骨髓浸膏，还可以做成骨泥添加到肉制品中，是肉制品加工的良好添加剂。

五、屠宰后肉的生物化学变化

畜禽屠宰后，在不采取任何保鲜措施的条件下，经过长时间放置，屠体的肌肉在内部组织酶、外界微生物和氧等因素的作用下，会发生一系列生物化学变化。经过一定时间，肉的伸展性消失，肉体变为僵硬状态，这种现象称为死后僵直，此时加热不易煮熟、保水性差、缺乏风味，加热后重量损失大，不适于加工肉制品。随着贮藏时间的延长，僵直缓解，经过自身解僵，肉变柔软，同时保水性增加、风味增强，适于加工使用，这个变化过程即为肉的成熟。成熟肉在不良条件下贮存，经组织酶和微生物的作用，分解变质称为肉的腐败。畜禽屠宰后肉的变化包括肉的僵直、成熟、腐败三个连续变化的过程。在肉品生产加工中，要控制尸僵，促进成熟，防止腐败。

（一）肉的僵直

屠宰后，畜禽肉的伸展性逐渐消失，肌纤维收缩，关节不能活动，肌肉逐渐失去弹性而变得僵硬的现象，称肉的僵直。处于僵直期的肉硬度大，肌纤维粗糙，肉汁变得不透明，有难闻的气味，食用价值及滋味都较差，加热时不易煮熟、缺乏风味，不具备可食肉的特征。

（二）肉的成熟

僵直持续一段时间后，便开始缓解，肉的硬度降低，保水性有所恢复，使肉变得柔嫩多汁，具有良好的风味，适于加工食用，这个变化过程称肉的成熟。成熟肉的主要特征：①易于被人体消化吸收；②肉呈酸性，具有抑菌作用；③胴体表面形成一层干燥“皮膜”，用手触摸，光滑且微有沙沙的声音，可防止病原微生物侵入；④肉汁较多，切开时有肉汁流出；⑤肉的组织柔软且有弹性，具有肉的特殊香味。

由于成熟肉具有以上特点，因而工艺上规定，生产肉制品的原料肉原则上都要经过排酸或成熟处理。而在生产灌肠类制品（广式香肠类产品例外）和某些西式火腿时，经过成熟的肉结合力不如鲜肉，影响产品的组织状态，因此要直接利用热鲜肉或冷却肉。

肉的成熟对改善肉质具有重要意义，但对不同畜禽肉来说影响有所不同。牛、羊肉在食用前经过成熟，对改善肉的风味、提高肉的品质是非常必要的。但是猪肉、鸡肉的品质在成熟前后变化不是很明显，因此从成本控制的角度来看，对猪肉和鸡肉进行成熟处理的经济意义不大。

（三）肉的腐败

肉在组织酶和微生物的作用下发生质的变化，最终失去食用价值的过程称肉的腐败。肉腐败时的变化主要是蛋白质和脂肪的分解过程。肉在自溶酶作用下蛋白质分解的过程称肉的自溶；肉中脂肪分解的过程称酸败。腐败的肉完全失去了加工和食用的价值。腐败变质的肉具有如下特征。

1. 表面发黏

表面发黏是微生物作用产生腐败的主要标志。在流通过程中，当肉表面的含菌数达到 5×10^{7} CFU/ cm^{2} 时就会出现黏液。最初污染的含菌数越多，达到这种状态所需的天数越短，并且温度越高、湿度越大，越容易产生发黏现象。

2. 颜色变化

颜色变化也是评定肉质变化的标志之一。当肉的颜色变暗淡，呈灰绿色或污灰色甚至黑色时，表明肉已严重腐败，此时的肉有难闻的气味。

3. 气味变化

肉腐败时，往往伴随不正常或难闻的气味，最明显的是肉类蛋白被微生物分解产生的恶臭味（产生的 H_2S 导致），除此之外，还有在乳酸菌和酵母菌作用下产生挥发性有机酸的酸味和霉菌生产繁殖产生的霉味等。

六、食品安全控制

（一）杂质的控制

（1）骨渣检验：对前腿肌肉、后腿肌肉或其他严禁带骨渣的原料肉，要求手掌摊开，摸检 2 次；对大排肌肉或其他同类产品，要求拇指与手掌垂直，沿大排肌肉内侧边缘（与脊骨接触处）摸检 2 次。检查出的骨渣要彻底清除。

（2）金属杂质检测：所有的肉一律进行金属杂质检测。精度要求：X 线检测设备（或金属探测器）对直径 0.5 mm × 5 mm 的不锈钢圆柱体模块的检出率达到 100%。设备精度验证不合格时，已检测产品要全部返工重新检测。检出的带金属异物的产品要单独剖检，直至金属物全部挑出，再次检测合格。

（二）脓胞划检

市场白条、颈背肌肉要全部划检。

（1）划检部位：对市场白条来说，先从白条劈半后颈背肌肉裸露出来的一面，沿连接猪头的一端肌膜结合处划检，再沿颈背肌肉内侧中央明显的脂肪线划检。对颈背肌肉来说，沿颈背肌肉表面呈“Y”形脂肪线的延长线划检。

（2）划检方法：原则上在规定的划检部位划检一刀，不得划透颈背肌肉，在端口留 1~1.5 cm 不划开，保持外形完整，检验剖面脓胞情况。

（3）不合格品的处理办法：检出有脓胞时，将脓胞及周围病变组织修整干净；修整后可以正常销售，修整下的脓胞及病变组织应销毁处理。

（三）囊虫检验

（1）后腿肌肉检验：左后腿从内腿肉右上角至左下角呈“/”形划开；右后腿从内腿肉左上角至右下角呈“\”形划开。要求刀口平直，深度 4~5 cm，切面外翻，不得漏划、漏检。

（2）前腿肌肉检验：从前腿肌肉与背阔肌肉下缘连接处下刀，呈“–”形划开前腿肌肉，若有可疑情况，可在应检部位补划 1 或 2 刀，以便于检验。要求刀口平直，深度 4~5 cm，切面外翻，不得漏划、漏检。

（3）小里脊检验：按现行国家标准检验要求检验，纵向划开 2 刀。

（四）三腺的安全处理

三腺指甲状腺、肾上腺、病变淋巴结。白条入 0~4 ℃预冷库前，由专人复检是否残留有甲状腺（含碎片）、肾上腺（含碎片）、病变淋巴结（含碎片），如果有，必须立即摘除。对每天采摘的所有甲状腺（含碎片）、肾上腺（含碎片）、病变淋巴结（含碎片），统一单独收集、标识，不再修整，当天直接销毁，并做好记录。

（五）制药下料

制药下料特指胰、胆、脑垂体等需要严格管制的生化制药原料（不包括药食两用的猪肝、猪心、猪脑、气管、喉头、鼻骨等），包装后单独冻藏，并醒目标识“制药原料，严禁食用”的过程。

（六）病害生猪处理

屠宰企业必须配备焚烧炉、化制机（炼油炉）、高温蒸煮锅等安全处理设施。

（七）生产水质要求

屠宰企业生产用水应符合国家规定，达到饮用水标准。

（八）人员及其他要求

（1）屠宰企业员工必须取得健康证并经培训合格后方能上岗。

（2）刺杀放血、去头、开膛等工序用刀具使用后应经不低于 82 ℃热水一头一消毒，备用 2 把以上刀具，消毒后轮换使用。

（3）经检验合格的包装产品应立即入成品库贮存，应设有温、湿度监测装置和防鼠、防虫等设施，定期检查和记录。贮存环境与设施、库温和贮存时间应符合《食品安全国家标准　畜禽屠宰加工卫生规范》（GB 12694—2016）的要求。

（4）经检验检疫不合格的白条及副产品，应按《食品安全国家标准　畜禽屠宰加工卫生规范》（GB 12694—2016）的要求和《病死及病害动物无害化处理技术规范》的规定处理。

（5）屠宰过程中落地或被粪便、胆汁污染的肉品及副产品应另行处理。

（6）产品包装、标签、标志应符合《包装储运图示标志》（GB/T 191—2018）、《食品安全国家标准　畜禽屠宰加工卫生规范》（GB 12694—2016）等相关标准要求。

（7）产品追溯与召回应符合《食品安全国家标准　畜禽屠宰加工卫生规范》（GB 12694—2016）的要求。

（8）记录和文件应符合《食品安全国家标准　畜禽屠宰加工卫生规范》（GB 12694—2016）的要求。

（九）盘点交接与检查清场

通过盘点交接与检查清场，能及时发现生产过程中存在的问题，便于及时纠偏，提升生产管理水平，更好地控制食品安全。

1. 盘点记录

（1）盘点入预冷间白条头数和麻电致晕头数是否相符、并核对副产品数量。

（2）盘点三腺是否按要求分别用专用容器存储并醒目标识，及时送到无害化处理间处理。

（3）盘点检查设备、用具、用品完好和损耗损坏情况，有问题的及时报修。

（4）按照规章制度反思工作安全、质量、效率、能耗情况，填入工作记录，签字提交。

2. 规范交接

倒班生产时，与接班员工共同盘点白条、副产品等产品数量，共同检查工具用品、设备设施，交代待完成工作，为接续班次工作顺利提供必要信息，填写工作交接单，按照规范完成工作交接。

3. 检查清场

末班生产结束时，做好“三归位”，即环境归位、设备设施归位、工具用品归位；做好“三检查”，即安全检查、设备设施检查、卫生检查。

任务二　屠宰加工鸡

任务书

一、任务情境描述

公司销售部门接到“冷鲜白条鸡”订单，下达生产部，生产部编制生产计划单，下达生产车间。请你按照《鸡屠宰加工工艺规程》完成本次生产任务，并按时供货。

二、价值分析

在无数次重复的工作中，不断提升自己的实操技能和职业操守，充分体现卓越屠宰加工技师遵照规程、执行规范、生产安全营养放心肉的崇高职业素养，你很快会从技师走向高级技师，同时，随着综合能力和经营意识的提升，你会成为复合型人才，走向企业中高层领导岗位。

学习活动

屠宰加工鸡的学习活动见表 2–1。

表 2–1　屠宰加工鸡的学习活动

活动序号	学习活动	完成情况	完成时间 /min
1	接受任务		
2	制订方案		
3	任务实施		
4	任务评价		
5	相关知识		

学习活动一　接受任务

学习要求：通过该活动，同学们要明确“冷鲜白条鸡生产计划单”中的具体要求，按时完成冷鲜白条鸡的生产任务。具体工作步骤及要求见表 2–2。

表 2-2　具体工作步骤及要求

序号	工作步骤	要求	完成情况	完成时间 /min
1	识读生产计划单	能快速准确地明确计划要求并清晰表达，在教师要求的时间内完成，能够读懂生产计划单中的各项内容		
2	确定生产工艺和设备	能够选择任务需要完成的工艺，并进行时间和工作场所安排，掌握相关理论知识		
3	编制任务分析报告	能够清晰地描写任务认知与理解等，思路清晰，语言描述流畅		

今接到一生产计划单，具体内容见表 2–3。

表 2-3　生产计划单

项目	内容	项目	内容
计划下达部门		计划接收部门	
计划下达日期		订单号	
产品代码		产品类别	
产品名称		产品规格	
单位		订单数量	
生产日期		包装物要求	
要求最迟到货日期		到货地点	
备注说明			

生产编制计划人员：__________　　　　生产部部长：__________

一、识读生产计划单

（1）请用红色笔标出生产计划单中的关键词，并把关键词抄在下面横线上。

____

____

（2）请从关键词中选择词语组成一句话，说明生产计划单的要求（其中包含产品总量、规格、交货时间的具体要求）。

____

____

二、确定生产工艺和设备

（1）根据《鸡屠宰加工工艺规程》，以表格形式列出工艺过程中的主要设备设施、技术参数及工作要求，详见表 2–4。

表 2–4　主要设备设施、技术参数及工作要求

工序	主要设备设施	技术参数	工作要求
接收检验			
挂鸡			
致昏			
宰杀放血			
烫毛脱毛			
喷淋冲洗			
切爪、脱黄皮			
二次挂鸡			
净膛			
三次挂鸡、去头			
高压冲洗			
检验检疫			
副产品整理			
冷却			
白条鸡修整			
检验包装发货			

（2）为顺利完成生产任务，请提前查阅资料，写出冷鲜白条鸡的感官质量标准及加工标准。

____

____

三、编写任务分析报告

（一）基本信息（表 2–5）

表 2–5　基本信息

项目	内容	备注
产品名称		
生产数量		
到货时间		
接收检验毛鸡时间		
设备器具清洗消毒时间		

续表

项目	内容	备注
生产时间		
白条鸡入库时间		

（二）任务分析

依据订单需求，按照《鸡屠宰加工工艺规程》生产冷鲜白条鸡，请绘制详细的生产工艺流程图。

____

____

学习活动二　制订方案

学习要求： 通过对《鸡屠宰加工工艺规程》的分析，编制工作流程、仪器设备清单、原辅材料清单及生产方案。具体要求见表 2–6。

表 2–6　具体要求

序号	工作步骤	要求	完成情况
1	编制工作流程	在 30 min 内完成工作流程编制，工作流程内容完整	
2	编制仪器设备清单	在 30 min 内完成仪器设备清单编制，满足生产工艺需要	
3	编制原辅材料清单	在 20 min 内完成毛鸡屠宰需求清单编制，与订单计划对接	
4	编制生产方案	在 40 min 内完成生产方案编制，确保生产工作顺利进行	

一、编制工作流程

（1）项目的主要工作流程可以分为 5 个部分，分别是设备及工器具的清洗消毒、原辅材料的准备、实施生产加工、出厂检验、物流配送。

请回忆一下，各部分的主要工作任务有哪些？各部分的工作要求分别是什么？大约需要花费多长时间？具体工作流程见表 2–7。

表 2–7　工作流程

序号	工作流程	主要工作内容	参考标准	时间 /h
1	设备及工器具的清洗消毒			
2	原辅材料的准备			
3	实施生产加工			
4	出厂检验			

续表

序号	工作流程	主要工作内容	参考标准	时间 /h
5	物流配送			

（2）请分析《鸡屠宰加工工艺规程》，写出工作流程，并写出完整的工作内容和要求，详见表 2–8。

表 2–8　鸡屠宰生产工作流程

序号	工作流程	具体工作内容	要求
1			
2			
3			
4			
5			
6			
7			
8			
9			
10			
11			
12			
13			
14			
15			
16			

二、编制仪器设备清单

为了完成生产过程，需要用到哪些仪器设备？请列表完成（表 2–9）。

表 2–9　鸡屠宰生产仪器设备清单

序号	仪器设备名称	型号	作用	是否会操作
1				
2				
3				
4				

续表

序号	仪器设备名称	型号	作用	是否会操作
5				
6				
7				
8				
9				
10				
11				

三、编制原辅材料清单

为完成生产任务，需要用到哪些原辅材料？请列表完成（表 2-10）。（提示：包括符合订单要求的毛鸡、清洗消毒用材料、生产加工用的包装物等耗材。）

表 2-10　鸡屠宰材料清单

序号	原辅材料名称	用量	作用	备注
1				
2				
3				
4				
5				

四、编制生产方案

方案名称：________________

（一）生产目标

（填写说明：概括说明本次生产任务要达到的目标。）

____

____

（二）工作内容安排（表 2-11）

表 2-11　鸡屠宰生产工作内容安排

生产流程	仪器设备及原辅材料	生产要求	操作要求	计划时间 / h

续表

生产流程	仪器设备及原辅材料	生产要求	操作要求	计划时间 / h

（三）产品加工标准及感官质量评价

（填写说明：从加工标准、产品的色泽、组织状态等进行感官质量评价。）

（四）有关安全注意事项及防护措施

（填写说明：生产过程中的安全操作及防护要求。）

学习活动三　任务实施

建议学时：2~3 学时。

学习要求：按照鸡屠宰生产方案中的内容，完成生产过程。生产过程符合生产安全、食品安全、质量标准、现场“6S”管理等要求。工作流程及要求见表 2–12。

表 2–12　工作流程及要求

序号	工作流程	要求	学时安排	备注
1	设备及工器具的清洗消毒	按照设备及工器具清洗消毒规程按时完成上述工作		
2	原辅材料的准备	按照订单需求准备原辅材料		
3	实施生产加工	严格按照《鸡屠宰加工工艺规程》执行，按时完成任务		
4	出厂检验			
5	物流配送			
6	评价			

一、安全注意事项

请结合在实训基地生产时的安全事项，写出本任务需要注意的安全事项。

二、设备及工器具的清洗消毒

（1）请阅读下述材料，完成设备及工器具的清洗消毒，并做好记录（表2-13）。设备及工器具的清洗消毒流程：清刮干净残留物→清水冲洗→清洁剂刷洗→清水冲洗→消毒液消毒→清水冲洗→沥干水分→定点定位放置。

表 2-13　清洗消毒记录表

设备及工器具名称	清洗消毒方法	完成人	完成时间	是否完成

（2）相关要求：同“任务一　屠宰加工猪”设备及工器具的清洗消毒相关要求。

三、原辅材料的准备

按照订单需求接收毛鸡，并完成屠宰前准备，具体见表 2-14。

表 2-14　原辅材料记录

序号	原辅材料名称	用量	完成人	完成时间
1				
2				
3				
4				
5				

四、实施生产加工

严格执行《鸡屠宰加工工艺规程》，按时完成任务，并填写生产记录（表2-15）。

表 2-15　鸡屠宰生产记录

序号	生产步骤	标准、要求	操作人	完成时间要求
1				
2				
3				
4				
5				
6				
7				
8				
9				
10				
11				
12				
13				
14				
15				
16				

五、出厂检验

查阅鸡屠宰相关知识，掌握同步检验检疫、初检、复检等知识点，写出出厂检验的注意事项。

____

____

六、物流配送

查阅鸡屠宰相关知识，写出冷鲜白条鸡的包装及物流配送要求。

____

____

学习活动四　任务评价

建议学时：0.5 学时。

学习要求：通过最后的任务评价，学生能明白做事要善始善终，知道自己掌握了多少，知道自己要努力的方向。

分小组按照任务评价表要求进行评价（表 2–16）。

表 2–16　任务评价表

项次	项目要求		配分	评分细则	自我评价	小组评价	教师评价
素养（20分）	纪律情况（5分）	按时到岗，不迟到、早退	2分	缺勤全扣，迟到、早退出现1次扣1分			
		积极思考、回答问题	2分	根据上课统计情况得1~2分			
		学习用品准备	1分	自己主动准备好学习用品并确保齐全得1分			
		执行教师命令	0分	此为否定项，违规酌情扣10~100分，违反校规按校规处理			
	职业道德（6分）	主动与他人合作	2分	主动合作得2分，被动合作得1分			
		主动帮助同学	2分	主动帮助同学得2分，被动帮助同学得1分			
		严谨、追求完美	2分	对工作精益求精且效果明显得2分，对工作认真得1分，其余不得分			
	“6S”（4分）	桌面、地面整洁	2分	自己工位的桌面、地面整洁无杂物得2分，不合格不得分			
		物品定置管理	2分	按定置要求放置得2分，其余不得分			
	阅读能力（5分）	快速阅读能力	5分	能快速准确地明确任务要求并清晰表达得5分，能主动沟通并在受指导后达标得3分，其余不得分			
核心技术（60分）	接受任务（15分）	识读计划单	5分	能全部完成任务得5分，其余视情况得1~4分			
		确定生产工艺和设备	5分	能全部完成任务得5分，其余视情况得1~4分			
		编写任务分析报告	5分	能全部完成任务得5分，其余视情况得1~4分			

续表

项次	项目要求		配分	评分细则	自我评价	小组评价	教师评价
	制订方案（15分）	编制工作流程	5 分	能全部完成任务得 5 分，其余视情况得 1~4 分			
		编制仪器设备清单	5 分	能全部完成任务得 5 分，其余视情况得 1~4 分			
		编制原辅材料清单	5 分	能全部完成任务得 5 分，其余视情况得 1~4 分			
	任务实施（30分）	编制生产方案	5 分	能全部完成任务得 5 分，其余视情况得 1~4 分			
		设备器具清洗消毒	5 分	能全部完成任务得 5 分，其余视情况得 1~4 分			
		原辅材料准备	5 分	能全部完成任务得 5 分，其余视情况得 1~4 分			
		生产加工	15 分	能全部完成任务得 15 分，其余视情况得 1~14 分			
工作页完成情况（20分）	按时、保质保量完成工作页（20分）	按时提交	4 分	按时提交得 4 分，迟交不得分			
		书写整齐度	3 分	文字工整、字迹清楚得 3 分			
		内容完成程度	4 分	视完成情况分别得 1~4 分			
		回答准确率	5 分	视准确率情况分别得 1~5 分			
		有独到的见解	4 分	视见解程度分别得 1~4 分			
合计			100 分				
总分[加权平均分（自我评价占 20%，小组评价占 30%，教师评价占 50%）]							

学习活动五　相关知识

一、鸡屠宰加工工艺规程

目前，我国大中型宰鸡厂均采用流水线生产（图 2–1），用吊轨连续输送屠宰后的鸡。这样可以减轻工人的劳动强度，提高工作效率，还可以减少污染机会，保证肉质。《鸡屠宰加工工艺规程》如下。

（一）工艺流程

毛鸡的运输与验收→挂鸡→致昏→宰杀放血→烫毛脱毛→喷淋冲洗→切爪、脱黄皮→二次挂鸡→净膛→三次挂鸡、去头→高压冲洗→检验检疫→副产品整理→冷却→修整→白条鸡包装、冷藏→分割加工→冷加工。

彩图

图 2-1　鸡屠宰流水生产线

（二）操作要求

1. 毛鸡运输与验收

（1）毛鸡送宰前应在养鸡场禁食 6~12 h，保证饮水。

（2）运输与消毒：毛鸡用专用车辆、专用鸡笼运输，冬季车辆应罩上罩布保暖，夏季应确保鸡笼通风良好、散热充分。车辆进入宰鸡厂时应全方位喷淋消毒，消毒剂常用 0.01% ~ 0.02% 次氯酸钠溶液。

（3）毛鸡检验：应先检查随车携带的“三证”（动物产地检疫合格证明、动物及动物产品运输工具消毒证明、药残检验合格单）是否合格，然后由兽医官现场检验毛鸡是否有疫病症状。

（4）卸车接收：经检验合格后应快速卸车接收，毛鸡从检检到卸车停留时间应不超过 30 min，以防鸡笼中间空气流通不良导致毛鸡死亡。

2. 挂鸡

挂鸡时应轻抓轻挂，操作工打开鸡笼取鸡，左、右手各握住鸡的一条腿，鸡头朝下、鸡胸腹向前朝向操作工，将鸡爪挂进输送机上面的挂钩内。死鸡不应上挂，应放于专用容器中做无害化处理。

挂鸡后，对运输车辆、鸡笼、地面进行清洗，并用 0.01% ~0.02% 次氯酸钠溶液喷淋消毒。

3. 致昏

随着输送机的自动运转，挂在挂钩上的毛鸡依次被输送至水浴电击晕槽，槽内装有水，槽底有电流通过，电压 30~50 V，电流 0.5 A 以下，毛鸡头部从槽内水中通过，利用电流刺激毛鸡使之昏迷，以利于下一步刺杀放血。调整输送机车速，使毛鸡通过电击晕槽的时间控制在 8 s 以下。

根据毛鸡的品种和大小适当调整水面高度和电击晕时间，以电击晕后马上将毛鸡从挂钩上取下，其在 60 s 内能自动苏醒为宜。过大的电压、电流会引起锁骨断裂、心脏破坏、心脏停止跳动、放血不良、翅膀血管充血等现象。

对致昏设备的控制参数应适时监控并保存相关记录。

致昏区域的光照强度应弱化，以保持毛鸡安静。

4. 宰杀放血

左手拇指和食指紧掐毛鸡耳朵上部，另外三指平贴在毛鸡下颌处，右手持刀沿毛鸡下颌后的颈部横切一刀，将颈部的气管、血管和食管一起切断。放血时间 3~5 min，不应有活鸡进入烫毛设备。

5. 烫毛脱毛

（1）烫毛：宰杀放血后的毛鸡随着输送机自动运送至烫毛池，将烫毛池内清水水温升到 58~62 ℃后进行烫毛，烫毛时间 1~2 min。

烫毛的注意事项：烫毛的目的是为了方便脱毛，一般烫毛后毛鸡胸部的烫白率不得超过 4%，根据季节和毛鸡品种的不同，参考烫白的程度及脱毛效果，随时调整水温与烫毛时间。未死或放血不完全的毛鸡，不能直接进行烫毛，以免降低产品品质。浸烫时水量应充足，采用流动水或经常换水，一般要求每烫一批需调换一次水，以保持清洁。

（2）脱毛：烫毛后的毛鸡随着输送机自动运送至脱毛机，经自动脱钩后进入脱毛机内，主要利用橡胶指束的拍打与摩擦作用脱除羽毛，因此必须调整好橡胶指束与毛鸡体之间的距离，脱毛不净时，应随时调整橡胶指束的间距或更换胶棒。

脱毛的注意事项：脱毛时，要掌握好处理时间。若屠宰前毛鸡经过激烈的挣扎或奔跑，则羽毛的皮层会将羽毛固定得更紧。此外，屠宰后 30 min 再浸烫或浸烫后 4 h 再脱毛，都将影响到脱毛的速度。因此，在毛鸡转运、挂鸡过程中应规范操作，防止毛鸡因受到过度惊吓而产生应激反应。

（3）去绒毛、补拔毛：鸡屠体经过浸烫脱毛后，在头、颈、翅和腿等部位常残留有部分绒毛，常用火焰喷射机烧毛的方法除去这些绒毛，个别残留的毛须人工补拔。

6. 喷淋冲洗

脱毛去绒后，在去内脏前必须充分清洗鸡屠体，以保持干净。一般采用加压冷水（或加氯水）冲洗。

7. 切爪、脱黄皮

是否切爪要依据市场需求而定，需要切爪时，可采用手工或机械方法切除，切爪时应避免损伤跗关节的骨节。

切下的鸡爪要在清爪器中进行脱黄皮，使鸡爪上的黄皮剥离，清爪器内水温为51~65 ℃。

活鸡从挂鸡到切爪的过程称屠宰去毛作业，该作业区域必须与取内脏区完全隔开。此处原挂钩转回活鸡作业区，而将鸡重新悬挂在另外一条清洁的挂钩系统上。

8. 二次挂鸡

操作工两手指分别夹着两只鸡的鸡头，将手心部靠压在链钩间的凹槽上，鸡头卡在槽内，两条腿向下垂。

9. 净膛

净膛过程所用工具应定时清洗消毒，与胴体接触的机械装置应每次进行冲洗。

（1）剪肛门、开膛：其中开膛包括人工开膛和机械开膛 2 种。

人工开膛：左手握住鸡左腿，右手用剪刀从肛门周围伸入剪去肛门，刀口约 3 cm，要使肛门和后段肠子全部从鸡体上脱离，不能剪破直肠。然后，左手握住鸡右大腿，使肛门朝着操作人员，右手持刀，从肛门切口处沿腹部切开腹皮 3~5 cm，切开部位不应超过胸骨，不应划伤鸡胸和内脏。开膛后用清水对胴体进行冲洗。

机械开膛：用先进的吊肛机可直接吊肛开膛。

（2）掏膛：包括人工掏膛和机械掏膛 2 种。

人工掏膛：左手抓住鸡左翅根，使鸡背向操作人员，右手拿掏膛钩，将心、肝、肠、胗、食管等内脏拉出，掏膛后不能有内脏残留，应避免因脏器或肠道破损而污染胴体。将掏出的内脏通过传送带输送至副产品加工间。

机械掏膛：采用自动掏膛机掏膛更能降低员工劳动强度。

（3）开颈皮、摘嗉囊：具体如下。

开颈皮：左手抓住鸡脖稳住胴体，右手持刀在嗉囊向上 3 cm 处自上而下将颈皮划开，露出整个嗉囊和胸部，其长度为 3~4 cm，开颈皮时不得划破嗉囊和大胸。

摘嗉囊：左手抓紧鸡的嗉囊，右手握尖钩用力往回拉，使嗉囊整体脱离胴体。不得钩破嗉囊。结束后，要用清水冲洗嗉囊处。

（4）冲洗：用清水冲洗干净胴体表面及体腔内的血污等。若生产去头白条鸡，则需 3 次挂鸡。

10. 三次挂鸡、去头

用手抓住鸡的两条腿，将之挂在挂钩的凹槽内，鸡头向下垂。

胴体随输送机自动送至去头器处，鸡头从去头器中间通过时会被割掉。

11. 高压冲洗

用高压水在线冲洗胴体体表及体腔内部，冲洗干净后自动脱钩进入预冷池。

12. 检验检疫

同步检验按照《畜禽屠宰卫生检疫规范》（NY 467—2001）要求执行，同步检疫按照《家禽屠宰检疫规程》要求执行。

13. 副产品整理

应去除副产品上的污物，将之清洗干净。整理过程中不应落地加工。具体操作如下。

（1）摘心肝：右手拇指和食指捏紧心肝连接处，左手抹去鸡肠、油等附着物，撕下心、肝、胆囊；修除心包膜、血管、脂肪及心内血块。

（2）修鸡爪：脱去黄皮的鸡爪需要除去脚掌上的肉垫，左手握住鸡爪，右手持刀，削去脚掌中心突起的肉垫，另外，还需将脚关节凸起的肉垫削去，冲洗干净。

（3）鸡胗：切开鸡胗，冲洗干净内容物，然后撕下黄色内膜，鸡胗、鸡内金单独存放。

（4）鸡肠：将鸡肠分检出来，冲洗干净内容物后，根据市场需求，预冷备用。

14. 冷却消毒

（1）冷却方法：采用水冷或风冷方式对鸡胴体和可食用的副产品进行冷却。

水冷却应符合以下要求：预冷设施设备的冷却进水温度应控制在 4 ℃以下，终冷却水温度控制在 0~2 ℃，鸡胴体在冷却槽中逆水流方向移动，并补充足量的冷却水。

鸡胴体通常用螺旋式分段冷却机进行水冷，可自动调节每段水池中进水的温度。预冷一池中鸡胴体温度应控制在 15 ℃以下，预冷二池中鸡胴体温度应控制在 7 ℃以下，预冷三池中鸡胴体温度应控制在 4 ℃以下，总冷却时间 30 min 以上。

副产品整理合格后用专用的副产品冷却机水冷降温，降温至 3 ℃以下后按市场需求定量包装，包装后在副产品专用预冷库中采用风冷方式继续降温，副产品预冷库温度保持 3 ℃以下，越低越好，以不使产品冻结为宜。

可以向一池或二池中加 0.05% 次氯酸钠溶液消毒。

（2）冷却要求：冷却后的鸡胴体中心温度应达到 4 ℃以下，内脏中心温度应达到 3 ℃以下。副产品的冷却应采用专用的冷却设施设备，并与其他加工区分开，以防交叉污染。

15. 修整

预冷后的鸡胴体，经检验后需进行修整。

摘取胸腺、甲状腺、甲状旁腺及残留气管。修除浮毛、可视病变淋巴结。

修割整齐，冲洗干净，胴体无可见出血点、无溃疡、无排泄物残留、无骨折。

16. 白条鸡包装、冷藏

修整后的鸡胴体，如果以白条鸡形式销售，则需对鸡胴体进行包装，冰鲜白条鸡包装后入 0~4 ℃预冷库冷藏、保鲜、销售。需要冻结的白条鸡包装后转入冻结间（或速冻机），冻结间的温度应为 −28 ℃以下，冻结时间不宜超过 12 h，冻结后产品中心温度应不高于 −15 ℃，冻结后转入 −18 ℃以下的冻藏库贮存、销售。

至此，白条鸡的生产加工已完成，若生产加工分割鸡肉则需四次挂鸡。

白条鸡感官质量及加工标准要求如下。

（1）肌肉发育良好，胸骨尖稍露，尾部和背部布满皮下脂肪。

（2）加工标准：体表干净卫生，无肉眼可见油泥、鸡毛等杂质。单个产品淤血面积大于 1 cm^2，不允许存在；单个产品淤血面积小于 1 cm^2，不得超过抽样量的 2%。

（3）弹性黏性：肌肉有弹性，经指压后凹陷部位立即恢复原位；外表微干或微湿润，不粘手。

（4）色泽：表皮和肌肉切面有光泽，表皮为白色至乳黄色，脂肪为淡黄色至乳黄色，肌肉因品种不同而呈现淡黄色或淡红色。

（5）气味：具有鲜鸡肉固有的正常气味，无异味。

（6）煮沸后肉汤：透明澄清，脂肪团聚于液面，具有鸡肉固有的鲜香味。

17. 分割加工

目前，我国大中型鸡屠宰加工厂均采用流水线作业进行鸡的分割加工（图 2-2）。在国内外市场上分割鸡的品种主要有鸡翅、鸡全腿、鸡腿肉、鸡胸肉、鸡心、鸡肝、鸡爪、鸡骨架和鸡皮等。具体操作如下。

彩图

图 2-2 鸡分割流水线

（1）挂鸡：预冷好白条鸡后，将鸡脖挂在分割线链钩凹槽处，用清水冲洗，并进行分割加工。

（2）划胸线、腿线：划胸线时握住右翅根，用刀沿胸翅下部将皮划开，不得划破鸡架外膜；划腿线时握住鸡的右腿，用刀沿腿根部内侧将皮划开，不得划破腿肉。

（3）掰腿和卸腿：掰腿时两手把住鸡的两腿，使鸡背对着操作人员，两拇指按住大腿根部，用力向后掰，使腿关节完全脱臼，鸡腿与鸡体呈垂直状；卸腿时一手握鸡腿的膝关节，另一手持刀，切开股骨与髋关节连接处的韧带及肌肉，撕下鸡腿。

（4）大腿去骨：右手持刀，左手握住鸡的腿爪关节处，用刀将小棒骨从肉上一刀切下来，切下的扇形大腿去骨后做腿肉原料，剩余小腿部分为琵琶腿。

（5）卸翅：卸翅时左手握刀，右手握住右翅的根部，在翅根关节处顺背部下滑，同时右手顺势用力拉翅和胸，使之脱离鸡骨架。

（6）翅胸分离：分离翅胸时，操作人员一手握住翅中的关节处，另一手持刀在翅根关节处往下切，鸡翅不能带胸皮和胸肉，鸡胸上不能带软骨和骨膜。

（7）精细分割：根据市场需求，若需对翅、胸、腿进行精细分割，则按以下标准执行。

翅类

整翅：切开肱骨与喙状骨连接处，切断筋腱，不得划破关节面和伤残里脊。

翅根（第一节翅）：沿肘关节处切断，由肩关节至肘关节段。

翅中（第二节翅）：切断肘关节，由肘关节至腕关节段。

翅尖（第三节翅）：切断腕关节，由腕关节至翅尖段。

上半翅（“V”形翅）：由肩关节至腕关节段，即第一节翅和第二节翅。

下半翅：由肘关节至翅尖段，即第二节翅和第三节翅。

胸肉类

带皮大胸肉：沿胸骨两侧划开，切断肩关节，将翅根连胸肉向尾部撕下，剪去翅，修净多余的脂肪、肌膜，使胸皮肉相称，无淤血、无熟烫。

去皮大胸类：将带皮大胸肉的皮除去。

小胸肉（胸里脊）：在鸡锁骨和喙状骨之间取下胸里脊，要求条形完整，无破损、无污染。

带里脊大胸肉：包括去皮大胸肉和小胸肉。

腿肉类

全腿：沿腹股沟将皮划开，将大腿向背侧方向掰开，切断髋关节和部分肌腱，在跗关节处切去鸡爪（屠宰时已去爪的无须切爪），使腿型完整，边缘整齐，腿皮覆盖良好。

大腿：将全腿沿膝关节切断，为髋关节和膝关节之间的部分。

小腿：将全腿沿膝关节切断，为膝关节和附关节之间的部分。

去骨带皮鸡腿：沿胫骨到股骨内侧划开，切断膝关节，剔除股骨、胫骨和腓骨，修割多余的皮、软骨、肌腱。

（8）分割副产品：副产品包括鸡骨架、鸡爪、鸡头、鸡脖、带头鸡脖、鸡睾丸等（心、肝、胗、肠在屠宰工序副产品加工间已加工处理）。

鸡骨架：去除腿、翅、胸肉和皮肤后的胸椎和助骨部分。

鸡爪：沿附关节切断，除去趾壳。

鸡头：在第 1 颈椎骨与寰椎骨交界处连皮切断（去头白条鸡分割时无须去头）

鸡脖：去头后在齐肩胛骨处切断，去掉食管和气管。

带头鸡脖：包括鸡头和鸡脖部分。

鸡睾丸：摘取公鸡双侧睾丸。

（9）产品检验、分拣、包装、标志、贮藏与运输：根据产品的不同销售渠道和包装需求，检验合格后称重、包装，冷鲜产品应在 -1~4 ℃环境中贮存，冷冻产品应在 -18 ℃以下环境中贮存。

成品感官质量要求：呈淡红色或乳白色，有光泽，具有鸡肉固有的正常气味，指压后凹面立即恢复。

18. 冷加工

参考“任务一学习活动五的‘肉的冷加工’部分”。

19. 其他要求

（1）产品包装、标签、标志应符合《包装储运图示标志》（GB/T 191—2008）、《食品安全国家标准　畜禽屠宰加工卫生规范》（GB 12694—2016）等相关标准要求。

（2）贮存环境与设施、库温和贮存时间应符合《食品安全国家标准　畜禽屠宰加工卫生规范》（GB 12694—2016）的要求。

（3）加工过程中落地或被粪便、胆汁污染的肉品及副产品应另行处理。

（4）经检验检疫不合格的肉品及副产品，应按《食品安全国家标准　畜禽屠宰加工卫生规范》（GB 12694—2016）和《病死及病害动物无害化处理技术规范》的要求执行。

（5）产品运输应符合《食品安全国家标准　肉和肉制品经营卫生规范》（GB 20799—2016）的要求；产品追溯与召回应符合《食品安全国家标准　畜禽屠宰加工卫生规范》（GB 12694—2016）的要求。

（6）记录和文件应符合《食品安全国家标准　畜禽屠宰加工卫生规范》（GB 12694—2016）的要求。

拓展阅读

模块二　酱卤肉制品加工

我国酱卤食品素有“南卤北酱”的饮食传统，其中“南卤”主要集中在江西、湖北、湖南、浙江、江苏等省份；“北酱”主要集中在北京、天津、辽宁、吉林、黑龙江等省份。

酱卤肉制品是将原料肉加入食盐或酱油等调味料及香辛料中，以水为加热介质煮制而成的熟肉制品，是我国的传统肉制品。酱是用酱或酱油来腌制，卤是以浓汁来煮制。这两种加工方法结合使用，故名酱卤肉制品。酱卤肉制品中，酱与卤两种制品所用原料及原料处理过程相同,但在煮制方法和调味材料上有所不同，因此产品的特点、色泽、风味也不同。在煮制方法上，卤制品通常先将各种辅料煮成清汤，然后将肉块下锅，以旺火煮制；酱制品则是肉块和各辅料一起下锅，大火烧开，文火收汤，最终使汤形成浓汁。在调料使用上，卤制品主要使用盐水，所用香辛料和调味料数量不多，故产品色泽较淡，突出原料的原有色、香、味；而酱制品所用香辛料和调味料的数量较多，故酱香味浓。酱卤制品几乎在全国各地均有生产，但由于各地的消费习惯和加工过程中所用的配料、操作技术不同，因而形成了许多地方特色风味，有的已成为地方名特产，如苏州的酱汁肉、北京月盛斋的酱牛肉、山东的德州扒鸡等。

通过本模块的学习，你能学会：①道口烧鸡加工；②五香牛肉加工。

任务三　道口烧鸡加工

任务书

一、任务情境描述

公司销售部门收到“道口烧鸡”订单，下达生产部，生产部编制生产计划单，下达生产车间。请你按照《道口烧鸡加工工艺规程》，完成生产任务，并按时供货。

二、价值分析

道口烧鸡起源于清朝顺治年间，已有300多年的历史。由安阳市滑县道口镇的“义兴张”世家创制，其制作技艺世代相传，已经成为河南省非物质文化遗产。道口烧鸡的主要制作工艺包括9道工序，每道工序都讲究精细。其特色在于使用多种名贵中药和陈年老汤，成品烧鸡色泽鲜艳，形如元宝，口感细腻，肉质鲜嫩多汁，皮脆肉香，五香味浓。道口烧鸡不仅是一道美食，更是一种文化的传承。

道口烧鸡在市场上需求旺盛，滑县年产、销烧鸡1800多万只，显示出其巨大的市场潜力和经济效益。道口烧鸡不仅在国内广受欢迎，还出口到国外，成为中华美食的代表之一。

学习活动

道口烧鸡加工的学习活动见表3-1。

表3-1　道口烧鸡加工的学习活动

活动序号	学习活动	完成情况	完成时间 / min
1	接受任务		
2	制订方案		
3	任务实施		
4	任务评价		
5	相关知识		

学习活动一　接受任务

学习要求：通过该活动，同学们要明确“道口烧鸡生产计划单”中的具体要求，按时完成道口烧鸡的生产任务。具体工作步骤及要求见表 3-2。

表 3-2　具体工作步骤及要求

序号	工作步骤	要求	完成情况	完成时间 / min
1	识读生产计划单	能快速准确地明确计划要求并清晰表达，在教师要求的时间内完成，能够读懂生产计划单中的各项内容		
2	确定生产工艺和设备	能够选择任务需要完成的工艺，并进行时间和工作场所安排，掌握相关理论知识		
3	编制任务分析报告	能够清晰地描写任务认知与理解等，思路清晰，语言描述流畅		

今接到一生产计划单，具体内容见表 3-3。

表 3-3　生产计划单

项目	内容	项目	内容
计划下达部门		计划接收部门	
计划下达日期		订单号	
产品代码		产品类别	
产品名称		产品规格	
单位		订单数量	
生产日期		包装物要求	
要求最迟到货时间		到货地点	
备注说明			

生产部编制计划人员：__________　　　　生产部部长：__________

一、识读生产计划单

（1）请用红色笔标出生产计划单中的关键词，并把关键词抄在下面横线上。

____

____

（2）请从关键词中选择词语组成一句话，说明生产计划单的要求（其中包含产品总量、规格、包装形式、交货时间的具体要求）。

____

____

（3）请根据生产计划单中的信息，在下列横线上列式子计算出产品总吨数。

____

二、确定生产工艺和设备

（1）根据《道口烧鸡加工工艺规程》，以表格形式列出工艺过程中的主要设备设施、技术参数和工作要求，详见表 3-4。

表 3-4　道口烧鸡主要设备、参数及要求

工序	主要设备设施	技术参数	工作要求
原料鸡选择			
宰杀放血			
烫毛、脱毛			
开膛取内脏			
清洗、造型			
上糖衣、油炸			
煮制			
出锅			
冷却			
包装			

（2）为顺利完成生产任务，请查阅资料，写出道口烧鸡的感官质量标准。

三、编写任务分析报告

（一）基本信息（表 3-5）

表 3-5　基本信息

项目	内容	备注
产品名称		
生产数量		
最迟到货时间		
领取原辅材料时间		
设备器具清洗消毒时间		
生产时间		
成品入库时间		

（二）任务分析

依据订单需求，按照《道口烧鸡加工工艺规程》生产加工道口烧鸡，请绘制详细的生产工艺流程图。

____

____

学习活动二　制订方案

学习要求：通过对《道口烧鸡加工工艺规程》的分析，编制工作流程、仪器设备清单、原辅材料清单及生产方案。具体要求见表 3–6。

表 3–6　具体要求

序号	工作步骤	要求	完成情况
1	编制工作流程	在 30 min 内完成工作流程编制，工作流程内容完整	
2	编制仪器设备清单	在 30 min 内完成仪器设备清单编制，满足生产工艺需要	
3	编制原辅材料清单	在 20 min 内完成道口烧鸡加工需求清单编制，与订单计划对接	
4	编制生产方案	在 40 min 内完成生产方案编制，确保生产工作顺利进行	

一、编制工作流程

（1）项目的主要工作流程可以分为 5 个部分，分别是设备及工器具的清洗消毒、原辅材料的准备、实施生产加工、出厂检验、物流配送。

请回忆一下，各部分的主要工作任务有哪些？各部分的工作要求分别是什么？大约需要花费多长时间？具体工作流程见表 3–7。

表 3–7　具体工作流程

序号	工作流程	主要工作内容	参考标准	时间 / h
1	设备及工器具的清洗消毒			
2	原辅材料的准备			
3	实施生产加工			
4	出厂检验			
5	物流配送			

（2）请分析《道口烧鸡加工工艺规程》，写出工作流程，并写出完整的工作内容和要求，详见表 3–8。

表 3-8 道口烧鸡生产工作流程

序号	工作流程	具体工作内容	要求
1			
2			
3			
4			
5			
6			
7			
8			

二、编制仪器设备清单

为了完成生产过程，需要用到哪些仪器设备？请列表完成（表 3-9）。

表 3-9 道口烧鸡生产仪器设备清单

序号	仪器设备名称	型号	作用	是否会操作
1				
2				
3				
4				
5				
6				
7				
8				

三、编制原辅材料清单

为了完成生产任务，需要用到哪些原辅材料？请列表完成（表 3-10）。

表 3-10 道口烧鸡原辅材料清单

序号	原辅材料名称	用量	作用	备注
1				
2				
3				
4				

续表

序号	原辅材料名称	用量	作用	备注
5				
6				
7				
8				

四、编制生产方案

方案名称：________________

（一）生产目标

（填写说明：概括说明本次生产任务要达到的目标。）

____

____

（二）工作内容安排（表 3-11）

表 3-11　道口烧鸡生产工作内容安排

生产流程	仪器设备及原辅材料	生产要求	操作要求	计划时间 / h

（三）产品感官质量评价

（填写说明：从产品的外形、色泽、组织状态，风味等进行感官质量评价。）

____

____

（四）有关安全注意事项及防护措施

（填写说明：生产过程中的安全操作及防护要求。）

____

____

学习活动三 任务实施

建议学时： 4 学时。

学习要求： 按照道口烧鸡生产方案中的内容，完成生产过程。生产过程中符合生产安全、食品安全、质量标准、现场“6S”管理等要求。工作流程及要求见表 3-12。

表 3-12 工作流程及要求

序号	工作流程	要求	学时安排	备注
1	设备及工器具的清洗消毒	按照设备及工器具清洗消毒规程按时完成上述工作		
2	原辅材料的准备	按照工艺配方准确计算并领取原辅材料		
3	实施生产加工	严格按照《道口烧鸡加工工艺规程》执行，按时完成任务		
4	出厂检验			
5	物流配送			
6	评价			

一、安全注意事项

请结合在实训室生产时的安全事项，写出本任务需要注意的安全事项。

____

____

二、设备及工器具的清洗消毒

（1）请阅读下述材料，完成设备及工器具的清洗消毒，并做好记录（表 3-13）。设备及工器具的清洗消毒流程：清刮干净残留肉糜→清水刷洗→清洁剂刷洗→清水冲洗→消毒液消毒→清水冲洗→沥干水分→定点定位放置。

表 3-13 清洗消毒记录表

设备及工器具名称	清洗消毒方法	完成人	完成时间	是否完成

续表

设备及工器具名称	清洗消毒方法	完成人	完成时间	是否完成

（2）相关要求：同“任务一　屠宰加工猪”设备及工器具的清洗、消毒相关要求。

三、原辅材料的准备

按照工艺配方准确计算、领取原辅材料，并完成原辅材料准备记录，具体见表3–14。

表 3–14　原辅材料记录

序号	原辅材料名称	用量	完成人	完成时间
1				
2				
3				
4				
5				
6				
7				
8				

四、实施生产加工

严格执行《道口烧鸡加工工艺规程》，按时完成任务，并填写生产记录（表3–15）。

表 3–15　道口烧鸡生产记录

序号	生产步骤	标准、要求	操作人	完成时间要求
1				
2				
3				
4				
5				
6				
7				
8				

五、出厂检验

查阅相关资料，写出烧鸡出厂检验的注意事项。

____

____

六、物流配送

查阅烧鸡生产加工相关知识，写出道口烧鸡的包装及物流配送要求。

____

____

学习活动四　任务评价

建议学时：0.5 学时。

学习要求：通过任务评价，学生能明白做事要善始善终，知道自己掌握了多少，知道自己努力的方向。

分小组按照任务评价表要求进行评价（表 3-16）。

表 3-16　任务评价表

项次	项目要求		配分	评分细则	自我评价	小组评价	教师评价
素养（20分）	纪律情况（5 分）	按时到岗，不迟到、早退	2 分	缺勤全扣，迟到、早退出现 1 次扣 1 分			
		积极思考、回答问题	2 分	根据上课统计情况得 1~2 分			
		学习用品准备	1 分	自己主动准备好学习用品并确保齐全得 1 分			
		执行教师命令	0 分	此为否定项，违规酌情扣 10~100 分，违反校规按校规处理			
	职业道德（6 分）	主动与他人合作	2 分	主动合作得 2 分，被动合作得 1 分			
		主动帮助同学	2 分	主动帮助同学得 2 分，被动帮助同学得 1 分			
		严谨、追求完美	2 分	对工作精益求精且效果明显得 2 分，对工作认真得 1 分，其余不得分			

续表

项次	项目要求		配分	评分细则	自我评价	小组评价	教师评价
	“6S”（4分）	桌面、地面整洁	2分	自己工位的桌面、地面整洁且无杂物得2分，不合格不得分			
		物品定置管理	2分	按定置要求放置得2分，其余不得分			
	阅读能力（5分）	快速阅读能力	5分	能快速准确地明确任务要求并清晰表达得5分，能主动沟通并在受指导后达标得3分，其余不得分			
核心技术（60分）	接受任务（15分）	识读计划单	5分	能全部完成任务得5分，其余视情况得1~4分			
		确定生产工艺和设备	5分	全部完成任务者得5分，其余视情况得1~4分			
		编写任务分析报告	5分	能全部完成任务得5分，其余视情况得1~4分			
	制订方案（15分）	编制工作流程	5分	能全部完成任务得5分，其余视情况得1~4分			
		编制仪器设备清单	5分	能全部完成任务得5分，其余视情况得1~4分			
		编制原辅材料清单	5分	能全部完成任务得5分，其余视情况得1~4分			
	任务实施（30分）	编制生产方案	5分	能全部完成任务得5分，其余视情况得1~4分			
		设备器具清洗消毒	5分	能全部完成任务得5分，其余视情况得1~4分			
		原辅材料准备	5分	能全部完成任务得5分，其余视情况得1~4分			
		生产加工	15分	能全部完成任务得15分，其余视情况得1~14分			
工作页完成情况（20分）	按时、保质保量完成工作页（20分）	按时提交	4分	按时提交得4分，迟交不得分			
		书写整齐度	3分	文字工整、字迹清楚得3分			
		内容完成程度	4分	视完成情况分别得1~4分			
		回答准确率	5分	视准确率情况分别得1~5分			
		有独到的见解	4分	视见解程度分别得1~4分			
合计			100分				
总分[加权平均分（自我评价占20%，小组评价占30%，教师评价占50%）]							

学习活动五 相关知识

一、道口烧鸡的生产工艺

（一）工艺流程

原料鸡的选择→宰杀→浸烫、煺毛→掏膛→造型→上糖衣→油炸→煮制→出锅、晾制→抽真空、杀菌→成品质量判断。

（二）工艺配方

100~125 kg（约 100 只鸡），砂仁 15 g，丁香 5 g，陈皮 30 g，桂皮 90 g，草果 30 g，豆蔻 15 g，白芷 90 g，良姜 90 g，食盐 1.7~2.5 kg，亚硝酸盐 15 g。

（三）操作要点

1. 原料鸡的选择

原料肉选用经兽医卫生检验、检疫合格的活鸡，优先选用当地淘汰母鸡或华北红鸡，这种鸡肉质坚实而耐咀嚼，肉香味突出。6 个月以上、1 年以内母鸡最好，重量在 1~1.25 kg。

2. 宰杀

宰杀活鸡时，切割部位要准确．血液要放净，鸡体不受损伤，外形整齐美观。宰杀的方法是采用颈部宰杀法。宰杀时，左手抓住鸡的两翅和头部，使咽喉向上，并用小指钩住右脚，使鸡体固定，不易挣扎，右手持刀，将血管、气管、食管一刀割断，这样才能达到宰杀、放血的目的。

3. 浸烫、煺毛

宰杀后，要随即浸烫、煺毛。浸烫的关键在于掌握好水温和时间。烫鸡的水温根据鸡龄和季节而定。夏季浸烫水温一般为 59 ℃，浸烫时间为 1 min。11 月份以后天气渐凉，浸烫成鸡或老鸡时水温要保持在 60~62 ℃，冬季水温可稍高 1~2 ℃。浸烫时，看到鸡体羽毛在热水中浸均匀，并且试拔一下翅羽，轻轻一拔就能拔下即可取出。

经过浸烫后即可煺毛，要求动作敏捷、迅速、煺毛干净。首先要煺去嗉囊、鸡头和颈部的细毛，拔去嘴壳，其次煺净左翅羽毛，用湿软毛擦净鸡背左半部，最后煺净右侧。残存的细小绒毛要逐一拔除干净。对煺毛后的鸡，要用清水彻底冲洗，将浮毛及鸡体上浮着的一层胶液洗干净。

4. 掏膛

掏膛前，使用自动切肛机切下鸡肛，然后使用自动掏膛机挖出鸡内脏，从宰杀刀口位置吸走鸡嗉囊。对净膛后的白条鸡，使用清水冲洗干净，去除鸡腥味。

5. 造型

鸡体经过冲洗后，即可进行造型。先将白条放在操作台上，鸡腹部朝上，左手按住鸡身，将两只鸡爪塞入腹腔内。右手扯断鸡腿和鸡身连接处的薄肉，用利刀将肋骨两侧处切断，用力捺开两翅部关节。然后根据鸡身长短，选取经过高温消毒的高粱杆一段（20~30 cm，两头削成扁状。将高粱杆的一端顶住鸡椎骨尾部和肾窝，另一端顶住鸡胸下部软骨，从而将鸡体撑开。鸡体撑开后，在鸡腹尖皮后裆处割一豆粒大小圆洞孔（注意不要超过 0.6 cm），将两鸡腿爪切断处插入后裆小洞孔内，顺手将翅膀关节弯处肌肉切断 2/3，使之呈两头皆尖的半圆形。

6. 上糖衣

把经过质量检查且晾去水分的白条鸡，全身以蜂蜜水涂抹均匀。水和蜂蜜的比例为 3 ：2。

7. 油炸

炸鸡用油最好用鸡油或花生油。油温要达到 175~180 ℃。油温低则炸不上色。每只鸡在油锅内翻炸 30 s。鸡身呈柿黄色时要迅速捞出，用叉叉住鸡颈部，防止叉破鸡皮。捞出后把鸡顺序摆在盘内晾制，摆放一般不超过两层。

8. 煮制

根据鸡的多少配制辅料，将香辛料装入料包，可反复使用 2 或 3 次。放入锅底部。料下锅后，把炸好的鸡一层层平放在锅内。最后将锅盖压在锅内鸡体上，加入陈年老鸡汤。一切齐备后，用重物压住锅盖，使汤浸没最上一层鸡体。先用武火将汤烧开，然后加入亚硝酸钠，使之在沸汤处溶化，5 min 后改用文火徐徐浸煮，直到煮熟。老鸡要煮 3~4 h。煮制时，要保持火候稳定。

9. 出锅、晾制

在煮鸡的过程中不能翻锅，不能使汤沸腾，以便于烧鸡熟烂后完整地捞出。捞鸡前要备齐勺、叉、筷、容器等，然后先将汤面上的一层浮油撇干净，拿下重物和锅盖，先捞出小鸡、嫩鸡，左手摊开双筷端住鸡腹内的高粱杆，双手配合迅速将鸡捞出，轻轻放在箅子上。这样可以保持鸡身造型完整。鸡捞出锅后要凉透，控净汤液。晾鸡时，以自然晾干为宜。

10. 抽真空、杀菌

晾制后的烧鸡使用耐高温蒸煮袋包装，抽真空，真空度要达到 99% 以上。使用卧式杀菌锅进行蒸煮杀菌，杀菌参数为 121 ℃ /30 min。产品出锅前需喷淋冷水降温。

11. 成品质量判断

道口烧鸡呈浅红色，微带嫩黄，色泽鲜艳；鸡皮不破不裂，鸡身完整，造型独特，两头尖，整体呈元宝形；具有浓郁的五香味。食之咸淡适口，肥而不腻；熟烂如酥，用手抖，骨与肉自然脱落。鸡肉食之齐茬方为正品。

二、酱卤肉制品的分类

酱卤肉制品根据煮制方法和调味材料的不同可分为白煮肉类、酱卤肉类、糟肉类。

（一）白煮肉类

白煮肉类是将原料肉经(或未经)腌制后，在水(盐水)中煮制而成的熟肉类制品。其特点是最大程度地保持了原料肉固有的色泽和风味，一般在食用时才调味；制作简单，仅用少量食盐，基本不加其他配料；基本保持原形原色及原料本身的鲜美味道；外表洁白，皮肉酥润，肥而不腻。白煮肉类以冷食为主，吃时切成薄片，蘸以少量酱油、芝麻油、葱花、姜丝、香醋等。其代表品种有白斩鸡（图 3–1）、盐水鸭（图 3–2）、白切猪肚、白切肉等。

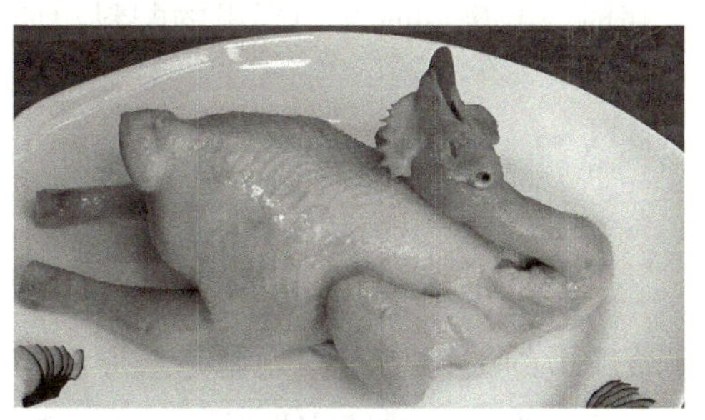

图 3–1　白斩鸡

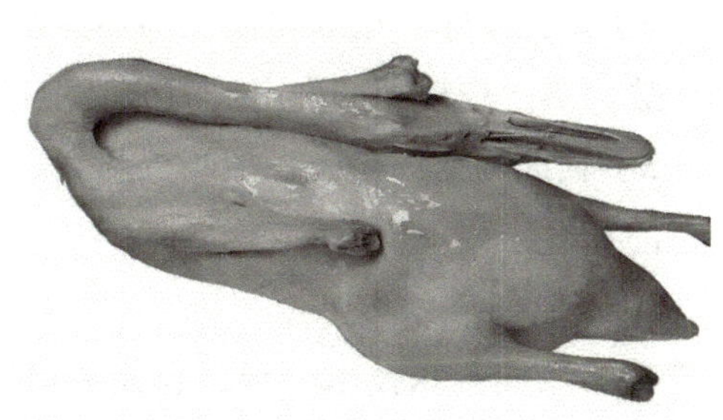

图 3–2　盐水鸭

彩图

彩图

（二）酱卤肉类

酱卤肉类是将肉在水中加食盐或酱油等调味料和香辛料一起煮制而成的熟肉类制品，是酱卤肉制品中品种最多的一类，其风味各异，但主要制作工艺大同小异，只是在具体操作方法和配料的数量上有所不同。有的酱卤肉类的原料在加工时，先用清水预煮，一般预煮 15~25 min，然后用酱汁或卤汁煮制成熟。某些产品在酱制或卤制后，需再经烟熏等工序。酱卤肉类的主要特点是色泽鲜艳、味美、肉嫩，具有独特的风味。

酱卤制品根据加入调味料的种类、数量不同又可分为很多品种，通常有五香或红烧制品、蜜汁制品、糖醋制品、卤制品等。

（三）糟肉类

糟肉类是将原料肉经白煮后，再用“香糟”糟制的冷食熟肉类制品。糟肉是用酒糟或陈年香糟代替酱汁或卤汁制作的一类产品。它是原料肉经白煮后，再用“香糟”糟制的冷食熟肉类制品。其主要特点是制品胶冻白净，清凉鲜嫩，保持原料固有的色泽和曲酒香气，风味独特。糟制品需要冷藏保存，食用时需添加冻汁，携带不便，因而受到一定的限制。糟肉类产品有糟肉、糟鸡、糟鹅等。

三、调味技术和煮制技术

（一）调味技术

调味技术是酱卤肉制品加工的关键技术之一。调味是根据各地区消费习惯，向不同品种中加入不同种类和数量的调味料，对肉处理的过程。如北方人喜欢稍咸些，而南方人喜欢稍甜些，也有喜欢麻辣风味的。对人虽不能强求一样，但作为一种名牌产品，其风味应符合当地消费者的习惯。

调味方法根据加入调味料的时间可分为基本调味、定性调味和辅助调味 3 种。

（1）基本调味：指原料肉在整理之后，下锅加热煮制或红烧之前，加盐、酱油或其他配料，对肉进行腌制，奠定产品的咸味。

（2）定性调味：指原料肉在加热煮制或红烧时，与肉同时加到锅里的配料，如酱油、盐、酒、香料等，决定产品的基本口味。

（3）辅助调味：指肉在加热煮熟之后，出锅之前，加入糖、味精等，以增加产品的色泽和鲜味。

（二）煮制技术

煮制技术同调味技术一样，也是酱卤肉制品加工的关键技术。煮制是对原料肉用水、蒸汽、油炸等加热方式进行加工的过程，可以改变肉的感官性状，提高肉的风味和嫩度，达到熟制的目的。

1. 煮制的方法

（1）清煮：又称白煮、白锅。其方法是将整理后的原料肉投入沸水中，不加任何调味料进行烧煮，同时撇除血沫、浮油、杂物等，然后把肉捞出，除去肉汤中的杂质。在肉汤中不加任何调味料，只是清水煮制。清煮作为一种辅助性的煮制工序，其目的是消除原料肉中的某些不良气味。清煮后的肉汤称白汤，白汤通常作为红烧时的基础汤汁再使用，但清煮下水（如肚、肠、肝等）的白汤除外。

（2）红烧：又称红锅、酱制，是制品加工的关键工序，起决定性的作用。其方法是将清煮后的肉料放入加有各种调味料的汤汁中进行烧煮，不仅使制品加热至熟，而且产生自身独特的风味。红烧的时间应随产品和肉质的不同而异，一般为数小时。红烧后剩余的汤汁称红汤或老汤，应妥善保存，待以后继续使用。存放剩余的汤汁时，应装入带盖的容器中，减少污染。长期不用时，要定期烧沸或冷冻保藏，以防变质。

2. 煮制火候

在煮制过程中，火焰根据大小、强弱及锅内汤汁情况可分为旺火、中火和微火 3 种。旺火，又称大火、急火、武火，火焰高强且稳定，锅内汤汁剧烈沸腾；中火，又称温火、文火，火焰低弱且摇晃，一般可使锅中间部位汤汁沸腾，但不强烈；微火，又称小火，火焰很弱且摇摆不定，勉强保持火焰不灭，锅内汤汁微沸或缓缓冒泡。

酱卤制品煮制过程中除个别品种外，一般早期使用旺火，中后期使用中火和微火。旺火烧煮时间通常比较短，作用是汤汁烧沸，使原料肉初步煮熟。中火和微火烧煮时间一般比较长，可使肉在煮熟的基础上变得酥润可口，同时使配料渗入内部，达到内外品味一致的目的。

有的产品在加入砂糖后，往往再用旺火，其目的在于使砂糖溶化。卤制内脏时，由于口味要求和原料鲜嫩的特点，在加热过程中自始至终要用中火煮制。

3. 煮制时料袋制法和使用

酱卤肉制品煮制时用的香辛料一般都用料袋装着。料袋是用两层纱布制成的长方形布袋，其大小应根据锅的大小、香辛料的用量灵活掌握。香辛料装入料袋后，用棉线绳结扎紧袋口。

制作酱卤肉制品时，在原料肉未入锅之前，应先将老汤过滤，再投入料袋煮沸，使料味在老汤中串开以后，再投入原料肉。

料袋所装香料可使用 2 或 3 次，然后以新换旧。旧料袋洗净后仍可使用。

四、酱卤肉制品煮制时的质量控制技术

（一）酱卤肉制品煮制时的质量管理

煮制加工环节可直接影响产品的质量，因此必须严格控制温度和加热时间。根据企业生产的特点，制订生产过程中的检验指标和检验标准、抽样及检验方法，并保证在各生产环节严格执行。配制原料要有良好的外观性状，无异味，并严格按照配方准确称量。对半成品的各项指标也要进行准确检验，以便及时发现存在的问题。在生产过程中要严格控制时间、温度、压力、酸碱度等理化指标，防止食品受微生物污染而腐败变质。

食品企业必须建立相应的质量管理机构，由其专门负责生产全过程的质量监督管理。食品企业应坚持以预防为主的原则，实行全过程的质量管理，消除生产不合格产品的种种隐患，做到“防患于未然”，确保食品安全。

（二）酱卤肉制品煮制时的火候控制

火候控制是加工酱卤肉制品的重要环节。旺火煮制可使外层肌肉快速强烈收缩，难以使配料逐步渗入产品内部且不能使肉酥润，最终使产品干硬无味、内外咸淡不均；文火煮制则容易使肌肉内外物质和能量交换、产品里外酥烂透味、肉汤白浊而香味厚重，但煮制时间较长，产品难以成形，出品率也低。因此，应根据品种和产品体积大小确定加热的时间、火力，并根据情况随时进行调整。火候的控制包括火力和加热时间的控制。除个别产品外，多数产品加热时的火力，一般都是先旺火后文火。通常旺火煮的时间比较短，文火煮的时间比较长。使用旺火的目的是使肌肉表层适当收缩，以保持产品的形状，以免后期长时间文火煮制造成产品不成形或无法出锅；

文火煮制则是为了使配料逐步渗入产品内部，达到内外咸淡均匀的目的，并使肉酥烂、入味。加热的时间和方法随产品而异。产品体积大、块头大，其加热时间较长；反之，加热时间短。前提是产品必须煮熟。

（三）酱卤肉制品煮制时粘锅或浮出水面的控制

酱卤肉制品煮制过程中，由于浮力和卤汤的沸腾作用，一些产品会浮出水面而煮不到，导致这些肉不入味或煮不熟，生产过程中可在上面压以重物，通常用不锈钢网或箅子将产品压住，使其保持在水面以下，从而使所有的产品都能入味，保证产品品质的一致性。此外，酱卤过程中，长时间接触锅的产品可能会发生粘锅现象，可在肉的下面垫上箅子或不锈钢网，将肉与锅隔开，从而避免产品粘锅。

任务四　五香牛肉加工

任务书

一、任务情境描述

公司销售部门收到“五香牛肉”订单，下达生产部，生产部编制生产计划单，下达生产车间。请你按照《五香牛肉加工工艺规程》，完成生产任务，并按时供货。

二、价值分析

五香牛肉是一道深受人们喜爱的传统美食，以其独特的风味和口感赢得了广泛的市场。它的主要食材是牛肉，配料是麻油、桂皮、生姜，调料是茴香、八角、花椒等，可通过煮熟晾凉而制成，也可通过现代注射技术将香料水注射到原料肉中，再煮制而成。目前，五香牛肉的制作工艺和配料选择更加丰富多样，从家庭厨房到工业化生产，都能找到其身影。随着食品科技的进步，五香牛肉的保存技术（如真空包装、冷链运输等）也得到了提升，保证了产品的品质和安全。

未来，五香牛肉的生产将更加注重健康和创新。健康方面，减少盐分和脂肪含量，采用天然香料和低钠酱油，满足消费者对健康饮食的需求。创新方面，开发更多口味和形式，如即食小包装、低温慢煮的高端版本，以及结合地域特色和时令食材的创新制品，吸引更多年轻消费者。

学习活动

五香牛肉加工的学习活动见表 4–1。

表 4–1　五香牛肉加工的学习活动

活动序号	学习活动	完成情况	完成时间 / min
1	接受任务		
2	制订方案		
3	任务实施		
4	任务评价		
5	相关知识		

学习活动一　接受任务

学习要求：通过该活动，同学们要明确“五香牛肉生产计划单”中的具体要求，按时完成五香牛肉的生产任务。具体工作步骤及要求见表 4–2。

表 4–2　具体工作步骤及要求

序号	工作步骤	要求	完成情况	完成时间 / min
1	识读生产计划单	能快速准确地明确计划要求并清晰表达，在教师要求的时间内完成，能够读懂生产计划单中的各项内容		
2	确定生产工艺和设备	能够选择任务需要完成的工艺，并进行时间和工作场所安排，掌握相关理论知识		
3	编制任务分析报告	能够清晰地描写任务认知与理解等，思路清晰，语言描述流畅		

今接到一生产计划单，具体内容见表 4–3。

表 4–3　生产计划单

项目	内容	项目	内容
计划下达部门		计划接收部门	
计划下达日期		订单号	
产品代码		产品类别	
产品名称		产品规格	
单位		订单数量	
生产日期		包装要求	
要求最迟到货时间		到货地点	
备注说明			

生产部编制计划人员：__________　　　　生产部部长：__________

一、识读生产计划单

（1）请用红色笔标出生产计划单中的关键词，并把关键词抄在下面横线上。

____

____

（2）请从关键词中选择词语组成一句话，说明生产计划单的要求（其中包含产品总量、规格、包装形式、交货时间的具体要求）。

____

（3）请根据生产计划单中的信息，在下列横线上列式计算出产品总吨数。

二、确定生产工艺和设备

（1）根据《五香牛肉加工工艺规程》，以表格形式列出工艺过程中的主要设备设施、技术参数和工作要求，详见表 4–4。

表 4–4　五香牛肉主要设备、参数及要求

工序	主要设备设施	技术参数	工作要求
原料选择			
原料肉选修			
腌制			
卤制			
晾制			
包装			
杀菌			
入库			

（2）为顺利完成生产任务，请查阅资料，写出五香牛肉的感官质量标准。

三、编写任务分析报告

（一）基本信息（表 4–5）

表 4–5　基本信息

项目	内容	备注
产品名称		
生产数量		
最迟到货时间		
领取原辅材料时间		
设备器具清洗消毒时间		
生产时间		

续表

项目	内容	备注
成品入库时间		

（二）任务分析

依据订单需求，按照《五香牛肉加工工艺规程》生产加工五香牛肉，请绘制详细的生产工艺流程图。

____

____

学习活动二　制订方案

学习要求： 通过对《五香牛肉加工工艺规程》的分析，编制工作流程、仪器设备清单、原辅材料清单及生产方案。具体要求见表 4–6。

表 4–6　具体要求

序号	工作步骤	要求	完成情况
1	编制工作流程	在 30 min 内完成工作流程编制，工作流程内容完整	
2	编制仪器设备清单	在 30 min 内完成仪器设备清单编制，满足生产工艺需要	
3	编制原辅材料清单	在 20 min 内完成五香牛肉加工需求清单编制，与订单计划对接	
4	编制生产方案	在 40 min 内完成生产方案编制，确保生产工作顺利进行	

一、编制工作流程

（1）项目的主要工作流程可以分为 5 个部分，分别是设备及工器具的清洗消毒、原辅材料的准备、实施生产加工、出厂检验、物流配送。

请回忆一下，各部分的主要工作任务有哪些？各部分的工作要求分别是什么？大约需要花费多长时间？具体工作流程见表 4–7。

表 4–7　工作流程

序号	工作流程	主要工作内容	参考标准	时间 / h
1	设备及工器具的清洗消毒			
2	原辅材料的准备			
3	实施生产加工			
4	出厂检验			

续表

序号	工作流程	主要工作内容	参考标准	时间 / h
5	物流配送			

（2）请分析《五香牛肉加工工艺规程》，写出工作流程，并写出完整的工作内容和要求，详见表 4–8。

表 4–8　五香牛肉生产工作流程

序号	工作流程	具体工作内容	要求
1			
2			
3			
4			
5			
6			
7			
8			

二、编制仪器设备清单

为了完成生产过程，需要用到哪些仪器设备？请列表完成（表 4–9）。

表 4–9　五香牛肉生产仪器设备清单

序号	仪器设备名称	型号	作用	是否会操作
1				
2				
3				
4				
5				
6				
7				
8				

三、编制原辅材料清单

为了完成生产任务，需要用到哪些原辅材料？请列表完成（表 4–10）。

表 4–10 五香牛肉原辅材料清单

序号	原辅材料名称	用量	作用	备注
1				
2				
3				
4				
5				
6				
7				
8				

四、编制生产方案

方案名称：________________

（一）生产目标

（填写说明：概括说明本次生产任务要达到的目标。）

____

____

（二）工作内容安排（表 4–11）

表 4–11 五香牛肉生产工作内容安排

生产流程	仪器设备及原辅材料	生产要求	操作要求	计划时间 / h

（三）产品感官质量评价

（填写说明：从产品的色泽、长短、粗细、组织状态，风味等进行感官质量评价。）

____

（四）有关安全注意事项及防护措施

（填写说明：生产过程中的安全操作及防护要求。）

学习活动三 任务实施

建议学时：4 学时。

学习要求：按照五香牛肉生产方案中的内容，完成生产过程。生产过程符合生产安全、食品安全、质量标准、现场“6S”管理等要求。工作流程及要求见表 4–12。

表 4–12 工作流程及要求

序号	工作流程	要求	学时安排	备注
1	设备及工器具的清洗消毒	按照设备及工器具清洗消毒规程按时完成上述工作		
2	原辅材料的准备	按照工艺配方准确计算并领取原辅材料		
3	实施生产加工	严格按照《五香牛肉加工工艺规程》执行，按时完成任务		
4	出厂检验			
5	物流配送			
6	评价			

一、安全注意事项

请结合在实训室生产时的安全事项，写出本任务需要注意的安全事项。

二、设备及工器具的清洗消毒

（1）请阅读下述材料，完成设备及工器具的清洗消毒，并做好记录（表 4–13）。设备及工器具的清洗消毒流程：清刮干净残留肉糜→清水刷洗→清洁剂刷洗→清水冲洗→消毒液消毒→清水冲洗→沥干水分→定点定位放置。

表 4-13 清洗消毒记录表

设备及工器具名称	清洗消毒方法	完成人	完成时间	是否完成

（2）相关要求：同“任务一 屠宰加工猪”设备及工器具的清洗、消毒相关要求。

三、原辅材料的准备

按照工艺配方准确计算、领取原辅材料，并完成原辅材料准备记录，具体见表4-14。

表 4-14 原辅材料记录

序号	原辅材料名称	用量	完成人	完成时间
1				
2				
3				
4				
5				
6				
7				
8				

四、实施生产加工

严格执行《五香牛肉加工工艺规程》，按时完成任务，并填写生产记录（表4-15）。

表 4-15 五香牛肉生产记录

序号	生产步骤	标准、要求	操作人	完成时间要求
1				
2				
3				

续表

序号	生产步骤	标准、要求	操作人	完成时间要求
4				
5				
6				
7				
8				

五、出厂检验

查阅相关资料，写出五香牛肉出厂检验的注意事项。

____

____

六、物流配送

查阅五香牛肉生产加工相关知识，写出五香牛肉的包装及物流配送要求。

____

____

学习活动四 任务评价

建议学时：0.5 学时。

学习要求：通过任务评价，学生能明白做事要善始善终，知道自己掌握了多少，也熟知自己努力的方向。

分小组按照任务评价表要求进行评价（表 4-16）。

表 4-16 任务评价表

项次	项目要求		配分	评分细则	自我评价	小组评价	教师评价
素养（20分）	纪律情况（5分）	按时到岗，不迟到、早退	2分	缺勤全扣，迟到、早退出现 1 次扣 1 分			
		积极思考、回答问题	2分	根据上课统计情况得 1~2 分			
		学习用品准备	1分	自己主动准备好学习用品并确保齐全得 1 分			

续表

项次	项目要求		配分	评分细则	自我评价	小组评价	教师评价
		执行教师命令	0分	此为否定项，违规酌情扣10~100分，违反校规按校规处理			
	职业道德（6分）	主动与他人合作	2分	主动合作得2分，被动合作得1分			
		主动帮助同学	2分	主动帮助同学得2分，被动帮助同学得1分			
		严谨、追求完美	2分	对工作精益求精且效果明显得2分，对工作认真得1分，其余不得分			
	“6S”（4分）	桌面、地面整洁	2分	自己工位的桌面、地面整洁且无杂物得2分，不合格不得分			
		物品定置管理	2分	按定置要求放置得2分，其余不得分			
	阅读能力（5分）	快速阅读能力	5分	能快速准确地明确任务要求并清晰表达得5分，能主动沟通并在受指导后达标得3分，其余不得分			
核心技术（60分）	接受任务（15分）	识读计划单	5分	能全部完成任务得5分，其余视情况得1~4分			
		确定生产工艺和设备	5分	能全部完成任务得5分，其余视情况得1~4分			
		编写任务分析报告	5分	能全部完成任务得5分，其余视情况得1~4分			
	制订方案（15分）	编制工作流程	5分	能全部完成任务得5分，其余视情况得1~4分			
		编制仪器设备清单	5分	能全部完成任务得5分，其余视情况得1~4分			
		编制原辅材料清单	5分	能全部完成任务得5分，其余视情况得1~4分			
	任务实施（30分）	编制生产方案	5分	能全部完成任务得5分，其余视情况得1~4分			
		设备器具清洗消毒	5分	能全部完成任务得5分，其余视情况得1~4分			
		原辅材料准备	5分	能全部完成任务得5分，其余视情况得1~4分			
		生产加工	15分	能全部完成任务得15分，其余视情况得1~14分			

续表

<table>
<tr><th>项次</th><th colspan="2">项目要求</th><th>配分</th><th>评分细则</th><th>自我评价</th><th>小组评价</th><th>教师评价</th></tr>
<tr><td rowspan="5">工作页完成情况（20分）</td><td rowspan="5">按时、保质保量完成工作页（20分）</td><td>按时提交</td><td>4分</td><td>按时提交得4分，迟交不得分</td><td></td><td></td><td></td></tr>
<tr><td>书写整齐度</td><td>3分</td><td>文字工整、字迹清楚得3分</td><td></td><td></td><td></td></tr>
<tr><td>内容完成程度</td><td>4分</td><td>视完成情况分别得1~4分</td><td></td><td></td><td></td></tr>
<tr><td>回答准确率</td><td>5分</td><td>视准确率情况分别得1~5分</td><td></td><td></td><td></td></tr>
<tr><td>有独到的见解</td><td>4分</td><td>视见解程度分别得1~4分</td><td></td><td></td><td></td></tr>
<tr><td colspan="3">合计</td><td>100分</td><td></td><td></td><td></td><td></td></tr>
<tr><td colspan="5">总分[加权平均分（自我评价占20%，小组评价占30%，教师评价占50%）]</td><td></td><td></td><td></td></tr>
</table>

学习活动五　相关知识

一、五香牛肉的生产工艺

（一）工艺流程

原料肉的选择→修整→注射、腌制→卤制→晾制→包装、杀菌、入库。

（二）工艺配方

牛肉100 kg，食用盐1.5 kg，味精600 g，老抽0.45 kg，生抽1.4 kg，白酒600 g，冰糖1 kg，葱段1 kg，姜块750 g，红曲红35 g，八角600 g，花椒260 g，白芷200 g，山奈600 g，白蔻200 g，小茴香300 g，丁香25 g，香叶170 g，砂仁70 g，草果70 g，桂皮250 g，十里香150 g，甘草45 g。

（三）操作要点

1. 原料肉的选择

原料肉应符合《食品安全国家标准　鲜（冻）畜、禽产品》（GB 2707—2016）及《食品安全国家标准　鲜、冻分割牛肉》（GB/T 17238—2022）的要求，使用冻品时要求原料肉解冻充分。

2. 修整

首先修割掉脂肪、淋巴、淤血、碎骨、毛发、污物及病变部位等，然后将修割后的原料肉分割成500 g左右的肉块。

3. 注射、腌制

使用盐水配制器将食用盐配制成浓度20%的盐水，然后使用注射机进行注射，根据产品档次的不同，适当调整注射率，注射率控制在15%~30%。应确保注射均匀，盐水吸收充分。注射后，将原料肉推入腌制库中进行腌制，腌制至产品色泽均匀、无黑心即可，腌制时间为2~3 d。为加快腌制速度，也可放入滚揉机中进行滚揉，可减少40%的腌制时间。

4. 卤制

将腌制后的牛肉放入夹层锅中，卤水要没过牛肉。卤制温度为95~98 ℃，时间为150 min。

5. 晾制

对卤制后的产品，应及时取出，置于洁净容器内，立即放入0~4 ℃的冷却间，将冷却产品中心温度降至10 ℃以下时进行包装。

6. 包装、杀菌、入库

对晾制后的牛肉使用耐高温蒸煮袋包装，抽真空，真空度达到99%以上。使用卧式杀菌锅进行蒸煮杀菌，杀菌参数为121 ℃/30 min。产品出锅前需喷淋冷水降温。包装、杀菌完成后，对产品进行入库。

（四）五香牛肉成品的感官质量标准

外形完整美观，切片筋肉相间，规则整齐；表面呈酱红色或深红色，有光泽感，色泽均匀一致；咸淡适中，滋味鲜美浓郁，食不塞牙，具有酱卤肉制品特有的风味，芳香醇厚，无异味；组织紧密，有韧性，切开不散，无汁液；无肉眼可见的外来杂质。

二、生产五香牛肉的注意事项

（1）焯水过程要保证夹层锅内有足量沸水，若沸水过少、焯水原料过多，会导致原料投入夹层锅内至沸腾时间过长、原料营养成分流失过多，影响成品质量。

（2）腌制过程中，应注意香辛料必须用料包袋装好再投放，禁止直接投放熬煮，以免粘到牛肉表面而影响感官质量。

（3）为防止肉块在煮制过程中上浮，上面可用一干净的篦子或其他重物压住。

（4）煮制过程中，注意撇除汤汁表面的浮沫和杂物，同时需注意观察锅内汤液情况，如果汤液过少不能淹没牛肉，则续加适量老汤，若无老汤，可加热水。

（5）若香味不足，可在煮制后增加浸泡时间。

拓展阅读

模块三　熏烧烤肉制品加工

熏烧烤肉制品一般指以畜禽肉或其可食副产品为原料，添加相关辅料，经腌制、煮制等工序进行前期处理，再以烟气、热空气、火苗或热固体等介质进行熏、烧烤等工艺制成的肉制品。

熏烧烤肉制品按加工方法可分为熏肉制品和烧烤肉制品两类。熏肉制品一般是指利用木屑、茶叶、甘蔗皮、玉米穗柱、糖等材料不完全燃烧而产生的烟雾与肉接触，从而改善制品风味和色泽的一类肉制品。原料肉经整理、熟制、烟熏等加工或经整理、烟熏、熟制等加工而成的肉制品称熟熏肉制品，如熏鸡、熏火腿、熏肚、熏肠等；原料肉经整理、腌制等加工后直接烟熏而成的肉制品称生熏肉制品，如培根、生熏腿等。烧烤肉制品一般是指原料肉经预处理后，用明火烤、焖炉烤、远红外电烤、蒸汽烤等方法使原料肉熟化的一类肉制品，如烤乳猪、烤肉、烤鸭、叉烧肉等。熏烤肉制品一般具有明显的熏烤色泽和熏烤风味，口感也比较特殊。熏肉制品侧重于色和味；烧烤肉制品不但侧重于色、味、形，而且口感也不同。原料肉经高温烤制，产品表面产生一种焦化物，外观焦黄，皮脆肉香，外焦里嫩。

通过本模块的学习，你能学会：①精品培根加工；②北京烤鸭加工。

任务五　精品培根加工

任务书

一、任务情境描述

公司销售部门收到“精品培根”订单，下达生产部，生产部编制生产计划单，下达生产车间。请你按照《精品培根加工工艺规程》，完成生产任务，并按时供货。

二、价值分析

培根（bacon）是西式肉制品三大主要品种（火腿、培根、香肠）之一，又称熏肉或烟肉，是将猪腹肉或猪其他部位的肉熏制而成，是由国外传入我国的一种风味肉品，其风味除带有适口的咸味外，还具有浓郁的烟熏味。培根外皮油润，呈金黄色，皮质坚硬，用手指弹击有轻度的“卟卟”声；瘦肉呈深棕色，质地干硬，切开后肉色鲜艳。

培根作为西式肉制品的代表，凭借工艺标准化和风味独特性占据细分市场，但需平衡健康风险与消费者需求。其未来价值增长点可能集中于高端原切产品升级，以及针对健康诉求的工艺改良（如低盐配方）方面。植物肉替代品短期内难以撼动培根市场，但长期需关注技术突破带来的竞争压力。

学习活动

精品培根加工的学习活动见表 5-1。

表 5-1　精品培根加工的学习活动

活动序号	学习活动	完成情况	完成时间 / min
1	接受任务		
2	制订方案		
3	任务实施		
4	任务评价		
5	相关知识		

学习活动一　接受任务

学习要求：通过该活动，同学们要明确“精品培根生产计划单”中的具体要求，按时完成精品培根的生产任务。具体工作步骤及要求见表 5-2。

表 5-2　具体工作步骤及要求

序号	工作步骤	要求	完成情况	完成时间 / min
1	识读生产计划单	能快速准确地明确计划要求并清晰表达，在教师要求的时间内完成，能够读懂生产计划单中的各项内容		
2	确定生产工艺和设备	能够选择任务需要完成的工艺，并进行时间和工作场所安排，掌握相关理论知识		
3	编制任务分析报告	能够清晰地描写任务认知与理解等，思路清晰，语言描述流畅		

今接到一生产计划单，具体内容见表 5-3。

表 5-3　生产计划单

项目	内容	项目	内容
计划下达部门		计划接收部门	
计划下达日期		订单号	
产品代码		产品类别	
产品名称		产品规格	
单位		订单数量	
生产日期		包装物要求	
要求最迟到货时间		到货地点	
备注说明			

生产部编制计划人员：__________　　　　生产部部长：__________

一、识读生产计划单

（1）请用红色笔标出生产计划单中的关键词，并把关键词抄在下面横线上。

____

____

（2）请从关键词中选择词语组成一句话，说明生产计划单的要求（其中包含产品总量、规格、交货时间的具体要求）。

____

（3）请根据生产计划单中的信息，在下列横线上列式计算出产品总吨数。

二、确定生产工艺和设备

（1）根据《精品培根加工工艺规程》，以表格形式列出工艺过程中的主要设备设施、技术参数和工作要求，详见表 5-4。

表 5-4　精品培根主要设备、参数及要求

工序	主要设备设施	技术参数	工作要求
整形			
腌制			
成型			
烟熏			
冷冻			
包装			

（2）为顺利完成生产任务，请查阅相关资料，写出精品培根的感官质量标准。

三、编写任务分析报告

（一）基本信息（表 5-5）

表 5-5　基本信息

项目	内容	备注
产品名称		
生产数量		
最迟到货时间		
领取原辅材料时间		
设备器具清洗消毒时间		
生产时间		
成品入库时间		

（二）任务分析

依据订单需求，按照《精品培根加工工艺规程》生产加工精品培根，请绘制详细的生产工艺流程图。

____

____

学习活动二　制订方案

学习要求：通过对精品培根生产规程的分析，编制工作流程、仪器设备清单、原辅材料清单及生产方案。具体要求见表 5-6。

表 5-6　具体要求

序号	工作步骤	要求	完成情况
1	编制工作流程	在 30 min 内完成工作流程编制，工作流程内容完整	
2	编制仪器设备清单	在 30 min 内完成仪器设备清单编制，满足生产工艺需要	
3	编制原辅材料清单	在 20 min 内完成精品培根加工需求清单编制，与订单计划对接	
4	编制生产方案	在 40 min 内完成生产方案编制，确保生产工作顺利进行	

一、编制工作流程

（1）项目的主要工作流程可以分为 5 个部分，分别是设备及工器具的清洗消毒、原辅材料的准备、实施生产加工、出厂检验、物流配送。

请回忆一下，各部分的主要工作任务有哪些？各部分的工作要求分别是什么？大约需要花费多长时间？具体工作流程见表 5-7。

表 5-7　工作流程

序号	工作流程	主要工作内容	参考标准	时间 / h
1	设备及工器具的清洗消毒			
2	原辅材料的准备			
3	实施生产加工			
4	出厂检验			
5	物流配送			

（2）请分析《精品培根加工工艺规程》，写出工作流程，并写出完整的工作内容和要求，详见表 5-8。

表 5-8 精品培根生产工作流程

序号	工作流程	具体工作内容	要求
1			
2			
3			
4			
5			
6			
7			
8			

二、编制仪器设备清单

为了完成生产过程，需要用到哪些仪器设备？请列表完成（表 5-9）。

表 5-9 精品培根生产仪器设备清单

序号	仪器设备名称	型号	作用	是否会操作
1				
2				
3				
4				
5				
6				
7				
8				

三、编制原辅材料清单

为了完成生产任务，需要用到哪些原辅材料？请列表完成（表 5-10）。

表 5-10 精品培根原辅材料清单

序号	原辅材料名称	用量	作用	备注
1				
2				
3				
4				

续表

序号	原辅材料名称	用量	作用	备注
5				
6				
7				
8				

四、编制生产方案

方案名称：______________________

（一）生产目标

（填写说明：概括说明本次生产任务要达到的目标。）

____

____

（二）工作内容安排（表 5-11）

表 5-11　精品培根生产工作内容安排

生产流程	仪器设备及原辅材料	生产要求	操作要求	计划时间 / h

（三）产品感官质量评价

（填写说明：从产品的色泽、质地、组织状态，风味等进行感官质量评价。）

____

____

（四）有关安全注意事项及防护措施

（填写说明：生产过程中的安全操作及防护要求。）

____

____

学习活动三　任务实施

建议学时：4 学时。

学习要求：按照精品培根生产方案中的内容，完成生产过程。生产过程符合生产安全、食品安全、质量标准、现场“6S”管理等要求。工作流程及要求见表 5-12。

表 5-12　工作流程及要求

序号	工作流程	要求	学时安排	备注
1	设备及工器具的清洗消毒	按照设备及工器具清洗消毒规程按时完成上述工作		
2	原辅材料的准备	按照工艺配方准确计算并领取原辅材料		
3	实施生产加工	严格按照《精品培根加工工艺规程》执行，按时完成任务		
4	出厂检验			
5	物流配送			
6	评价			

一、安全注意事项

请结合在实训室生产时的安全事项，写出本任务需要注意的安全事项。

____

____

二、设备及工器具的清洗消毒

（1）请阅读下述材料，完成设备及工器具的清洗消毒，并做好记录（表 5-13）。设备及工器具的清洗消毒流程：清刮干净残留物→清水刷洗→清洁剂刷洗→清水冲洗→消毒液消毒→清水冲洗→沥干水分→定点定位放置。

表 5-13　清洗消毒记录表

设备及工器具名称	清洗消毒方法	完成人	完成时间	是否完成

续表

设备及工器具名称	清洗消毒方法	完成人	完成时间	是否完成

（2）相关要求：同“任务一　屠宰加工猪”设备及工器具的清洗、消毒相关要求。

三、原辅材料的准备

按照工艺配方准确计算、领取原辅材料，并完成原辅材料准备记录，具体见表5-14。

表 5-14　原辅材料记录

序号	原辅材料名称	用量	完成人	完成时间
1				
2				
3				
4				
5				
6				
7				
8				

四、实施生产加工

严格执行《精品培根加工工艺规程》，按时完成任务，并填写生产记录（表5-15）。

表 5-15　精品培根生产记录

序号	生产步骤	标准、要求	操作人	完成时间要求
1				
2				
3				
4				
5				
6				
7				
8				

五、出厂检验

查阅资料，写出培根出厂检验的注意事项。

____

____

六、物流配送

查阅培根生产加工相关知识，写出培根的包装及物流配送要求。

____

____

学习活动四　任务评价

建议学时： 0.5 学时。

学习要求： 通过最后的任务评价，学生能明白做事要善始善终，知道自己掌握了多少，知道自己要努力的方向。

分小组按照任务评价表要求进行评价（表 5-16）。

表 5-16　任务评价表

<table>
<tr><th>项次</th><th colspan="2">项目要求</th><th>配分</th><th>评分细则</th><th>自我评价</th><th>小组评价</th><th>教师评价</th></tr>
<tr><td rowspan="7">素养（20分）</td><td rowspan="4">纪律情况（5 分）</td><td>按时到岗，不迟到、早退</td><td>2 分</td><td>缺勤全扣，迟到、早退出现 1 次扣 1 分</td><td></td><td></td><td></td></tr>
<tr><td>积极思考、回答问题</td><td>2 分</td><td>根据上课统计情况得 1~2 分</td><td></td><td></td><td></td></tr>
<tr><td>学习用品准备</td><td>1 分</td><td>自己主动准备好学习用品并确保齐全得 1 分</td><td></td><td></td><td></td></tr>
<tr><td>执行教师命令</td><td>0 分</td><td>此为否定项，违规酌情扣 10~100 分，违反校规按校规处理</td><td></td><td></td><td></td></tr>
<tr><td rowspan="3">职业道德（6 分）</td><td>主动与他人合作</td><td>2 分</td><td>主动合作得 2 分，被动合作得 1 分</td><td></td><td></td><td></td></tr>
<tr><td>主动帮助同学</td><td>2 分</td><td>主动帮助同学得 2 分，被动帮助同学得 1 分</td><td></td><td></td><td></td></tr>
<tr><td>严谨、追求完美</td><td>2 分</td><td>对工作精益求精且效果明显得 2 分，对工作认真得 1 分，其余不得分</td><td></td><td></td><td></td></tr>
</table>

续表

项次	项目要求		配分	评分细则	自我评价	小组评价	教师评价
	“6S”（4 分）	桌面、地面整洁	2 分	自己工位的桌面、地面整洁且无杂物得 2 分，不合格不得分			
		物品定置管理	2 分	按定置要求放置得 2 分，其余不得分			
	阅读能力（5 分）	快速阅读能力	5 分	能快速准确地明确任务要求并清晰表达得 5 分，能主动沟通并在受指导后达标得 3 分，其余不得分			
核心技术（60分）	接受任务（15 分）	识读计划单	5 分	能全部完成任务得 5 分，其余视情况得 1~4 分			
		确定生产工艺和设备	5 分	能全部完成任务得 5 分，其余视情况得 1~4 分			
		编写任务分析报告	5 分	能全部完成任务得 5 分，其余视情况得 1~4 分			
	制订方案（15 分）	编制工作流程	5 分	能全部完成任务得 5 分，其余视情况得 1~4 分			
		编制仪器设备清单	5 分	能全部完成任务得 5 分，其余视情况得 1~4 分			
		编制原辅材料清单	5 分	能全部完成任务得 5 分，其余视情况得 1~4 分			
	任务实施（30 分）	编制生产方案	5 分	能全部完成任务得 5 分，其余视情况得 1~4 分			
		设备器具清洗消毒	5 分	能全部完成任务得 5 分，其余视情况得 1~4 分			
		原辅材料准备	5 分	能全部完成任务得 5 分，其余视情况得 1~4 分			
		生产加工	15 分	能全部完成任务得 15 分，其余视情况得 1~14 分			
工作页完成情况（20分）	按时、保质保量完成工作页（20 分）	按时提交	4 分	按时提交得 4 分，迟交不得分			
		书写整齐度	3 分	文字工整、字迹清楚得 3 分			
		内容完成程度	4 分	视完成情况分别得 1~4 分			
		回答准确率	5 分	视准确率情况分别得 1~5 分			
		有独到的见解	4 分	视见解程度分别得 1~4 分			
合计			100 分				
总分［加权平均分（自我评价占 20%，小组评价占 30%，教师评价占 50%）］							

学习活动五 相关知识

一、培根的概念与分类

现代培根是将畜肉或禽肉去骨（或不去骨）、注射（或不注射）、腌制、滚揉（或不滚揉）、成型（或不成型）、干燥、烟熏（或不烟熏）、烘烤等制成，外表油润，呈金黄色，皮质坚硬，瘦肉呈深棕色，切开后肉色鲜艳，深受消费者喜爱。培根按原料肉分为猪肉培根、牛肉培根和禽肉培根 3 种；按生熟分为生制培根、熟制培根 2 种；按生产工艺不同分为大培根（也称丹麦培根）、排培根和奶培根 3 种。

二、培根生产工艺

（一）工艺流程

原料选择→整形→盐水注射→腌制→浸泡→再整形→烟熏→冷却、切片、包装。

（二）工艺配方

猪方肉 50 kg，冰水 22 kg，食盐 3 kg，葡萄糖 1 kg，砂糖 0.5 kg，复合磷酸盐 0.25 kg，培根香料 0.15 kg，亚硝酸钠 0.005 kg，D－异抗坏血酸钠 0.05 kg。

（三）操作要点

1. 原料选择

培根对原料的要求较高，需要选择经过检验合格的猪肉。大培根坯料取自整片带皮猪胴体(白条肉)的中段，即前端从第 3 肋骨处斩断，后端从腰椎、荐椎之间斩断，再割去奶脯。排培根和奶培根各有带皮和去皮 2 种。前端从白条肉第 5 肋骨斩断，后端从最后两节荐椎处斩断，去掉奶脯，再沿背脊 13~14 cm 处分斩为两部分，上为排培根原料，下为奶培根原料。

2. 整形

用尖刀划破骨膜，慢慢掰出肋骨，修去软骨和猪皮，沿四边修去薄碎边肉，基本呈直线，并去掉腰肌和横膈膜。将修整后的猪方肉在 0~4 ℃温度下冷藏备用。

3. 盐水注射

把冰水加入制备盐水的容器内，启动搅拌器，缓慢加入复合磷酸盐，搅拌至溶解，再加入剩余料，搅拌至溶解。盐水温度以不超过 4 ℃为宜。把制备好的盐水倒入注射机的盐水槽内，启动盐水注射机，把肉平放到注射托板上，调整注射压力，使注射率为 20%。

4. 腌制

腌制是培根加工的重要工序，它可决定成品的口味和质量。腌制室温度保持在 0~4 ℃。加工过程中可采用干腌、湿腌或混合腌制、注射腌制等方法进行腌制。食盐用量依原料质量和腌制方法而定。

5. 浸泡

各种培根出缸后都需用淡水浸泡洗涤，以清除污垢，同时可以降低咸度，避免烟熏干燥后表面出现白色盐花，影响成品外观。将腌好的肉坯放在清水中浸泡 0.5~1 h，洗去粘在肉面或肉皮上的盐渍和污物。

6. 再整形

坯料虽已经过整形，但经过上述工序后，外形稍有变动，因此需再次整形。把不呈直线的肉边修割整齐，刮去皮肤上的残毛和油污，以待进入烘房熏制。

7. 烟熏

烟熏过程可以在烟熏炉中进行，烟熏温度一般保持在 60~70 ℃，烟熏时间需要 10 h，待坯料肉皮呈金黄色时，表明烟熏完成，即为成品。

8. 冷却、切片、包装

烟熏结束后，在 0~4 ℃的晾制间冷却至中心温度为 10 ℃以下，然后可以进行切片、包装。

（四）培根成品感官质量标准

腹肋肉肥瘦相间，呈自然纹理，为块状或厚薄均匀片状；色泽均匀，具有产品固有颜色；符合产品固有的气味，无异味；无正常视力可见外来杂质。

三、熏制（烟熏）的作用和方法

（一）熏制（烟熏）的作用

烟熏肉制品在国内外均有着悠久的历史，早期的熏制（烟熏）主要是为了增强肉制品的耐贮藏性，而发色和呈味作用都是次要的。随着包装、冷冻、冷藏技术的发展，烟熏作为贮藏手段已不重要。现在，熏制（烟熏）的作用主要是改善肉的颜色和提高肉的风味，具体体现在以下几个方面。

1. 呈味作用

熏制（烟熏）时局部的高温使肉制品表面焦糖化而产生香味，可增强产品的风味和人们的食欲。另外，烟气中的许多有机化合物附着在制品上，可赋予制品特有的烟熏香味。

2. 呈色作用

熏制（烟熏）可赋予肉制品良好的色泽，使其表面呈亮褐色，脂肪呈金黄色，肌肉呈暗红色。发色的原因是熏烟成分与制品成分和空气中的氧发生化学反应的结果，加温可促进发色效果。焦油的吸附可产生独特的金黄色或茶褐色烟熏颜色，使产品色泽诱人。

3. 脱水干燥作用

熏制（烟熏）的同时也伴随着干燥，因为在肉制品的熏制（烟熏）工艺中，首先要进行干燥，使制品表面脱水，抑制细菌的生长、繁殖，同时在熏制（烟熏）过程中有利于烟气的附着和渗透。熏制（烟熏）和干燥都是加温过程，两者复合可使制品蛋白质凝固和水分蒸发而有一定硬度，使组织结构致密、质地良好。熏制（烟熏）温度高则硬度大，温度在 20~80 ℃时的重量损失，低温要比高温少。

4. 杀菌作用

熏制（烟熏）时，由于烟气中含有抑菌物质，如有机酸、乙醇、醛类等，因而随着烟气成分在肉制品中的沉积，使肉制品具有一定防腐特性。熏制（烟熏）的杀菌作用较为明显的是在表层，产品表面的微生物经熏制（烟熏）后可减少 10%。大肠杆菌、变形杆菌、葡萄球菌对熏烟最敏感，3 h 即死亡。只有霉菌及细菌芽孢对熏烟的作用较稳定。当熏烟温度达到 45 ℃时，即可抑制微生物的繁殖。

5. 抗氧化作用

熏烟中有许多成分具有抗氧化性质，相关研究表明，熏制品在温度 15 ℃下保存 30 d，其过氧化值无变化，而未经过熏制（烟熏）的肉制品过氧化值却增加 8 倍。

（二）熏制（烟熏）的方法

熏制（烟熏）的方法有很多，一般可分为两大类，即常规法和速熏法。常规法主要包括冷熏法、温熏法、热熏法和焙熏法，而速熏法主要包括液熏法和电熏法等。

1. 冷熏法

冷熏法的温度控制在 15~30 ℃，熏制时间一般需 7~20 d，熏制前原料须经过较长时间的腌渍。冷熏法宜在冬季进行，夏季由于气温高，温度很难控制，特别是在发烟很少的情况下，容易发生酸败现象。由于熏制时间长，产品内部熏烟味较浓，又因产品含水量通常在 40% 以下，提高了产品的耐贮藏性，但风味不如温熏法。冷熏法主要用于干制香肠的熏制（烟熏），如萨拉米香肠、风干香肠等，也可用于带骨火腿及培根的熏制（烟熏）。

2. 温熏法

温熏法又称中温烟熏法，温度控制在 30~50 ℃，熏制（烟熏）时间视制品大小而定，熏制（烟熏）时间一般限制在 5~6 h，最长不超过 2~3 d。此法通常采用干燥的橡材和锯末熏制，木材放在烟熏室的格架底部，在熏材上面放上锯末，点燃后慢慢燃烧，室内温度逐渐上升。用这种方法熏制（烟熏）的产品风味好、重量损失较少，但由于温度条件有利于微生物的繁殖，如果熏制（烟熏）时间过长，有时会引起制品腐败。温熏法适合于西式火腿、培根等产品的熏制（烟熏）。

3. 热熏法

热熏法又称高温烟熏法，温度控制在 50~80 ℃。在此温度范围内熏制品的蛋白质几乎全部凝固。因此，完成热熏后的状态与经过冷熏和温熏的制品有相当大的区别。其表面硬度较高，而内部仍含有较多的水分，富有较大的弹性，可用此法急剧干燥和附着烟熏味，但因为达到一定限度时，就很难进行干燥，熏烟成分也很难附着，且在短时间内就能形成较好的烟熏色泽，所以烟熏时间不宜太长。其中 60 ℃左右是应用较为广泛的一种熏制（烟熏）温度。熏制（烟熏）时间依产品的要求而定。若只是单纯追求产品色泽，可以采用高温短时间熏制；若想要产品具有浓郁的熏制（烟熏）风味，需要低温长时间熏制（烟熏），时间至少要求在 4 h 以上。热熏法操作简便、节省劳力，但要注意熏制（烟熏）过程不能升温过快，否则会有发色不均匀的现象产生。

4. 焙熏法

焙熏法又称熏烤法。焙熏法的温度为 90~120 ℃，是一种特殊的熏烤方法，包含有烤熟的过程。火腿、培根不采用这种方法。由于熏制（烟熏）的温度较高，熏制（烟熏）的同时也达到了熟制的目的，因而不需要重新热加工就可食用，而且熏制（烟熏）时间较短。但用这种方法熏制（烟熏）时脂肪易熔化，适合于熏制（烟熏）瘦肉，也可用于制作烤肉制品。

5. 液熏法

用液态烟熏制剂代替烟熏的方法称液熏法，又称湿熏法或无烟熏法。它是利用木材干馏生成的烟气成分经液化处理或者再加工形成烟熏液（液态烟熏制剂），然后用于浸泡食品、喷淋到食品表面或直接添加到食品中去，以代替传统烟熏的方法。此方法目前在国内外已广泛使用，代表了烟熏技术的发展方向。与其他熏制方法相比，液熏法具有以下几个优点。

（1）不需要熏烟发生装置，节省了大量的设备投资费用。

（2）液态烟熏制剂比较稳定，便于实现熏制过程的机械化和连续化，大大缩短了熏制时间。

（3）液态烟熏制剂中除含有碳氢化合物、酚类及酸类等烟雾成分外，不含有苯并芘等有害物质。

（4）液熏法工艺简单、操作方便，具有投资费用低、空气污染小、生产效率高、产品质量稳定等优点。

（5）通过后道加工可使产品具有不同风味，还能有效控制成品的色泽。

（6）加工者能够在加工的不同步骤中，在各种配方中添加烟熏调味料，使产品使用范围大大增加。但缺点是风味和色泽与传统方法相比尚存一定差距。

6. 电熏法

电熏法由于目前应用很少，因而这里不再介绍。

除熏制方法外，烟熏燃料的选择亦很重要。烟熏燃料很多，如木材、木屑、稻壳、碎甘蔗皮、糖等。一般来说，硬木为熏烟最适宜的燃料，软质木或针叶树（如松木）应避免使用。胡桃木、赤木、橡木、苹果树都是较优质的熏烟燃料。一些国家采用特殊的熏烟粉，这种熏烟粉是含有特别香味成分的硬木材的混合物。

任务六　北京烤鸭加工

任务书

一、任务情境描述

公司销售部门收到“北京烤鸭”订单，下达生产部，生产部编制生产计划单，下达生产车间。请你按照《北京烤鸭加工工艺规程》，完成生产任务，并按时供货。

二、价值分析

烤鸭是北京最著名的菜肴，古称“烧鸭子”“炉烧鸭”“南炉鸭”等。据元代《饮膳正要》记载，当时宫廷已有烧鸭子。清代《帝京岁时纪胜》《都门杂记》等书也记载，宫廷御膳房每逢中秋佳节，除桂花月饼外，还准备南炉鸭供帝王享用，清高宗（乾隆）对此尤为喜爱。北京的烤鸭店以便宜坊、全聚德为主。便宜坊创始于明代永乐十四年（1416），全聚德创始于清代同治三年（1864），均有悠久的历史。烤鸭系以专门饲养的填鸭为原料，经宰杀、清洗、制（烤鸭）坯、晾皮、上饴、烤炙等环节而制成。北京烤鸭有挂炉（明火）、焖炉（暗火）、缸炉、叉烧等不同的制作工艺，烤出的鸭子外皮酥脆，肉质鲜嫩，肥而不腻，口味鲜美，深得中外人士赞许。

2008 年，北京烤鸭入选第二批国家级非物质文化遗产名录。北京烤鸭在全世界享有盛名，它色泽红润，肉质肥而不腻，外脆里嫩，号称“舌尖上的非遗”。北京烤鸭好吃，离不开烤鸭师兢兢业业、精益求精的技艺传承。炉烤鸭技艺在历代烤鸭师的手中不断得到发展，但是技术全面的烤鸭师已为数不多，青年技师的培养尚无法满足技艺传承和发展的需要，因此烤鸭师是一份大有可为的职业。

学习活动

北京烤鸭加工的学习活动见表 6-1。

表 6-1　北京烤鸭加工的学习活动

活动序号	学习活动	完成情况	完成时间 / min
1	接受任务		
2	制订方案		
3	任务实施		
4	任务评价		
5	相关知识		

学习活动一　接受任务

学习要求： 通过该活动，同学们要明确“北京烤鸭生产计划单”中的具体要求，按时完成北京烤鸭的生产任务。具体工作步骤及要求见表 6-2。

表 6-2　具体工作步骤及要求

序号	工作步骤	要求	完成情况	完成时间 / min
1	识读生产计划单	能快速准确地明确计划要求并清晰表达，在教师要求的时间内完成，能够读懂生产计划单中的各项内容		
2	确定生产工艺和设备	能够选择任务需要完成的工艺，并进行时间和工作场所安排，掌握相关理论知识		
3	编制任务分析报告	能够清晰地描写任务认知与理解等，思路清晰，语言描述流畅		

今接到一生产计划单，具体内容见表 6-3。

表 6-3　生产计划单

项目	内容	项目	内容
计划下达部门		计划接收部门	
计划下达日期		订单号	
产品代码		产品类别	
产品名称		产品规格	
单位		订单数量	
生产日期		包装物要求	
要求最迟到货时间		到货地点	
备注说明			

生产部编制计划人员：__________　　　　生产部部长：__________

一、识读生产计划单

（1）请用红色笔标出生产计划单中的关键词，并把关键词抄在下面横线上。

____

____

（2）请从关键词中选择词语组成一句话，说明生产计划单的要求（其中包含产品总量、规格、交货时间的具体要求）。

____

（3）请根据生产计划单中的信息，在下列横线上列式计算出产品总吨数。

二、确定生产工艺和设备

（1）根据《北京烤鸭加工工艺规程》，以表格形式列出工艺过程中的主要设备设施、技术参数和工作要求，详见表 6–4。

表 6–4　北京烤鸭主要设备、参数及要求

工序	主要设备设施	技术参数	工作要求
原料选择			
宰杀造型			
冲洗烫皮			
浇淋糖色			
灌肠打色			
挂炉烤制			

（2）为顺利完成生产任务，请查阅资料，写出北京烤鸭的感官质量标准。

三、编写任务分析报告

（一）基本信息（表 6–5）

表 6–5　基本信息

项目	内容	备注
产品名称		
生产数量		
最迟到货时间		
领取原辅材料时间		
设备器具清洗消毒时间		
生产时间		
成品入库时间		

（二）任务分析

依据订单需求，按照《北京烤鸭加工工艺规程》生产加工北京烤鸭，请绘制详细的生产工艺流程图。

____

____

学习活动二　制订方案

学习要求：通过对北京烤鸭生产规程的分析，编制工作流程、仪器设备清单、原辅材料清单及生产方案。具体要求见表 6–6。

表 6–6　具体要求

序号	工作步骤	要求	完成情况
1	编制工作流程	在 30 min 内完成工作流程编制，工作流程内容完整	
2	编制仪器设备清单	在 30 min 内完成仪器设备清单编制，满足生产工艺需要	
3	编制原辅材料清单	在 20 min 内完成北京烤鸭加工需求清单编制，与订单计划对接	
4	编制生产方案	在 40 min 内完成生产方案编制，确保生产工作顺利进行	

一、编制工作流程

（1）项目的主要工作流程可以分为 5 个部分，分别是设备及工器具的清洗消毒、原辅材料的准备、实施生产加工、出厂检验、物流配送。

请回忆一下，各部分的主要工作任务有哪些？各部分的工作要求分别是什么？大约需要花费多长时间？具体工作流程见表 6–7。

表 6–7　具体工作流程

序号	工作流程	主要工作内容	参考标准	时间 / h
1	设备及工器具的清洗消毒			
2	原辅材料的准备			
3	实施生产加工			
4	出厂检验			
5	物流配送			

（2）请分析《北京烤鸭加工工艺规程》，写出工作流程，并写出完整的工作内容和要求，详见表 6–8。

表 6-8　北京烤鸭生产工作流程

序号	工作流程	具体工作内容	要求
1			
2			
3			
4			
5			
6			
7			
8			

二、编制仪器设备清单

为了完成生产过程，需要用到哪些仪器设备？请列表完成（表 6-9）。

表 6-9　北京烤鸭生产仪器设备清单

序号	仪器设备名称	型号	作用	是否会操作
1				
2				
3				
4				
5				
6				
7				
8				

三、编制原辅材料清单

为了完成生产任务，需要用到哪些原辅材料？请列表完成（表 6-10）。

表 6-10　北京烤鸭原辅材料清单

序号	原辅材料名称	用量	作用	备注
1				
2				
3				
4				

续表

序号	原辅材料名称	用量	作用	备注
5				
6				
7				
8				

四、编制生产方案

方案名称：____________________

（一）生产目标

（填写说明：概括说明本次生产任务要达到的目标。）

____

____

（二）工作内容安排（表 6-11）

表 6-11　北京烤鸭生产工作内容安排

生产流程	仪器设备及原辅材料	生产要求	操作要求	计划时间 / h

（三）产品感官质量评价

（填写说明：从产品的色泽、质地、组织状态，风味等进行感官质量评价。）

____

____

（四）有关安全注意事项及防护措施

（填写说明：生产过程中的安全操作及防护要求。）

____

____

学习活动三　任务实施

建议学时：4 学时。

学习要求：按照北京烤鸭生产方案中的内容，完成生产过程。生产过程中符合生产安全、食品安全、质量标准、现场“6S”管理等要求。工作流程及要求见表6–12。

表 6–12　工作流程及要求

序号	工作流程	要求	学时安排	备注
1	设备及工器具的清洗消毒	按照设备及工器具清洗消毒规程按时完成上述工作		
2	原辅材料的准备	按照工艺配方准确计算并领取原辅材料		
3	实施生产加工	严格按照《北京烤鸭加工工艺规程》执行，按时完成任务		
4	出厂检验			
5	物流配送			
6	评价			

一、安全注意事项

请结合在实训室生产时的安全事项，写出本任务需要注意的安全事项。

____

____

二、设备及工器具的清洗消毒

（1）请阅读下述材料，完成设备及工器具的清洗消毒，并做好记录（表6–13）。设备及工器具的清洗消毒流程：清刮干净残留物→清水刷洗→清洁剂刷洗→清水冲洗→消毒液消毒→清水冲洗→沥干水分→定点定位放置。

表 6–13　清洗消毒记录表

设备及工器具名称	清洗消毒方法	完成人	完成时间	是否完成

（2）相关要求：同“任务一　屠宰加工猪”设备及工器具的清洗、消毒相关要求。

三、原辅材料的准备

按照工艺配方准确计算、领取原辅材料，并完成原辅材料准备记录，具体见表6-14。

表 6-14　原辅材料记录

序号	原辅材料名称	用量	完成人	完成时间
1				
2				
3				
4				
5				
6				
7				
8				

四、实施生产加工

严格执行《北京烤鸭加工工艺规程》，按时完成任务，并填写生产记录（表6-15）。

表 6-15　北京烤鸭生产记录

序号	生产步骤	标准、要求	操作人	完成时间要求
1				
2				
3				
4				
5				
6				
7				
8				
9				
10				

五、出厂检验

查阅相关资料，写出北京烤鸭出厂检验的注意事项。

____

____

六、物流配送

查阅北京烤鸭生产加工相关知识，写出北京烤鸭的包装及物流配送要求。

____

____

学习活动四　任务评价

建议学时：0.5 学时。

学习要求：通过最后的任务评价，学生能明白做事要善始善终，知道自己掌握了多少，知道自己要努力的方向。

分小组按照任务评价表要求进行评价（表 6–16）。

表 6–16　任务评价表

项次	项目要求		配分	评分细则	自我评价	小组评价	教师评价
素养（20分）	纪律情况（5分）	按时到岗，不迟到、早退	2 分	缺勤全扣，迟到、早退出现 1 次扣 1 分			
		积极思考、回答问题	2 分	根据上课统计情况得 1~2 分			
		学习用品准备	1 分	自己主动准备好学习用品并确保齐全得 1 分			
		执行教师命令	0 分	此为否定项，违规酌情扣 10~100 分，违反校规按校规处理			
	职业道德（6分）	主动与他人合作	2 分	主动合作得 2 分，被动合作得 1 分			
		主动帮助同学	2 分	主动帮助同学得 2 分，被动帮助同学得 1 分			
		严谨、追求完美	2 分	对工作精益求精且效果明显得 2 分，对工作认真得 1 分，其余不得分			

续表

项次	项目要求		配分	评分细则	自我评价	小组评价	教师评价
	"6S"（4分）	桌面、地面整洁	2分	自己工位的桌面、地面整洁无杂物得2分，不合格不得分			
		物品定置管理	2分	按定置要求放置得2分，其余不得分			
	阅读能力（5分）	快速阅读能力	5分	能快速准确地明确任务要求并清晰表达得5分，能主动沟通并在受指导后达标得3分，其余不得分			
核心技术（60分）	接受任务（15分）	识读计划单	5分	能全部完成任务得5分，其余视情况得1~4分			
		确定生产工艺和设备	5分	能全部完成任务得5分，其余视情况得1~4分			
		编写任务分析报告	5分	能全部完成任务得5分，其余视情况得1~4分			
	制订方案（15分）	编制工作流程	5分	能全部完成任务得5分，其余视情况得1~4分			
		编制仪器设备清单	5分	能全部完成任务得5分，其余视情况得1~4分			
		编制原辅材料清单	5分	能全部完成任务得5分，其余视情况得1~4分			
	任务实施（30分）	编制生产方案	5分	能全部完成任务得5分，其余视情况得1~4分			
		设备器具清洗消毒	5分	能全部完成任务得5分，其余视情况得1~4分			
		原辅材料准备	5分	能全部完成任务得5分，其余视情况得1~4分			
		生产加工	15分	能全部完成任务得15分，其余视情况得1~14分			
工作页完成情况（20分）	按时、保质保量完成工作页（20分）	按时提交	4分	按时提交得4分，迟交不得分			
		书写整齐度	3分	文字工整、字迹清楚得3分			
		内容完成程度	4分	视完成情况分别得1~4分			
		回答准确率	5分	视准确率情况分别得1~5分			
		有独到的见解	4分	视见解程度分别得1~4分			
合计			100分				
总分[加权平均分（自我评价占20%，小组评价占30%，教师评价占50%）]							

学习活动五　相关知识

一、挂炉烤鸭的生产要点

（一）制坯

1. 选鸭

选用北京填鸭，重量 2.5~3.0 kg，丰满膘足，无破皮，无淤血，鸭掌红润，体型匀称，腰部呈圆形，皮肤呈乳白色，表面干燥、无鸭毛。

2. 去鸭掌

用开生刀切下鸭掌，要求入刀准确，沿骨缝切入，刀口光滑。

3. 取鸭舌

将白条鸭洗净，在鸭喉部用尖刀割开 1 cm 左右刀口，将食管、气管割断并剥离，取出完整鸭舌。也可直接将气管与食管分离，取出鸭舌。

4. 充气

将充气枪插入喉部刀口，给鸭体充气，使气充入皮下，左手来回抚平褶皱，右手调节气量大小，充气至全身鸭皮均匀膨起，直到充满。

5. 开刀口

持开生刀在鸭右翅下体侧 1~1.5 cm 处下刀，刀口长 3~4 cm，呈弯月牙形。

6. 断直肠

握住鸭膀，用食指插入肛门 3~4 cm，穿破直肠，拉断并钩出直肠至体外。

7. 掏膛

从刀口处掏出鸭内脏，内脏应保持完整、不碎烂，鸭心、鸭胗、鸭肝、鸭肺等脏器掏净，最后涮鸭膛，保证膛内无污物及血迹。

8. 支撑

将鸭撑支撑在三叉骨和脊骨之间，使鸭脯隆起，体型美观。

9. 去鸭膀

用开生刀切下鸭膀，要求入刀准确，沿骨缝切入，刀口光滑。

10. 洗膛

将开好的鸭坯去掉泄殖腔，检查确认膛内无遗留内脏后，用清水冲洗干净，确保无血水。

11. 挂钩

在鸭颈中线上离鸭肩 3 cm 处下鸭钩，要求挂钩不歪不斜，颈皮无破损，颈骨不断裂。

12. 烫坯

将沸水均匀浇于鸭坯上，先烫刀口处，再烫其他处，防止刀口跑气，时间不超过 10 s，使毛孔紧缩，表皮层蛋白质凝固，皮下气体最大程度膨胀，皮色光亮，体型美观。

13. 挂糖色

将浓度在 13% 的麦芽糖水均匀浇淋在烫好的鸭坯上。

14. 入库

将制好的鸭坯放入冷库内冷冻保存，环境温度控制在 −18 ℃。

（二）晾坯

将鸭坯从冷库中取出，放置在晾坯间（柜）常温环境下 8~12 h，环境温度控制在 15~23 ℃，湿度控制在 30% 以下。晾坯时要注意鸭身相互不要碰撞，以避免鸭坯表面破裂、下陷，影响美观和质量。晾好的鸭坯外形完整无损，鸭脯表面干燥、不返油、微泛蜡黄色，有明显的网纹状纹路，无异味。

（三）烤制

1. 燃料

挂炉烤鸭燃料应使用果木，以枣木为佳。枣木密度大，耐燃烧，火力均匀，底火足，在没有枣木的情况下，也可选用杏木、桃木、梨木。

2. 烘炉

烤鸭上炉前要把烤炉预热，使炉膛内的温度升高至 160~180 ℃。炉内无烟，清明透亮。

3. 堵塞

将鸭堵卡在鸭坯肛门的括约肌上，防止汁水外流。

4. 灌汤

将沸水从鸭坯肋下刀口灌入，用量为 80~100 mL。

5. 入炉

将炉温调至 200~220 ℃，用鸭杆挑起鸭坯，将鸭坯挑入鸭炉并悬挂在炉膛前、后梁上。

6. 烤制

使用翻、转、燎、烤技术使鸭坯均匀受热成熟。根据鸭坯大小、老嫩程度、受热情况不同，烤制时间一般设定为 60~70 min。

7. 出炉

鸭坯成熟后将烤鸭挑出，烤鸭入、出炉时应做到不碰火挡、木柴、炉口。

二、闷炉烤鸭的生产要点

（一）制坯

1. 选鸭

选用北京填鸭，重量 2.5~3.0 kg，丰满膘足，无破皮，无淤血，鸭掌红润，体型匀称，腰部呈圆形，皮肤呈乳白色，表面干燥、无鸭毛。

2. 取鸭舌

将白条鸭洗净，在鸭喉部用尖刀割开 1 cm 左右刀口，将食管、气管割断，取出完整鸭舌。

3. 充气

将气泵压力调至 608~881 Pa，将充气枪插入喉部刀口，给鸭体充气，使气充入皮下，左手来回抚平褶皱，右手调节气量大小，充气至全身鸭皮均匀膨起，直到充满。

4. 开刀口

持开生刀在鸭右翅下体侧 1~1.5 cm 处下刀，刀口长 3~4 cm，呈弯月牙形。

5. 去鸭掌

用开生刀切下鸭掌，要求入刀准确，沿骨缝切入，刀口光滑。

6. 断直肠

握住鸭膀，用食指插入肛门 3~4 cm，穿破直肠，拉断并钩出直肠至体外。

7. 去鸭膀

用开生刀切下鸭膀，要求入刀准确，沿骨缝切入，刀口光滑。

8. 掏膛

从刀口处掏出鸭内脏，内脏应保持完整、不碎烂，鸭心、鸭胗、鸭肝、鸭肺等脏器掏净，最后涮鸭膛，保证膛内无污物及血迹。

9. 支撑

将鸭撑支撑在三叉骨和脊骨之间，使鸭脯隆起，体型美观。

10. 洗膛

开好的鸭坯去掉泄殖腔，检查确认膛内无遗留内脏后，用清水冲洗干净，确保无血水。

11. 挂钩

在鸭颈中线上离鸭肩 3 cm 处下鸭钩，要求挂钩不歪不斜，颈皮无破损，颈骨不断裂。

12. 补气

将充气枪沿腋下刀口插入皮下充气，充气至全身鸭皮均匀膨起，直到充满为止。

13. 烫坯

将沸水均匀浇于鸭坯上，时间不超过 10 s，使毛孔紧缩，表皮层蛋白质凝固，皮下气体最大程度膨胀，皮色光亮，体型美观。

14. 挂糖色

将浓度在 9% 左右的麦芽糖水均匀浇淋在烫好的鸭坯上。

15. 入库

将制好的鸭坯放入冷库内冷冻保存，环境温度控制在 −18 ℃。

（二）晾坯

将鸭坯从冷库中取出，放置在晾坯间（柜）常温环境下 8~12 h，环境温度控制在 15~23 ℃，湿度控制在 30% 以下。晾坯时要注意鸭身相互不要碰撞，以避免鸭坯表面破裂、下陷，影响美观和质量。晾好的鸭坯外形完整无损，鸭脯表面干燥、不返油、微泛蜡黄色，有明显的网纹状纹路，无异味。

（三）烤制

1. 燃料

使用天然气，全预混式无焰燃烧技术加热，温度均匀，燃烧稳定，节能环保。

2. 烘炉

烤鸭上炉前要把烤炉预热，使炉膛内的温度升高至 160~180 ℃。炉内无烟，清澈透亮。

3. 堵塞

将鸭堵卡在鸭坯肛门的括约肌上，防止汁水外流。

4. 灌汤

将沸水从鸭坯肋下刀口灌入，用量为 80~100 mL。

5. 入炉

将炉温调整至 200~220 ℃，用挑鸭杆将鸭坯挂于炉内挂钩上，肋下刀口朝向中心热源。

6. 烤制

根据鸭坯上色情况调整鸭坯朝向中间热源的接触面，使鸭坯均匀上色，并保持最佳烤制温度。

7. 出炉

根据鸭坯大小、老嫩程度、受热情况不同，烤制时间一般设定为 50~60 min。鸭坯成熟后将烤鸭挑出。

三、北京烤鸭成品的感官质量标准

整只鸭鸭体完整，无破损；分割鸭应具有其固有状态；滋味鲜美，具有该产品应有的风味，香味浓郁，无异味；无正常视力可见的外来杂质。

四、烤制的作用和方法

（一）烤制的作用

烤制也称烧烤，是利用高热空气对制品进行高温加热火烤的热加工过程。通过烤制可赋予肉制品特殊的香味和表皮酥脆性，改善口感；使肉脱水干燥，杀菌消毒，防止腐败变质，增强制品的耐贮藏性；烤制后使产品色泽红润鲜艳，外观良好。

（二）烤制的方法

烤制的方法根据是否有火可分为明烤和暗烤 2 种；根据制作工序不同可分为直接烤制、腌制后进行烤制、煮制后进行烤制和油炸后进行烤制 4 种。它们之间即有区别，又有联系。

1. 按是否有火来分

（1）明烤：指用铁制的、未封闭的长方形烤炉，在炉内烧红木炭，然后用特制铁扦将原料肉穿起来放在烧烤炉上进行加热的过程。明烤表面上看是一种比较简单的烤制方法，因为人类在最初使用火的时候，就学会了烤肉，但是，现在明烤却是一种细致的加工技术。按使用的设备不同可将明烤分为 4 种：第一种是用铁叉叉住原料肉，在炭火上反复炙烤，烤制时要不断进行翻转，保证烤匀烧熟，如烤乳猪；第二种是用铁扦穿上腌制的肉片，在炭火上炙烤成熟，如新疆烤羊肉串；第三种是在火槽上架一排铁条（又称叉子、灸子），火槽内炭火将铁条烧热，再用油脂涂抹在铁条上，而后放上腌制好的肉片，用木筷翻动，烤熟后取下食用，如北京风味烤肉；第四种是用火把钢板烧热，涂油后放肉，用小铲翻动，还可以用锅盖把肉盖住，烧到肉熟，如巴西烤肉。

（2）暗烤：指将腌制肉挂到封闭的炉内进行加热处理的过程，又称挂烤。暗烤所使用的原料肉和采用的方法不同，其炉子的构造、所用的燃料也不尽相同，而且具体操作方法也多种多样。从烤的方式看，有直接烤与间接烤之分。所谓直接烤，就是把腌制肉挂在火上与烧烤食品的火源不分隔开的方法；而间接烤的火源与烧烤食品之间是分开的，如微波炉。挂炉烧烤的技术性比明烤更强，对火候掌握的难度大，只有经过长期实践，才能达到炉火纯青的地步。

2. 按制作工序来分

（1）直接烤制：腌制调味后直接吊挂在 230 ℃以上的烤炉中，烤制 30~50 min 即可。制品外焦里嫩，香酥可口，具有来自肉品本身天然的香气和味道。北京烤鸭就属于用这种方法烤制的产品。

（2）腌制后进行烤制：市场上所卖的烤鸡基本都是腌制后再进行烤制的。这种方法烤制出来的肉制品具有味道鲜美、口味多样、细嫩多汁等优点。烤鸡腿、烤鸡翅都是采用此法烤制的。

（3）煮制后进行烤制：制作牛肉干的方法是将牛肉进行煮制入味后，再低温烘烤而成，温度一般控制在 50~60 ℃，经 8 h 烘烤，肉块变硬、变干，散发芳香时即可。

（4）油炸后进行烤制：主要是由分割肉制品经过腌制、挂粉、油炸、烘烤而制成，做法较为复杂。出于对产品重量损失的考虑，肉块不能在油炸过程中停留太长时间，当裹涂材料粘连在肉块上后，立即转移到烤炉中进行部分或者全部熟制处理。通过腌制工艺，产品内部柔嫩多汁，表层口感酥脆。用此法制作的产品出品率较高，能够创造较高的利润。

拓展阅读

模块四　灌肠肉制品加工

灌肠肉制品是指以肉为原料，经绞碎或切丁、腌制（或不腌制）、加入辅料斩拌或搅拌（或滚揉）、充填入肠衣，再经晾晒或烘烤等工艺，或经干燥、烟熏（或不烟熏）、蒸煮，或直接蒸煮等工艺制成的肉制品。灌肠肉制品种类繁多，各国没有统一的分类方法。目前我国按照不同产品的加工工艺，可将灌肠肉制品分为中国腊肠（中式香肠）、发酵香肠、生鲜香肠、熏煮香肠、火腿肠等，其中熏煮香肠和火腿肠都是熟肉制品。本模块以灌肠中的熟肉制品“火腿肠和台湾烤香肠”加工为例进行学习。其中，火腿肠是以猪肉为主要原料，经解冻、绞制、腌制、斩拌，加入香料、大豆分离蛋白、卡拉胶、淀粉等，使用日本KAP自动灌肠机灌入聚偏二氯乙烯（PVDC）肠衣膜，经高压、高温杀菌制成的高温肉制品，本质上是一种软包装的午餐肉罐头。我国第一批火腿肠于20世纪80年代由河南省洛阳肉联厂（春都集团）率先推出，具有食用、携带、储存、运输方便等诸多优点，再加上其味道鲜美、口感细嫩、营养丰富、易于消化和吸收、老少皆宜、价格适中等特点，因而深受广大消费者喜爱。

通过本模块的学习，你能学会：①火腿肠加工；②台湾烤香肠加工。

任务七　火腿肠加工

任务书

一、任务情境描述

公司销售部门收到“火腿肠”订单，下达生产部，生产部编制生产计划单，下达生产车间。请你按照《火腿肠加工工艺规程》，完成生产任务，并按时供货。

二、价值分析

作为便捷食品，火腿肠适应现代社会高效、快节奏的生活方式，广泛应用于早餐、户外活动及快餐场景中。2023 年，人均猪肉消费量增长 13.2%，推动深加工肉制品需求提升，火腿肠因便于储存和食用，成为消费者的重要选择。其产品创新（如低脂、高蛋白配方）也契合健康饮食趋势。

火腿肠行业已成为肉制品加工领域的重要细分市场，2024 年市场规模超过 167.7 亿元，年增长率稳定在 3% 左右。河南作为主要生产地，贡献了全国近一半的火腿肠产量，带动了地方经济，提供了就业机会。

学习活动

火腿肠加工的学习活动见表 7–1。

表 7–1　火腿肠加工的学习活动

活动序号	学习活动	完成情况	完成时间 / min
1	接受任务		
2	制订方案		
3	任务实施		
4	任务评价		
5	相关知识		

学习活动一　接受任务

学习要求：通过该活动，同学们要明确“火腿肠生产计划单”中的具体要求，按时完成火腿肠的生产任务。具体工作步骤及要求见表 7-2。

表 7-2　具体工作步骤及要求

序号	工作步骤	要求	完成情况	完成时间 / min
1	识读生产计划单	能快速准确地明确计划要求并清晰表达，在教师要求的时间内完成，能够读懂生产计划单中的各项内容		
2	确定生产工艺和设备	能够选择任务需要完成的工艺，并进行时间和工作场所安排，掌握相关理论知识		
3	编制任务分析报告	能够清晰地描写任务认知与理解等，思路清晰，语言描述流畅		

今接到一生产计划单，具体内容见表 7-3。

表 7-3　生产计划单

项目	内容	项目	内容
计划下达部门		计划接收部门	
计划下达日期		订单号	
产品代码		产品类别	
产品名称		产品规格	
单位		订单数量	
生产日期		包装物要求	
要求最迟到货时间		到货地点	
备注说明			

生产部编制计划人员：__________　　　　生产部部长：__________

一、识读生产计划单

（1）请用红色笔标出生产计划单中的关键词，并把关键词抄在下面横线上。

____

____

（2）请从关键词中选择词语组成一句话，说明生产计划单的要求（其中包含产品总量、规格、交货时间的具体要求）。

____

____

（3）请根据生产计划单中的信息，在下列横线上列式计算出产品总吨数。

____

二、确定生产工艺和设备

（1）根据《火腿肠加工工艺规程》，以表格形式列出工艺过程中的主要设备设施、技术参数和工作要求，详见表 7–4。

表 7–4　火腿肠主要设备、参数及要求

工序	主要设备设施	技术参数	工作要求
原料选择			
原料肉选修			
绞制、切丁			
腌制			
肉馅制作			
灌装、打卡			
摆笼			
热加工			
冷却			
包装			

（2）为顺利完成生产任务，请查阅资料，写出火腿肠的感官质量标准。

三、编写任务分析报告

（一）基本信息（表 7–5）

表 7–5　基本信息

项目	内容	备注
产品名称		
生产数量		
最迟到货时间		
领取原辅材料时间		
设备器具清洗消毒时间		
生产时间		
成品入库时间		

（二）任务分析

依据订单需求，按照《火腿肠加工工艺规程》生产加工火腿肠，请绘制详细的生产工艺流程图。

____

____

学习活动二　制订方案

学习要求： 通过对《火腿肠加工工艺规程》的分析，编制工作流程、仪器设备清单、原辅材料清单及生产方案。具体要求见表 7–6。

表 7–6　具体要求

序号	工作步骤	要求	完成情况
1	编制工作流程	在 30 min 内完成工作流程编制，工作流程内容完整	
2	编制仪器设备清单	在 30 min 内完成仪器设备清单编制，满足生产工艺需要	
3	编制原辅材料清单	在 20 min 内完成火腿肠加工需求清单编制，与订单计划对接	
4	编制生产方案	在 40 min 内完成生产方案编制，确保生产工作顺利进行	

一、编制工作流程

（1）项目的主要工作流程可以分为 5 个部分，分别是设备及工器具的清洗消毒、原辅材料的准备、实施生产加工、出厂检验、物流配送。

请回忆一下，各部分的主要工作任务有哪些？各部分的工作要求分别是什么？大约需要花费多长时间？具体工作流程见表 7–7。

表 7–7　工作流程

序号	工作流程	主要工作内容	参考标准	时间 / h
1	设备及工器具的清洗消毒			
2	原辅材料的准备			
3	实施生产加工			
4	出厂检验			
5	物流配送			

（2）请分析《火腿肠加工工艺规程》，写出工作流程，并写出完整的工作内容和要求，详见表 7–8。

表 7-8　火腿肠生产工作流程

序号	工作流程	主要工作内容	要求
1			
2			
3			
4			
5			
6			
7			
8			

二、编制仪器设备清单

为了完成生产过程，需要用到哪些仪器设备？请列表完成（表 7-9）。

表 7-9　火腿肠生产仪器设备清单

序号	仪器设备名称	型号	作用	是否会操作
1				
2				
3				
4				
5				
6				
7				
8				

三、编制原辅材料清单

为了完成生产任务，需要用到哪些原辅材料？请列表完成（表 7-10）。

表 7-10　火腿肠原辅材料清单

序号	原辅材料名称	用量	作用	备注
1				
2				
3				
4				

续表

序号	原辅材料名称	用量	作用	备注
5				
6				
7				
8				

四、编制生产方案

方案名称：________________

（一）生产目标

（填写说明：概括说明本次生产任务要达到的目标。）

____

____

（二）工作内容安排（表 7–11）

表 7–11 火腿肠生产工作内容安排

生产流程	仪器设备及原辅材料	生产要求	操作要求	计划时间 / h

（三）产品感官质量评价

（填写说明：从产品的色泽、外观、组织状态、风味等进行感官质量评价。）

____

____

（四）有关安全注意事项及防护措施

（填写说明：生产过程中的安全操作及防护要求。）

____

____

学习活动三　任务实施

建议学时：6 学时。

学习要求：按照火腿肠生产方案中的内容，完成生产过程。生产过程符合生产安全、食品安全、质量标准、现场“6S”管理等要求。工作流程及要求见表 7–12。

表 7–12　工作流程及要求

序号	工作流程	要求	学时安排	备注
1	设备及工器具的清洗消毒	按照设备及工器具清洗消毒规程按时完成上述工作		
2	原辅材料的准备	按照工艺配方准确计算并领取原辅材料		
3	实施生产加工	严格按照《火腿肠加工工艺规程》执行，按时完成任务		
4	出厂检验			
5	物流配送			
6	评价			

一、安全注意事项

请结合在实训室生产时的安全事项，写出本任务需要注意的安全事项。

____

____

二、设备及工器具的清洗消毒

（1）请阅读下述材料，完成设备及工器具的清洗消毒，并做好记录（表 7–13）。设备及工器具的清洗消毒流程：清刮干净残留肉糜→清水刷洗→清洁剂刷洗→清水冲洗→消毒液消毒→清水冲洗→沥干水分→定点定位放置。

表 7–13　清洗消毒记录表

设备及工器具名称	清洗消毒方法	完成人	完成时间	是否完成

（2）相关要求：同“任务一　屠宰加工猪”设备及工器具的清洗、消毒相关要求。

三、原辅材料的准备

按照工艺配方准确计算、领取原辅材料，并完成原辅材料准备记录，具体见表7–14。

表 7–14　原辅材料记录

序号	原辅材料名称	用量	完成人	完成时间
1				
2				
3				
4				
5				
6				
7				
8				

四、实施生产加工

严格执行《火腿肠加工工艺规程》，按时完成任务，并填写生产记录（表 7–15）。

表 7–15　火腿肠生产记录

序号	生产步骤	标准、要求	操作人	完成时间要求
1				
2				
3				
4				
5				
6				
7				
8				
9				
10				

五、出厂检验

请写出火腿肠的出厂检验项目。

____

____

六、物流配送

请分析并写出火腿肠物流配送过程中需要注意的问题。

____

____

学习活动四　任务评价

建议学时：0.5 学时。

学习要求：通过最后的任务评价，学生能明白做事要善始善终，知道自己掌握了多少，知道自己要努力的方向。

分小组按照任务评价表要求进行评价（表 7–16）。

表 7–16　任务评价表

项次	项目要求		配分	评分细则	自我评价	小组评价	教师评价
素养（20分）	纪律情况（5分）	按时到岗，不迟到、早退	2分	缺勤全扣，迟到、早退出现 1 次扣 1 分			
		积极思考、回答问题	2分	根据上课统计情况得 1~2 分			
		学习用品准备	1分	自己主动准备好学习用品并确保齐全得 1 分			
		执行教师命令	0分	此为否定项，违规酌情扣 10~100 分，违反校规按校规处理			
	职业道德（6分）	主动与他人合作	2分	主动合作得 2 分，被动合作得 1 分			
		主动帮助同学	2分	主动帮助同学得 2 分，被动帮助同学得 1 分			
		严谨、追求完美	2分	对工作精益求精且效果明显得 2 分，对工作认真得 1 分，其余不得分			

续表

项次	项目要求		配分	评分细则	自我评价	小组评价	教师评价
	"6S"（4分）	桌面、地面整洁	2分	自己工位的桌面、地面整洁且无杂物得2分，不合格不得分			
		物品定置管理	2分	按定置要求放置得2分，其余不得分			
	阅读能力（5分）	快速阅读能力	5分	能快速准确地明确任务要求并清晰表达得5分，能主动沟通并在受指导后达标得3分，其余不得分			
核心技术（60分）	接受任务（15分）	识读计划单	5分	能全部完成任务得5分，其余视情况得1~4分			
		确定生产工艺和设备	5分	能全部完成任务得5分，其余视情况得1~4分			
		编写任务分析报告	5分	能全部完成任务得5分，其余视情况得1~4分			
	制订方案（15分）	编制工作流程	5分	能全部完成任务得5分，其余视情况得1~4分			
		编制仪器设备清单	5分	能全部完成任务得5分，其余视情况得1~4分			
		编制原辅材料清单	5分	能全部完成任务得5分，其余视情况得1~4分			
	任务实施（30分）	编制生产方案	5分	能全部完成任务得5分，其余视情况得1~4分			
		设备器具清洗消毒	5分	能全部完成任务得5分，其余视情况得1~4分			
		原辅材料准备	5分	能全部完成任务得5分，其余视情况得1~4分			
		生产加工	15分	能全部完成任务得15分，其余视情况得1~14分			
工作页完成情况（20分）	按时、保质保量完成工作页（20分）	按时提交	4分	按时提交得4分，迟交不得分			
		书写整齐度	3分	文字工整、字迹清楚得3分			
		内容完成程度	4分	视完成情况分别得1~4分			
		回答准确率	5分	视准确率情况分别得1~5分			
		有独到的见解	4分	视见解程度分别得1~4分			
合计			100分				
总分［加权平均分（自我评价占20%，小组评价占30%，教师评价占50%）］							

学习活动五　相关知识

一、火腿肠的生产工艺

（一）工艺流程

原料肉的选择与处理→绞制、切丁→腌制→制作基础肉馅→搅拌→灌装、打卡、摆笼→杀菌→冷却→包装。

（二）工艺配方（表 7–17）

表 7–17　火腿肠配料表

原辅材料	含量	原辅材料	含量
猪Ⅳ号肉	29.4%	分离蛋白	1.9%
鸡胸肉	20.5%	味精	0.15%
猪背膘	6.0%	红曲红色素	0.01%
食盐	2.0%	D– 异抗坏血酸钠	0.1%
冰水	22.4%	亚硝酸钠	0.015%
玉米淀粉	8.5%	肉味香精	0.3%
鸡蛋液	6.6%	三聚磷酸钠	0.4%
白胡椒粉	0.125%	卡拉胶	0.4%
白糖	1.2 %	合计	100%

（三）操作要点

1. 原料肉选择与处理

原料肉选用经兽医卫生检验、检疫合格的鲜（冻）猪Ⅳ号肉、鸡胸肉和猪背膘，但有时企业考虑到成本因素，会选用一部分猪前腿肉来替代原料中的猪Ⅳ号肉或者用一部分鸡腿肉代替猪Ⅳ号肉。若选择的是冻肉，选修前，采用空气解冻后再修。

原料肉选修时，应修去猪Ⅳ号肉、鸡胸肉表面的筋腱、淤血、淋巴、碎骨等，并洗涤干净，控干水分备用；应修去猪背膘上的皮、毛等，放冻库微冻备用。

2. 绞制、切丁

将选修好的猪Ⅳ号肉、鸡胸肉在绞肉机上绞制成 10 mm 大小的颗粒，若是大型绞肉机，无须将瘦肉分割成小块，小型绞肉机需将修好的肉分割成直径为 5 cm 的小肉条，绞制好的肉温不要超过 10 ℃；微冻的背膘用切丁机分切成 0.5 cm^3 的肉丁。

3. 腌制

加工火腿肠所用的瘦肉和肥膘均需腌制，常采用干腌法进行腌制，具体操作：称取原料肉（瘦肉和背膘）重 2% 的食盐、0.015% 的亚硝酸钠，用硝量 20 倍的水溶解亚硝酸钠，倒入食盐中混匀；将混合均匀的腌制料分别与绞制的瘦肉馅或肥膘丁一同加入真空搅拌机内，搅拌 5~6 min，搅拌至料馅均匀，瘦肉部分有一定的黏度即可；搅拌后将瘦肉和肥膘分别盛装在洁净的容器内，压实，并在上面覆盖一层塑料膜，放在 2~4 ℃的环境中腌制，瘦肉腌制 24~48 h，背膘腌制 48~72 h。

4. 制作基础肉馅

此工序主要是将配方中除腌猪后腿瘦肉外的所有原辅材料在斩拌机（图 7–1）中制作成均匀的乳化肉糜馅。具体操作过程如下：加入瘦肉，低速斩拌约 0.5 min→加入 1/3 冰水、食盐、磷酸盐、亚硝酸钠、D– 异抗坏血酸钠等辅料，高速斩拌 1~1.5 min，将瘦肉斩成肉糜→转成低速斩拌，加入 1/3 冰水、大豆蛋白、脂肪，低速斩拌 0.5 min 后高速斩拌 1.5~2.0 min→转成低速斩拌，加入 1/3 冰水、香料、淀粉等，低速斩拌，混合均匀后即可出料。要求出锅后肉馅温度控制在 10~12 ℃。

彩图

图 7–1　斩拌机

5. 搅拌

将腌制好的猪后腿瘦肉和预制好的基础肉馅在搅拌机中搅拌 30 min，最终肉馅要求物料混合均匀，无游离水，温度控制在 10~12 ℃。

6. 灌装、打卡、摆笼

将搅拌好的料馅倒入 KAP 灌肠机（图 7–2）的料斗内，设定好灌装参数后进行灌装，具体灌装参数见表 7–18。灌装过程中要注意以下几个方面：①在灌装过程中应定期抽检半成品的重量及长度；②灌装过程中铝扣出现毛刺、热合不良及结扎不牢固的半成品应及时挑出，然后去除两头的铝丝（图 7–3）和肠衣，挤出料馅，及时放入料斗进行再次灌装；③在灌装过程中应随时检查打码日期的清晰度；④肉馅在料斗内存放时间不得超过 60 min；⑤在摆笼时要求半成品摆放整齐，及时挑出破袋、无环、批号不清等不合格品，要求半成品摆放量控制在整个笼体积的 70%~80%。

表 7-18　火腿肠灌装参数

产品规格 /g	毛重 /g	薄膜规格 /mm	半成品长度 /mm	成品长度 /mm	压边宽度 /mm	成型板 /mm	铝丝 /mm
30	31.25	66	145	115 ± 1	6~7	30	2.1
35	36.25	62	190	155 ± 1	6~7	28	2.1
40	41.25	66	186	153 ± 1	6~7	30	2.1
45	46.25	66	205	163 ± 1	6~7	30	2.1
50	51.25	66	210	172 ± 1	6~7	30	2.1
65	66.25	72	238	193 ± 1	6~7	33	2.1

彩图

彩图

图 7-2　KAP 灌肠机

图 7-3　铝丝

7. 杀菌

要将半成品及时放入双层卧式杀菌锅（图 7-4）杀菌。具体杀菌参数见表 7-19。

彩图

图 7-4　双层卧式杀菌锅

表 7-19 火腿肠杀菌参数

产品规格 /g	杀菌温度 /℃	压力 /MPa	恒温时间 /min
≤ 50	121	0.25~0.27	10
50~70			13
80~100			15

杀菌过程中应注意以下几点：①杀菌前杀菌锅内水温先预热到 80~90 ℃再入锅；②杀菌结束后温度降至 40 ℃方可出锅。

8. 冷却

产品出锅后在包装前应在室温不超过 25 ℃、湿度为 60% 以下的晾干间进行干燥，干燥时间 24~48 h。

9. 包装

产品在装箱前必须擦净肠体表面的油、污物、水垢，并将弯曲、有小裂口、批号不清等不合格产品挑出；产品包装结束后置于常温、干燥、通风的环境中存放。

二、火腿肠的种类、特点

（一）火腿肠的种类

火腿肠是以鲜或冻畜禽肉、鱼肉（鱼糜）为主要原料，经腌制、搅拌、斩拌（或乳化）、灌入 PVDC 肠衣膜，经高温杀菌制成的西式灌肠制品。依据产品中水分、蛋白质、淀粉含量可分为普通级、优级、特级和无淀粉级四类。常见的品种有王中王火腿肠、鸡肉肠、鱼肉肠、清真牛肉肠、清真鸡肉肠等。

（二）火腿肠的特点

火腿肠具有味道鲜美，口感细嫩，营养丰富，易于消化、吸收，携带及食用方便，耐贮藏等特点。

三、肉糜乳化技术

（一）肉糜乳化的基本原理

肉糜俗称乳化肉馅，是由斩碎或研磨碎的肉、脂肪颗粒、水、溶解的蛋白质、淀粉、食品添加剂、香辛调味料等在各种力作用下形成的高黏度膏状物。

乳化理论认为，乳胶体分为 2 种：一种是水包油（O/W），另一种是油包水（W/O）。而几乎在所有的肉制品制备中，乳胶体都建立在 O/W 乳胶体的基础上，在这种乳胶体内，油处于分散状态（分散相），水则处于连续状态（连续相），而蛋白质分子会将自身的一部分置于脂肪（亲脂性的）中，另一部分置于水（亲水性的）中，如果分散相的整个表面被一层蛋白质包围，乳胶体会变得很稳定。对于稳定的乳胶体，蛋白质的性质很重要，而油滴的大小也很重要。如果油滴或脂肪颗粒太大，由于热效应，体积的增大会导致这些粒子穿破起包裹作用的蛋白网络；而脂肪粒子减小，会使其体积增加的趋势极大地降低，不过同时脂肪表面则变大，需要更多的蛋白质来包裹。

肉糜是一种复杂的乳化体系，从理化角度来看，它由以下多种体系构成：蛋白质和盐类的溶液；稍大块的组织成分在水中的悬浊液；蛋白质的胶体溶液；被水溶性和盐溶性肌肉蛋白包围住的脂肪细胞和游离脂肪。生产乳化肉馅的关键就是有效地结合水与脂肪。

肌原纤维蛋白对于凝固、乳化和凝胶的形成具有非常重要的作用，含有肌动蛋白和肌球蛋白的肌原纤维蛋白具有特定的结构，其线状细丝通常嵌入肌肉细胞内，而肌肉细胞又被结缔组织薄膜包围，只要薄膜保持完整，基本上不可能有水的渗透。因此，通过斩切过程来打开细胞膜，使结构蛋白的碎片游离出来吸收外加的水，并通过吸水膨胀形成蛋白凝胶网络，从而吸附脂肪，并且在加热时能防止脂肪颗粒聚集。

（二）肉糜的乳化方法

乳化方法根据生产设备的不同可分为斩拌机乳化法和乳化机乳化法（图 7–5）2 种，前者较常用。

图 7–5　乳化机

彩图

1. 斩拌机乳化法

（1）肉的腌制：为了最大程度地抽提肉中的蛋白质，应先将瘦肉提早腌制。通常将盐、磷酸盐和亚硝及水（约为总加水量的 10％～25％）与绞碎（孔板直径 10~20 mm）瘦肉一起搅拌几分钟，拌匀后在 0~4 ℃温度下腌制 24~48 h。如果食盐的浓度达到 5％左右，将更有利于盐溶性蛋白质的析出。

（2）斩切：高速把腌肉斩成小肉粒状，温度以不高于 4 ℃为宜，用碎冰控制温度，再将脂肪小块、除淀粉外的辅料均匀加入斩拌机，低速斩约 2 圈后高速斩切，温度以不高于 10 ℃为宜，用冰水控制温度。待把脂肪斩成米状时，均匀加入淀粉和剩余的少量冰水、香精，高速斩成均匀一致、有一定弹性的肉馅，温度一般为 12~14 ℃。

2. 乳化机乳化法

（1）肉的腌制：绞瘦肉的孔板直径可小些，方法同上。

（2）混料：把腌肉倒入搅拌机中，加一部分冰水搅拌几分钟，再加入绞碎的脂肪、其他辅料、冰水等搅拌，最后加入淀粉搅拌成均匀黏稠的馅。温度一般不超过 8 ℃。

（3）乳化：把搅拌好的馅装入乳化机乳化。乳化馅温度一般不超过 15 ℃。

真空乳化机是一种由切割头和乳化头构成的设备，切割头可装一组刀、二组刀或三组刀。料馅先通过切割头（似绞肉机结构）绞碎，再经过乳化头研磨（可通过调整定子和转子的间隙来控制馅的细度），使肉馅均匀一致，形成良好的乳化馅。简单的乳化机只有切割头或只有乳化头，一般不能抽真空。

（三）影响肉糜乳化的因素

1. 肉的质量

不同的原料肉对肉糜乳化能力的影响不同。不同部位的牛肉和猪肉的乳化能力也存在一定差异，并且长时间存放会导致肉的乳化能力降低。在这样的情况下，添加屠宰后有余温的热鲜肉可以提高肉的乳化能力。有研究表明，肉的僵直程度可影响肉的乳化能力，屠宰后的热鲜肉比冷鲜肉具有更好的保水性和保油性。但刚屠宰的热鲜肉很少能在 2 h 内用掉，随着时间的延长，肉出现尸僵，并产生大量乳酸，会影响肉的口感和品质，因此出现了排酸肉（成熟肉）。因为排酸肉具有肉质柔软、有弹性，好熟易烂，口感细腻，味道鲜美，安全卫生，营养价值较高等优点，所以斩切的原料肉一般都是排酸肉（猪肉 pH 值 > 6.0，牛肉 pH 值 > 5.8）。

2. 盐的浓度

盐的浓度对肌动蛋白和肌球蛋白的溶解和膨胀十分重要。肌动蛋白不溶于水，只溶于盐溶液，其溶解度随盐浓度的上升而增大，直到盐浓度达 5% ~ 6%（按瘦肉计）时达到最大值。因此，斩切瘦肉最好预腌或斩切开始先和盐斩拌，以利于盐溶蛋白质的提取。

3. 斩拌时间、温度

斩拌时间是影响斩拌效果的重要因素。适宜的斩拌时间，对于增加物料的细度，改善制品的品质是必需的，但斩拌时间过长，易使脂肪颗粒变得过小，大大增加脂肪球的表面积，脂肪颗粒难以完全被蛋白质溶胶包裹，未包裹的脂肪颗粒凝聚形成脂肪囊，使乳化馅出现脂肪分离现象，从而降低肉糜制品的质量；斩拌时间过短，则肌原纤维蛋白不能充分起到乳化作用，肉糜制品的凝胶特性不好，并且脂肪颗粒偏大，分布不均匀。因此，对于不同的产品，要根据其质构要求确定适宜的斩拌时间。

斩拌时肉的温度对提取肌肉中盐溶性蛋白有很重要的作用，肌球蛋白的最适提取温度为 2~4 ℃。和脂肪的结合需要稍高的温度，乳化馅的终温控制在 12~15 ℃。

4. 装载量

合理的装载量对斩拌效果有着极其重要的作用。装载过量不但影响斩拌效果，而且对设备也有损伤；装载量不够将影响乳化效果和生产效率。一般来说，合理的装载量是指原辅材料添加完后，馅料的表面至斩拌锅边沿的距离约为 5 cm。

5. 设备因素

斩拌机的转速、斩拌刀具的锋利程度及刀刃与料盘间的距离都会影响斩拌馅料的质量。

（1）刀越锋利，刀刃与料盘的间距越小（最好留有两张牛皮纸厚的间隙），斩拌出来的肉馅质量也就越好。

（2）刀速对产品的保水、保油效果有很大的影响。刀速过慢会导致产品析油，但斩拌刀速过快，斩拌过程中刀片与物料间的不断摩擦会导致肉温升高，容易引起蛋白质变性，使其网状结构发生变化，蛋白质之间的相互作用降低，进而导致产品致密性差、保水及保油效果不良。因此，在肉制品加工过程中应根据实际情况采用合适的斩拌速度。

6. 其他因素

（1）原辅材料的添加顺序对斩拌后物料的质量也有一定的影响。如果将瘦肉和脂肪同时斩拌，瘦肉中蛋白质还没被斩切溶出时，脂肪已被切碎而不能及时乳化。脂肪和淀粉过早加入，会导致料温升高。因此，斩拌时物料的添加顺序一般为原料肉与盐等腌制剂适当斩切（温度控制在 0~4 ℃）→添加肥膘、辅料、冰水斩切→添加淀粉、香精、剩余少量冰水斩切→肉糜（温度为 12~14 ℃）。

（2）原料添加量对肉糜的质量影响很大。一般肉糜中，瘦肉占 40%~70%，脂肪占 15%~30%，冰水占 15%~30%。斩拌肉的保水力随着脂肪和冰水配比的增加而减少。在冰水少的情况下，脂肪的配比增加对保水力的影响程度小一些；若冰水添加量较高，脂肪的配比增加会使保水力降得很低。因此，要根据产品标准要求设计合理配比。

（3）对肉糜结构有良好作用的物料还有大豆分离蛋白、酪朊酸钠、卵蛋白、血蛋白、胶类、淀粉类等，适当添加对制品的质构、保油、保水、理化营养指标都是很有益的。

四、蒸煮技术

蒸煮就是利用水或蒸汽为加热介质对肉进行热处理的过程。蒸煮是肉制品加工过程中一个重要的熟制工序。

（一）蒸煮的基本原理

蒸煮通过水或蒸汽将热量传递给肉，肉吸收热量后温度升高，发生各种各样的物理、化学变化，由生变熟，降低了水分活度，肉中的微生物和寄生虫被杀死，肉中的酶失去了活性，从而增加了肉的风味，延长了产品的保质期。

1. 肉在蒸煮过程中的变化

肉在蒸煮过程中，随着温度的升高，其物理性质和状态都会发生变化，这个变化过程是复杂的。20~30 ℃时，肉的硬度和保水性等几乎没有变化；30~40 ℃时，可溶性蛋白质受热凝固，保水性缓慢下降，硬度增加；40~50 ℃时，肌球蛋白热凝固，保水性急剧下降，硬度也随温度上升而急剧增加，等电点向碱性方向移动，羧基减少；50~55 ℃时，肉的保水性、硬度和 pH 暂时停止变化；55~80 ℃时，肉的保水性又开始下降，硬度增加，酸性开始降低，并随着温度上升各有不同程度的加深，但变化的程度不像 40~50 ℃时那样剧烈，肉加热至 60~70 ℃时，热变化基本结束；80 ℃以上时肉中开始生成硫化氢，影响肉的风味。其具体变化过程如下。

（1）重量减轻、肉质收缩变硬或软化：肉在加热时产生一系列的物理、化学变化，其中最明显的变化是失去水分、重量减轻。一般情况下中等肥度的猪肉、牛肉、羊肉在 100 ℃水中煮沸 30 min 重量减少的情况见表 7–20。

表 7–20　肉类煮时质量的减少

名称	水分	蛋白质	脂肪	其他	总量
猪肉	21.3%	0.9%	2.1%	0.3%	24.6%
牛肉	32.2%	1.8%	0.6%	0.5%	35.1%
羊肉	26.9%	1.5%	6.3%	0.4%	35.1%

为了减少肉类在煮制时营养物质的损失，提高出品率，可以采用在加热前预煮的方法，先将原料投入沸水中短时间预煮，使产品表面的蛋白质立即凝固，形成保护层，减少营养成分的损失，提高出口率。采用高温油炸的方法，亦可减少有效成分的丢失。

（2）肌肉蛋白质的热变性：肉在加热煮制过程中，肌肉蛋白质发生热变性而凝固，引起肉汁分离、体积缩小、变硬，但不同种类蛋白质因其结构和性质不同，变化也存在着差异。肌原纤维蛋白和肌溶蛋白对热不稳定，在温度达到 45~50 ℃时，首先是肌溶蛋白变性凝固，成为不可溶性蛋白，肉的保水性下降、硬度增加；其次是蛋白质失去大量水分，收缩变硬。这主要是由于肌原纤维蛋白（关键是肌球蛋白）受热变性时蛋白质分子聚合、凝固收缩，不能形成良好的空间网状结构，不能将大量水分封闭在其分子形成的网状结构中，使肉的体积缩小、硬度增加、嫩度下降所致。

（3）脂肪组织的热变化：加热时脂肪溶化，包围脂肪滴的结缔组织由于受热收缩使脂肪细胞受到较大的压力，细胞膜破裂，脂肪溶化流出。随着脂肪的溶化，释放出某些与脂肪相关联的挥发性化合物，这些物质给肉和肉汤增补了香气。加热水煮时，如果肉量过多或剧烈沸腾，易形成脂肪的乳浊液，使肉汤呈现浑浊状态，脂肪易于氧化，生成二羧基酸类，给肉汤带来不良气味。

（4）结缔组织的变化：结缔组织中的蛋白质主要是胶原蛋白和弹性蛋白，一般加热条件下弹性蛋白的变化不明显，主要是胶原蛋白的变化。结缔组织在加热中的变化，对加工制品的形状、韧性等有重要意义。肌肉中结缔组织含量多，肉质坚韧，但在 70 ℃以上水中长时间煮制，结缔组织多的反而比结缔组织少的肉质柔嫩，这是由于此时结缔组织受热软化的程度对肉的柔软起着主导作用。结缔组织中蛋白质的变化主要是收缩变性，使肌肉硬度增加、肉汁流失，这种收缩主要取决于胶原蛋白的稳定性，胶原蛋白成熟复杂交联越多，对热的稳定性和变性收缩时产生的张力就越大，肌肉收缩的幅度越大，硬度增加越明显，肉汁流失越多。随着温度的升高和加热时间的延长，变性后的胶原蛋白又会降解为明胶，明胶吸水后膨胀成胶冻状，从而使肉的硬度下降、嫩度提高。100 ℃时，同样大小、不同部位的胶原蛋白在不同煮制时间转变成明胶的量见表 7–21。因此，合适的蒸煮温度和时间可改善肉的嫩度和风味。

表 7–21　100 ℃不同部位、不同时间下明胶的转化量

部位	煮制时间		
	20 min	40 min	60 min
腰部肌肉	12.9%	26.3%	48.3%
背部肌肉	10.4%	23.9%	43.5%
后腿肌肉	9.0%	15.6%	29.5%
前臂肌肉	5.3%	16.7%	22.7%
半腱肌肉	4.3%	9.9%	13.8%
胸部肌肉	3.3%	8.3%	12.1%

（5）风味的变化：生肉的风味是很弱的，但是加热之后，不同种类的动物肉会产生很强的特有风味，通常认为是由于加热导致肉中的水溶性成分和脂肪的变化所致。在蒸煮过程中，肉的风味变化在一定程度上因加热温度和时间的不同而异。一般情况下常压煮制，在 3 h 之内随着时间延长而风味增加，但加热时间长、温度高，会使硫化氢生成增多、脂肪氧化产物增加，这些产物可使肉制品产生不良气味。因此，合理的加热温度和时间在肉制品制作时是非常重要的。

（6）浸出物的变化：在加热过程中，由于蛋白质变性和脱水的结果，使汁液从肉中分离出来，汁液中浸出物溶于水后易分解，可赋予熟肉特殊的风味。肌肉组织中浸出物的成分是复杂的，主要有含氮浸出物和非含氮浸出物。

（7）颜色的变化：当肉温在60 ℃以下时，肉色几乎不发生明显变化，65~70 ℃时，肉变成桃红色，再提高温度则变为淡红色，在 75 ℃以上时，则完全变为褐色。

（二）蒸煮的作用

1. 促进发色和固定肉色

蒸煮对发色和稳定肉色有较大作用，当加热达到一定温度时（一般中心温度达到 68~70 ℃），肉馅形成稳定的鲜红色。

2. 使肉中的酶失活

酶在低温时活性较低，但是高温可以使酶失去活性。肉的组织中有多种酶，如蛋白质分解酶，在 57~63 ℃时，短时间就能使其失去活性。

3. 杀死微生物和寄生虫，提高制品的耐贮藏性

温度是影响微生物生长、繁殖的重要因素之一。在低温肉制品蒸煮过程中，只是杀灭了大部分的微生物，达到了食用要求，并不能将微生物全部杀死，只有加热至 121 ℃，15 min 以上才能将其灭绝。加热杀死微生物的数量与加热时间、温度、加热前细菌数、添加物、pH 及其他各种条件有关。

4. 蛋白质热凝固

改善感官性状，使肉黏着、凝固，产生与生肉不同的硬度、齿感等物理变化，固定形状，使产品具有切片性。

5. 降低水分活度

肉经过熟制后，重量会减轻，加热会使水随着汁液流失而减少，从而降低产品的水分活度，抑制微生物的生长、繁殖。

6. 提高肉的风味

肉的熟制使其风味提高，这种变化过程是复杂的，而且是多种物质发生化学变化的综合反应。比如氨基酸与糖的美拉德反应、脂肪酸氧化、多种羧基化合物的生成和盐腌成分的反应等。

（三）蒸煮的方法

一般肉制品的蒸煮方法有 2 种，分别是蒸汽蒸煮和水浴蒸煮。

1. 蒸汽蒸煮

蒸汽蒸煮就是直接以蒸汽为加热介质，对肉制品进行热处理的工艺过程。蒸汽蒸煮一般在熏蒸炉内进行，熏蒸炉有半自动熏蒸炉和全自动熏蒸炉 2 种。前者是继电控制，现在基本已经被淘汰，后者是可编程控制器（PLC）控制，是目前最先进的肉制品烟熏设备，它除具有干燥、烟熏、蒸煮的主要功能外，还具有自动喷淋、自动清洗的功能。全自动烟熏炉按照容量可分为一门一车、一门两车、两门四车、两门一车、两门两车和四门四车等类型。其设计为前、后开门，前后门分别朝向生区和熟区，这样使生熟通道分开，从而避免了生熟交叉污染，有利于保证肉制品的卫生。

2. 水浴蒸煮

水浴蒸煮就是直接以水为加热介质，对肉制品进行热处理的工艺过程。水浴蒸煮一般是借助于夹层锅（图 7-6）、高温杀菌釜（图 7-7）或蒸煮锅进行。

彩图

彩图

图 7-6　夹层锅

图 7-7　高温杀菌釜

（四）蒸煮的温度

根据产品特点，肉制品的蒸煮温度可分为两大类：一类是低温巴氏杀菌 75~80 ℃，适合目前市场上大多数低温肉制品的熟制；另一类是高温杀菌 121 ℃，适合各种火腿肠及软包装酱卤肉制品（软罐头）、午餐肉罐头的杀菌。

（五）蒸煮时的注意事项

（1）产品若采用水浴煮制，一般采用蒸煮锅，而不用夹层锅，尤其是肠类制品，因夹层锅加热不均匀，容易爆肠。无论用水浴煮制哪种肉制品，一定要让产品全部没入水中。

（2）水的传热比蒸汽快，因此，在相同温度下，水浴加热比蒸汽加热时间要稍短。

（3）烘烤后的产品应立即进行煮制，不宜搁置太久，否则容易酸败。

（4）蒸煮不熟的产品应立即回锅加热，不得待其冷却后再加热，否则会因淀粉的缘故造成产品再也煮不熟。

（5）蒸煮时的温度和时间应根据产品的规格、特点、种类等进行调整。

（六）蒸煮终点的判定

1. 检测产品中心温度

用温度探测针检验产品中心温度，若中心温度达到 72 ℃以上，再保持 15 min 即可。

2. 手捏

用手轻捏，若感到肠体硬实、有弹性，则为已熟；软弱、无弹性，则为不熟。

3. 刀切

用刀从产品中心切开后，里外色泽一致，且有光泽、发干，则为已熟；若内部发黏、松散，里外颜色不一致，则为不熟。

五、辅料和包装材料

在肉制品加工中，为了改善肉制品的色、香、味、形和组织结构，延长肉制品的贮藏期，往往需要添加一些天然的或化学合成的物质，这些物质称为辅料。除了辅料，食品的包装也直接影响着产品的质量，必须进行适当的包装才能贮藏和成为商品。辅料和包装材料均为肉制品加工的辅助材料。另外，因生产工艺和市场需求而使用的部分特殊材料也被列入辅助材料的范畴。正确使用辅助材料，对提高肉制品的质量和产量，增加肉制品的花色品种，提高其营养价值和商品价值，保障生产者和消费者的利益和身体健康，具有十分重要的意义。

（一）添加剂

为了增强或改善食品的感官性状，延长保存时间，满足食品加工工艺过程需要或某种特殊营养需要，常在食品中加入天然的或人工合成的无机或有机化合物，这种添加的无机或有机化合物统称为添加剂。肉制品加工中使用的添加剂根据其目的不同大致可分为发色剂、发色助剂、着色剂、防腐剂、抗氧化剂和品质改良剂等。

1. 发色剂

所谓发色剂，其本身一般无色，但与食品中的色素结合后能固定食品中的色素，或促进食品发色。在肉制品中常用的发色剂为硝酸盐和亚硝酸钠，其使用历史悠久且使用范围广泛。

（1）硝酸盐：有硝酸钠（$NaNO_3$）及硝酸钾（KNO_3）等，为无色的结晶或白色的结晶性粉末，稍有咸味，易溶于水。硝酸盐本身未分解为亚硝酸盐之前，对腌制反应不产生影响，而该分解过程很慢，将硝酸盐添加到肉中后，硝酸盐被肉中的微生物或还原物质所还原，生成亚硝酸，进而生成 NO，后者与肌红蛋白生成稳定的亚硝基肌红蛋白，使肉呈鲜红色。

（2）亚硝酸钠（$NaNO_2$）：为白色或淡黄色的结晶性粉末，吸湿性强，长期保存必须密封在不透气的容器中。亚硝酸盐的作用比硝酸盐大 10 倍，应用微小剂量就可迅速发色。欲使猪肉发红，在盐水中含有 0.06% 的亚硝酸钠就已足够；为使牛肉、羊肉发色，盐水中含有 0.1% 的亚硝酸钠就已足够。因为这些肉中含有较多的肌红蛋白，所以需要结合较多的亚硝酸盐。但是仅用亚硝酸盐的肉制品，在贮藏期间褪色快，对生产过程长或需要长期存放的制品，最好使用硝酸盐腌制。现在许多国家广泛采用混合盐料。用于生产各种灌肠时混合盐料的组成是食盐 98%、硝酸盐 0.83%、亚硝酸盐 0.17%。亚硝酸盐毒性强，用量要严格控制。

根据我国国家标准规定，在肉制品生产中，硝酸钠的最大使用量为 0.5 g/kg，亚硝酸钠的最大使用量为 0.15 g/kg，制成成品后的残留量以亚硝酸钠计，灌制品不得超过 0.03 g/kg，肉类罐头不得超过 0.05 g/kg，西式火腿不得超过 0.07 g/kg。

2. 发色助剂

发色助剂能起到促进呈色作用。在肉制品中常用的发色助剂有抗坏血酸、异抗坏血酸、烟酰胺、δ－葡萄糖酸内酯等。其助色机制与硝酸盐或亚硝酸盐的发色过程紧密相连。

（1）抗坏血酸：抗坏血酸即维生素 C，具有很强的还原作用，但对热和重金属极不稳定，因此一般使用稳定性较高的钠盐。肉制品中最大使用量为 0.1%，一般为 0.025%~0.05%。在腌制或斩拌时添加，也可以把原料肉浸渍在该物质 0.02%~0.1% 的水溶液中。腌制剂中加谷氨酸可增加抗坏血酸的稳定性。

（2）异抗坏血酸：为抗坏血酸的异构体，其性质和作用与抗坏血酸相似，但其营养功能不如抗坏血酸。成本低廉是它的最大优势。

（3）烟酰胺：也能与肌红蛋白形成稳定的烟酰胺肌红蛋白，使肉呈红色，且烟酰胺对 pH 的变化不敏感。据研究，同时使用抗坏血酸和烟酰胺助色效果好，且成品的颜色对光的稳定性要好得多。

（4）δ－葡萄糖酸内酯：能缓慢水解生成葡萄糖酸，造成原料腌制时的酸性还原环境，促进硝酸盐和亚硝酸盐向亚硝酸转化，有利于亚硝基肌红蛋白（NOMb）和亚硝基血红蛋白（NOHb）的生成。

3. 着色剂

着色剂亦称食用色素，指为使食品具有鲜艳而美丽的色泽，改善感官性状以增进食欲而加入的物质。着色剂按其来源和性质可分为食用天然色素和食用合成色素两大类。在肉制品生产中常用的天然色素为红曲米和红曲红色素。

（1）红曲米是将稻米蒸熟后接种红曲霉菌发酵制得。

（2）红曲红色素是由红曲深层培养或从红曲米中提取制得，具有对 pH 变化稳定，耐光、耐热、耐化学性强，不受金属离子影响，对蛋白质着色性好，色泽稳定，安全无害等优点，但经阳光直射后会褪色，经常与诱惑红色素混合使用。红曲红色素常用于酱卤、灌肠等肉类制品。

我国国家标准规定，红曲米使用量不受限制（个别产品除外），但在使用过程中应注意不能使用太多，否则将使肉制品略有苦酸味，并且会因颜色太重而发暗。另外，使用红曲米和红曲红色素时添加适量的食糖，可以调和酸味、减轻苦味，使肉制品的滋味达到和谐。此外，在熟肉制品、罐头等食品生产中还常用高粱红、红花黄等食用天然色素作为着色剂。

4. 防腐剂

防腐剂是具有杀死微生物或抑制其生长、繁殖作用的一类物质。在肉制品加工中常用的防腐剂有山梨酸（花楸酸）、山梨酸钾、乳酸链球菌素（尼辛）及乳酸钠等。

（1）山梨酸（花楸酸）：为无色或白色晶体粉末，无臭或微带刺激性气味，对光、热均稳定，但在空气中长期放置易被氧化而变色，难溶于水，易溶于一般有机溶剂，适宜在 pH 值为 5.0 以下范围内使用。对霉菌、酵母和好气性细菌均有抑制作用。

（2）山梨酸钾：为白色至浅黄色鳞片状结晶或粉末，是山梨酸的钾盐，无臭或微有臭味，长期暴露在空气中易吸潮、易氧化分解而变色，易溶于水和乙醇，有很强的抑制霉菌和腐败菌的作用。

（3）乳酸链球菌素（图 7–8）：又称乳酸菌肽，能有效抑制引起食品腐败的细菌和芽孢，从而延长食品货架期，可缩短灭菌时间，降低灭菌温度，从而最大程度地保持食品原有的风味，改进食品品质，降低能耗。它可取代或部分取代化学防腐剂，满足生产绿色食品的要求。它是由某些乳酸链球菌产生的一种多肽类抗生素，为白色或略带黄色的结晶粉末或颗粒，略带咸味，在水中的溶解度随 pH 的下降而升高。

彩图

图 7–8　乳酸链球菌素

乳酸链球菌素对许多革兰氏阳性菌（如金黄色葡萄球菌、溶血链球菌、肉毒梭菌、嗜热脂肪芽孢杆菌）及利斯特氏菌等多种腐败菌和食物病原菌有强烈的抑制作用，但对革兰氏阴性菌、酵母菌和霉菌无作用。

（4）乳酸钠：为无色或近于无色的糖浆状液体，无气味，易吸湿，能与水、乙醇混溶，可用作食品添加剂，要求总乳酸钠含量≥ 50%，以抑制致病菌的生长。

乳酸钠在肉制品加工中主要有以下作用：①延长货架期，可延长 30%~100%，甚至更长；②抑制食品中致病菌的生长，如大肠杆菌、单核细胞增生李斯特菌和肉毒梭状芽孢杆菌等，从而增加食品安全性；③增强与保持肉的风味；④作为一种盐不仅可减少氯化钠用量，同时乳酸钠对低盐性心脏病患者、高血压患者、肾脏病患者来说更具安全性。

5. 抗氧化剂

抗氧化剂有油溶性抗氧化剂和水溶性抗氧化剂 2 种。目前常用的油溶性抗氧化剂有丁基羟基茴香醚（BHA）、二丁基羟基甲苯（BHT）、没食子酸丙酯（PG）等；常用的水溶性抗氧化剂有抗坏血酸及其钠盐、异抗坏血酸及其钠盐等。

（1）BHA：又名叔丁基 -4- 羟基茴香醚，为白色或微黄色的蜡样结晶粉末，带有特殊的酚类臭气和刺激味，对热稳定，不溶于水，溶于丙二醇、丙酮、乙醇、花生油、棉子油和猪油。

（2）BHT：又名 2,6- 二叔丁基对甲酚，为白色结晶，无味，无臭，能溶于多种溶剂，不溶于水及甘油，对热相当稳定，与金属离子反应不会着色。

（3）PG：为白色或浅黄色晶状粉末，无臭，微苦，易溶于乙醇、丙醇、乙醚，微溶于脂肪与水，对热稳定。PG 与 BHA、BHT 等复配使用时效果最佳。

（4）抗坏血酸及其钠盐、异抗坏血酸及其钠盐：为白色或略带黄色的结晶颗粒或粉末，无臭，略带酸味，易溶于水，在水溶液中遇到金属、热、光易分解，特别是在碱性及金属存在时更促进其破坏，因此在使用时必须注意避免在水及容器中混入金属或与空气接触。

6. 品质改良剂

（1）保水剂：目前我国肉制品中批准使用的保水剂有焦磷酸钠、三聚磷酸钠和六偏磷酸钠等，其目的主要是提高肉的保水性能，使肉制品的嫩度和黏性增加，改善风味，提高成品率。①焦磷酸钠：为无色或白色结晶性粉末，溶于水，不溶于乙醇和其他有机溶剂，能与金属离子络合，对制品的稳定性起很大作用，并具有增加弹性、改善风味和抗氧化的作用，常用于灌肠和西式火腿等肉制品的制作过程中，多与三聚磷酸钠混合使用，单独使用时，其最大用量不超过 5 g/kg。②三聚磷酸钠：为白色颗粒或粉末，有潮解性，水溶液呈碱性，对脂肪有很强的乳化性，有防止肉制品变色、变质、分散及增加黏着力的作用，单独使用时，其最大用量不超过 5 g/kg。③六偏磷酸钠：为玻璃状无定形固体，呈片状、纤维状或粉末，潮解性强，能溶于水，不溶于乙醇或乙醚等有机溶剂，对金属离子螯合力、缓冲作用、分散作用均很强，能促进蛋白质凝固，常与其他磷酸盐混合成复合磷酸盐使用，也可单独使用，其最大用量不超过 5 g/kg。

磷酸盐溶解性较差，因此在配制腌制液时要先将磷酸盐溶解后再加入其他腌制料。各种磷酸盐混合使用比单独使用好，混合的比例不同，效果也不一样。在肉制品加工中，使用量一般为肉重的 0.1%~0.4%。其参考混合比见表 7-22。

表 7-22　几种复合磷酸盐混合比

配方	一	二	三	四	五
焦磷酸钠	—	2%	48%	48%	40%
三聚磷酸钠	28%	26%	22%	25%	40%
六偏磷酸钠	72%	72%	30%	27%	20%

（2）增稠剂：肉制品生产中最常用的增稠剂是淀粉和卡拉胶。

1）淀粉：种类很多，按淀粉来源可分为玉米淀粉、甘薯淀粉、马铃薯淀粉、木薯淀粉、绿豆淀粉、豌豆淀粉、蚕豆淀粉、大麦淀粉、山药淀粉及燕麦淀粉等。淀粉可提高肉制品的黏结性，增加肉制品的稳定性。淀粉具有吸油性和乳化性，可束缚脂肪在肉制品中的流动，缓解脂肪给肉制品带来的不良影响，改善肉制品的外观和口感，并具有较好的保水性，使肉制品出品率大大提高。淀粉颗粒的糊化温度较肉蛋白变性温度高，当淀粉颗粒糊化时，肌肉蛋白质的变性作用已经基本完成并形成了网状结构，此时淀粉颗粒夺取存在于网状结构中不够紧密的水分，这部分水分被淀粉颗粒固定，因而持水性变好。同时淀粉颗粒因吸水变得膨润而有弹性，并起黏着剂的作用，可使肉馅黏合，使成品富有弹性，切面平整美观，具有良好的组织形态；同时在加热蒸煮时，淀粉颗粒可吸收溶化成液态的脂肪，减少脂肪流失，提高成品率。

作为肉制品添加剂，最好使用变性淀粉，如可溶性淀粉、交联淀粉、酸（碱）处理淀粉、氧化淀粉、磷酸淀粉和羟丙基淀粉等。这些变性淀粉是由天然淀粉经过化学或酶处理等而使其物理性质发生改变，以适应特定需要而制成的淀粉。变性淀粉一般为白色或近白色无臭粉末。变性淀粉不仅能耐热、耐酸碱，还有良好的机械性能，常用于午餐肉、火腿等肉制品的制作，其用量应根据正常生产需要而定，一般为原料的 3%~20%。优质肉制品用量较少，且多用玉米淀粉。淀粉用量不宜过多，否则会影响肉制品的黏结性、弹性和风味。

2）卡拉胶：主要成分为易形成多糖凝胶的半乳糖、脱水半乳糖，多以 Ca^{2+}、Na^{+}、NH_4^{+} 等盐的形式存在，可保持自身重量 10~20 倍的水分，在肉馅中添加 0.6% 即可使肉馅保水率从 80% 提高到 88% 以上。卡拉胶是天然胶质中唯一具有蛋白质反应性的胶质，能与蛋白质形成均一的凝胶。由于卡拉胶能与蛋白质结合，形成巨大的网络结构，因而可保持制品中的大量水分，减少肉汁的流失，并且具有良好的弹性、韧性。卡拉胶还具有很好的乳化效果，可稳定脂肪，从而提高制品的出品率。另外，卡拉胶能防止盐溶性蛋白质及肌动蛋白的损失，抑制鲜味成分的溶出。

（3）乳化剂：目前普遍使用的乳化剂是大豆蛋白，它不仅可以改善肉制品的组织状态和乳化性状，还可以加强肉制品的凝胶效应，束缚水分和脂肪。

大豆蛋白根据蛋白精制程度可分为 3 种：一是脱脂大豆蛋白（蛋白质含量 50% 以上）；二是浓缩大豆蛋白（蛋白质含量 70% 以上）；三是大豆分离蛋白（蛋白质含量 90% 以上）。

大豆蛋白比动物蛋白低廉，蛋白质含量高，加工性能好，其保水性、乳化性及凝聚性都满足于肉制品加工的要求，添加到灌肠中后，既可改善肉制品的营养结构，又能大幅度降低成本。大豆蛋白在肉制品加工中的使用量因制品的不同而不同，一般在 1%~5%。用量过多会影响产品的风味（有豆腥味）和色泽（特别是猪肉、牛肉、羊肉制品）。

（二）包装材料

在肉制品生产中，为使制品具有良好的储藏、运输及销售性能，通常要对产品进行包装。常用的包装材料有肠衣、蒸煮袋、纸制包装容器、封缄及捆扎材料、其他辅助材料等。

1. 肠衣

肠衣是肠类制品中与肉馅直接接触的包装材料，与肠类制品的形态、卫生、质量、保藏性、流通性和商品价值有关，在选用时应根据产品的要求进行选择。肠衣可分为天然肠衣和人造肠衣 2 种。

（1）天然肠衣：又称动物肠衣，是用猪、牛、羊等动物的大肠、小肠、膀胱和食管等加工而成，具有良好的韧性和坚实度，能够承受生产加工过程中的重力和热处理的压力，并且具有和内容物同样收缩和膨胀的性能（图 7–9）。天然肠衣具有透水透气性，在加工过程中既能使水分渗出，又能使烟熏成分进入肠内，是一种非常好的天然包装材料。

彩图

图 7–9　天然肠衣

天然肠衣分为干制和盐渍两类。干制肠衣的商品是成捆成扎的，包括干制猪小肠、猪膀胱、羊小肠等十几种；盐渍肠衣是用橄榄形的桶装的，包括盐渍猪小肠、猪大肠、山羊小肠、绵羊小肠、牛小肠、牛大肠、牛大肠头、牛羊膀胱等 10 多种。肠衣以“把”为单位，每把 91.5 m（即英制单位 100 码），每把有固定的根数，肠衣以口径分“路”（即等级）。干制肠衣应用温水浸泡变软后使用，盐渍肠衣则需在清水中正、反面反复漂洗，以充分除去黏着在肠衣上的盐分和污物。灌制前不论干制或盐渍肠衣均应充分拣出破损变质的部分。

天然肠衣在保存过程中应将干制肠衣放置在通风干燥的场所，以防止虫蛀。盐渍肠衣应在冷库中保存。盐渍肠衣规格标准见表 7–23。

（2）人造肠衣：当前世界各国的包装技术、包装材料都在不断地提高和改进，新的包装材料不断出现，特别是薄膜的开发利用，是食品工业的一次技术革命。随着灌制品的发展，动物肠衣已满足不了生产的需要，人造肠衣使用日益广泛。人造肠衣特点是机械适应性好，规格统一，使用方便，易于灌制，可以做到商品的规格化，装潢美观，能保存产品的风味，延长保存期，减少蒸煮损失等。

表 7–23 盐渍肠衣规格标准

路分	盐渍肠衣（口径）/cm		
	猪	牛	羊
1	24~26	40~44	24
2	26~28	44~48	22~24
3	28~30	48~52	20~22
4	30~32	52~56	18~20
5	32~34	56~60	16~18
6	34~36	60 以上	—
7	36 以上	—	—

人造肠衣可分为纤维素肠衣、胶原肠衣、塑料肠衣和玻璃纸肠衣。

纤维素肠衣：这种肠衣一般用棉绒、亚麻、木屑等植物纤维制成，能承受高温快速加工、充填方便、抗裂性强，不可食用，在潮湿环境下能进行熏烤。纤维素肠衣根据纤维素的加工技术不同可分为小直径纤维素肠衣和大直径纤维素肠衣。

胶原肠衣：用动物皮胶质制成，透气性好，可以烟熏，分可食和不可食 2 种。可食胶原肠衣本身可以吸收少量的水分，因此比较柔嫩，适合制作维也纳香肠、早餐肠、热狗肠及其他各种蒸煮肠；不可食胶原肠衣较厚，且直径较大，主要用于风干肠的生产（图 7–10）。

彩图

图 7–10 胶原蛋白肠衣

塑料肠衣：主要使用聚偏二氯乙烯、聚乙烯膜、尼龙膜等制成。塑料肠衣种类很多，只能蒸煮，不能熏制。其特点是无味、无臭，基本不透水、不透气、不透紫外线，有一定的热收缩性，可以印刷，色泽鲜亮，光洁美观，机械灌装性能好，安全卫生，适合于各类产品。

玻璃纸肠衣：为一种纤维素薄膜，其质地柔软、伸缩性好、吸水性大，潮湿时吸湿产生皱纹，而干燥时脱湿张紧，干燥时透气性极小，不透过油脂。这种肠衣性能比天然肠衣好而成本低于天然肠衣，只要操作得当，几乎不出现破裂现象，是一种良好的包装材料。

2. 蒸煮袋

蒸煮袋按灭菌温度可分为低温蒸煮袋和高温蒸煮袋 2 种。接下来以高温蒸煮袋中的铝箔袋为例对其简单介绍如下。

高温蒸煮袋多用三层材料复合而成，具有代表性的蒸煮袋结构：外层为聚酯膜，作加强用；中层为铝箔，作防光、防水和阻气用；内层为聚烯烃膜（如聚丙烯膜），作热合和接触食品用。与金属容器、玻璃罐和一般塑料包装袋等包装材料相比，高温蒸煮袋具有以下优点和缺点。

（1）优点：①保持食品的色、香、味、形。蒸煮袋较薄，在较短时间内即可达到灭菌要求，尽可能多地保存食品原有的色、香、味、形。②使用方便。高温蒸煮袋可以方便、安全地打开。食用时，将食品连袋一起放进沸水中加热 5 min 即可打开食用，甚至无须加热即可食用。③贮运方便。高温蒸煮袋质轻，可叠合存放，所占空间小，包装食品后，所占空间比金属罐小，可充分利用贮运空间，节省贮运费用。④节省能源。高温蒸煮袋由于较薄，加热时袋中能较快地达到细菌致死温度，所耗能源比铁罐要少 30%~40%。⑤便于销售。高温蒸煮袋可根据市场需要分装或合装不同食品，顾客可随意选购，另外，由于装潢精美，也大大增加了销售量。⑥保存时间长。高温蒸煮袋包装的食品，无须冷藏或冷冻，货架寿命稳定，可与金属罐相媲美，便于销售，也便于家庭使用。⑦制造成本较低。制造高温蒸煮袋的复合薄膜比金属板价格低，而其生产工艺过程及所需设备均大为简单，故蒸煮袋价格较低。

（2）缺点：①缺乏高速装填设备，给大批量生产带来一定影响；②包装不透明，看不到内容物，从一定程度上影响了消费者对产品的选购。

目前，高温蒸煮袋已在北京烤鸭、道口烧鸡、德州扒鸡、五香驴肉和五香牛肉等肉制品的生产加工中得到了广泛应用，深受广大消费者的喜爱。

3. 纸制包装容器

纸箱与纸盒是主要的纸制包装容器，两者形状相似，习惯上小的称纸盒，大的称纸箱，它们之间没有明显的界限。作为包装容器，纸盒一般用于高档肉制品销售包装，而纸箱作为外包装，则多用于肉制品的运输包装。包装用纸箱按结构可分为瓦楞纸箱和硬纸纸箱两类，其中供长时间储存和运输用的，以瓦楞纸箱为多。

瓦楞纸箱是由瓦楞纸板加工而成。由于瓦楞纸板的瓦楞波纹使纸板结构中空60%~70% 的体积，与相同定量的层合纸板相比，瓦楞纸板的厚度要大 2 倍，因而增加了纸幅横向的耐压强度，同时使瓦楞纸箱具有缓冲作用。因此，瓦楞纸箱能以较小的包装成本完成对流通商品的保护、贮存和广告作用，是目前应用最为广泛的运输包装。

4. 封缄与捆扎材料

对一个包装或一个包装件进行封闭过程称封缄，封缄是包装的最后一道工序，不同包装对封缄保护性的要求也不一样，有的只是要求封闭内装物，有的要求阻气性密封，有的要求防盗式密封等。

（1）胶带：在包装封缄中应用很广泛，如瓦楞纸箱的封合胶带，玻璃瓶或塑料瓶封盖后再加封胶带，包装盒、塑料袋的封口处也常用透明胶带加封。

（2）其他封缄材料：包括以下几种。①盖类封缄材料：瓶、罐、桶等包装容器一般使用盖类封口，盖类封口要求严密，易开启，并在必要时可重新密封。可制造盖的材料主要有铝、马口铁等金属材料和聚丙烯、聚氯乙烯等塑料。②钉类：用于木箱和瓦楞纸箱封缄。③黏合剂封缄：主要用于纸箱、纸盒及某些纸袋类封缄。

（3）捆扎材料：包括以下几种。①捆扎带：瓦楞纸箱、木箱和包装散件常用捆扎带进行加固或集合包装。捆扎带的材质主要有铁皮、尼龙、聚酯、聚丙烯等，此外，在高档馈赠肉制品销售包装中还有装饰用的丝绸捆扎带。②拉伸薄膜和收缩薄膜：用捆扎带捆扎货物时因在勒紧过程中会产生局部压缩应力，使容器或货物变形甚至勒坏，使用拉伸薄膜或收缩薄膜缠绕，裹包托盘或包装纸箱就可避免上述缺点。拉伸膜和收缩膜都可用于托盘的裹包捆扎、集合包装及食品托盘等的包装。③其他捆扎材料：用于火腿肠等包装的铝丝等属简易的捆扎材料，能够使肠衣捆扎得非常紧密，从而有效保证产品的品质。

5. 其他辅助材料

除上述常用的辅助材料外，由于生产、销售和宗教信仰等特殊要求，有时还需要使用一些其他辅助材料，如线绳、棉布、纱布（用于过滤和制作料袋）、外包装袋（如火腿肠塑料包装袋）、食用植物油（主要用于清真肉制品和油炸肉制品）等，限于篇幅，这里不再一一赘述。

六、火腿肠加工中的常见问题及处理方法

（一）原料肉的绞制操作要领及注意事项

通常将瘦肉和脂肪分开绞制。

1. 瘦肉绞制

要根据原料的种类、产品的规格等选择合适的筛板孔径。若没有三段式绞肉机，

在绞制硬度较大的肉块时，需选择大孔径筛板的绞肉机先绞 1 次，然后再用小孔径筛板的绞肉机绞 2 次。若出现筛板上有肉堵塞，需停止绞制，卸下筛板进行清除后方可再次使用。不得用力从投料口将肉用力下按，以防止肉温升高。绞制后的肉温应控制在 10 ℃以下。

2. 脂肪绞制或切丁

对绞肉机来说，绞制脂肪比绞制瘦肉的负荷更大。因此，在绞制脂肪时，每次投入的量要少一些。部分产品（如哈尔滨红肠）使用的脂肪不允许进行绞制，需先在冷库中存放 1~2 h，待其变硬，视产品规格不同，手工或用切丁机切成 0.5~1 cm^3 的脂肪丁，再用 60~80 ℃的热水浸烫约 10 s 并用凉水淘洗，以除去浮油及杂质。

3. 绞制顺序

一般先绞制脂肪，再绞制瘦肉，以便于生产结束后清洗设备。

4. 绞肉时的环境温度

应控制在 10~18 ℃。

（二）肉馅斩拌操作要领及注意事项

1. 斩拌前的准备

在斩拌前要对斩拌机的刀具进行检查，若刀刃不锋利，则要进行研磨，具体研磨间隔时间应根据实际生产量确定。在装刀时，注意刀刃和斩拌锅之间要留有 1 mm 的间隙，并注意刀一定要牢固地固定在旋转轴上。

2. 投料量

斩拌肉料的投入量以占斩拌机料盘容量的 2/3~4/5 为宜。

3. 斩拌操作应遵循的原则

（1）应先斩拌硬度较大的瘦肉，再斩拌肉质较软的瘦肉，并注意不要集中于一处。

（2）瘦肉在加工开始时要进行干斩，而且冰水要分批加入斩拌机内。

（3）食盐和磷酸盐等要尽可能在斩拌一开始就加入（腌肉时混入也可）。

（4）肉的乳化温度一般为 0~4 ℃，因此在斩拌开始时，特别是加入食盐及磷酸盐后，要加入一部分冰屑或冰片来降低肉温。

（5）应在瘦肉斩拌产生相当大的黏度后再添加脂肪，脂肪被斩拌成细粒并均匀分散后，应尽早结束斩拌。

（6）香精、香料不宜过早加入，否则会失去香味特性，故只能在斩拌临近结束时加入；色素一般为酸性，它将因降低肉糜的 pH 而使保水性下降，因此一般也是在斩拌快结束时加入。

（7）斩拌出料时的肉馅温度一般应控制在 10 ℃左右，最高不应超过 15 ℃。因此，若斩拌时有淀粉加入，应在淀粉加入之前先加入一定量的冰来降低肉馅温度。

4. 斩拌顺序

根据斩拌时应遵循的原则，斩拌一般按下列顺序进行操作：加入瘦肉，低速斩拌约 0.5 min →加入 1/3 冰水→加入盐、磷酸盐、亚硝酸盐、异 VC 钠等辅料，高速斩拌 1~1.5 min，将瘦肉斩成肉糜→转成低速斩拌，加入 1/3 冰水、大豆蛋白、脂肪，低速斩拌 0.5 min 后高速斩拌 1.5~2.0 min →转成低速斩拌，加入 1/3 冰水、香料、淀粉等，低速斩拌，混合均匀后即可出料。

（三）灌制操作要领及注意事项

该工序主要是将料馅用灌肠机装入肠衣内，应根据肠衣的规格选用不同口径的填充管。使用不同的灌肠机时，其操作也不同。

1. 天然肠衣的灌制

首先将肠衣去掉盐渍、污渍、异味等，如使用猪小肚（膀胱），还应去除尿管、黏膜及腥臊味等，用清水反复浸泡、漂洗干净。这类肠衣一般采用液压灌肠机和真空定量灌肠机进行灌制。

（1）采用液压灌肠机灌制：具体操作是先将灌装管阀门打开，待肉馅出来后，将肠衣套上，末端扎好，就可灌肠。灌制时在出馅处用手握住肠衣，并将肉馅均匀饱满地填充到肠衣中，按要求的长度掐节绕扣，长度尽量一致，至末端系扣扎好。而小肚灌制后，应用竹签缝口。

（2）采用真空定量灌肠机灌制：操作时将肠衣套在灌装管上，开机后即可自动填充、自动扭结。大口径的肠衣采用掐节结扎，小口径的肠衣采用自动扭结。

2. 人造肠衣的灌制

主要采用真空定量灌肠机或 KAP 结扎机进行灌制。胶原肠衣、纤维素肠衣等主要采用真空定量灌制，自动扭结；尼龙肠衣主要采用真空定量灌制，自动打卡；PVDC 肠衣主要用 KAP 结扎机自动定量灌制和结扎封口。

3. 灌制过程中的注意事项

（1）灌制后的肠体上若黏附有肉馅、污物等，应及时用清水将其漂洗干净。

（2）采用天然肠衣、纤维素肠衣、胶原蛋白等灌制的半成品，由于肠衣具有透气性，一般都要进行烘烤或烟熏，因此，灌制后的半成品要整齐、均匀地悬挂在挂肠车上。

（3）采用尼龙肠衣或 PVDC 肠衣灌制的半成品要求整齐、均匀地摆放在蒸煮网架或杀菌笼的篦子上。

（4）制作好的肉馅应尽快进行灌制，以缩短肠馅的停留时间。特别是夏天，如肠馅存放时间过长，黏度就会下降，此外，也容易造成细菌繁殖，使肉馅产生异味或变质。

（四）蒸煮操作要领

肉灌制品蒸煮的方法和时间因品种及所用的肠衣而异。一般可分为以下几类。

1. PVDC 肠衣

这类肠衣具有收缩性，一般选用自动填充结扎机灌制结扎，再用高温高压杀菌锅以 121 ℃高温蒸煮，时间以产品规格及特点的不同而有所差异。

2. 尼龙肠衣

这类肠衣可水煮，也可用熏蒸炉进行蒸煮，温度控制在 78~90 ℃，时间为 80~100 min。若肠体较粗，蒸煮时间可适当延长。

3. 天然肠衣、胶原蛋白肠衣等

这类肠衣一般都预先经过烘干，然后进行蒸煮。一般在烟熏炉内进行，温度应控制在 78~85 ℃，时间控制依产品规格而定，羊肠衣、猪肠衣为 30~45 min，牛肠衣为 50~70 min。

七、火腿肠的质量标准

（一）火腿肠的感官质量标准（表 7–24）

表 7–24　火腿肠的感官质量标准（GB/T 20712—2006）

项目	标准
外观	肠体均匀饱满，无损伤，表面干净、完好，结扎牢固，密封良好，肠衣的结扎部位无内容物渗出
色泽	具有产品固有的色泽
组织状态	组织致密，有弹性，切片良好，无软骨及其他杂质，无密集气孔
风味	咸淡适中，鲜香可口，具固有风味，无异味

（二）火腿肠的理化指标（表 7–25）

表 7–25　火腿肠的理化指标（GB/T 20712—2006）

项目	指标			
	特级	优级	普通级	无淀粉产品
水分≤	70%	67%	64%	70%
食盐（以 NaCL 计）≤	3.5%			
蛋白质≥	12%	11%	10%	14%
脂肪	6% ~16%			
淀粉≤	6%	8%	10%	1%
亚硝酸盐（以 $NaNO_2$ 计）/（mg/ kg）≤	30			

（三）火腿肠的微生物指标（表 7–26）

表 7–26　火腿肠的微生物指标（GB 2726—2016）

项目	采样方案[a]及限量				检验方法
	n	*c*	m	M	
菌落总数[b]/（CFU/g）	5	2	104	105	见 GB 4789.2—2022
大肠菌群 /（CFU/g）	5	2	10	102	见 GB 4789.3—2016

注：a 样品的采集及处理按《食品安全国家标准　食品微生物学检验　总则》（GB 4789.1—2016）执行。b 发酵肉制品类除外。*n* 为同一批次产品应采集的样品件数；*c* 为最大可允许超出 m 值的样品数；m 为致病菌指标可接受水平的限量值；M 为致病菌指标的最高安全限量值。

任务八　台湾风味烤香肠加工

任务书

一、任务情境描述

公司销售部门收到“台湾风味烤香肠”订单，下达生产部，生产部编制生产计划单，下达生产车间。请你按照《台湾风味烤香肠加工工艺规程》，完成生产任务，并按时供货。

二、价值分析

正宗的台湾风味烤香肠是采用现代西式肉类加工技术生产的具有中国传统风味的低温肉制品（即将肉制品中心温度达到 68 ~ 72 ℃并保持 30 min），是近年来我国低温肉制品中发展最快的香肠品种之一。

20 世纪 90 年代，台湾风味烤香肠借着“台湾小吃”的名号打入大陆，因其特殊的口感而受到消费者的青睐，发展迅速。21 世纪初，我国大陆每月香肠需求量近万吨，约为台湾省的 50 倍，呈现出良好的前景。随着人们生活水平的提高，对高雅品味的追求越来越强烈。未来，台湾风味烤香肠产业在我国将有巨大的发展空间，市场对于肉制品加工人才的需求也将更多。

学习活动

台湾风味烤香肠加工的学习活动见表 8–1。

表 8–1　台湾风味烤香肠加工的学习活动

活动序号	学习活动	完成情况	完成时间 / min
1	接受任务		
2	制订方案		
3	任务实施		
4	任务评价		
5	相关知识		

学习活动一 接受任务

学习要求：通过该活动，同学们要明确“台湾风味烤香肠生产计划单”中的具体要求，按时完成台湾风味烤香肠的生产任务。具体工作步骤及要求见表 8–2。

表 8–2 具体工作步骤及要求

序号	工作步骤	要求	完成情况	完成时间 / min
1	识读生产计划单	能快速准确地明确计划要求并清晰表达，在教师要求的时间内完成，能够读懂生产计划单中的各项内容		
2	确定生产工艺和设备	能够选择任务需要完成的工艺，并进行时间和工作场所安排，掌握相关理论知识		
3	编制任务分析报告	能够清晰地描写任务认知与理解等，思路清晰，语言描述流畅		

今接到一生产计划单，具体内容见表 8–3。

表 8–3 生产计划单

项目	内容	项目	内容
计划下达部门		计划接收部门	
计划下达日期		订单号	
产品代码		产品类别	
产品名称		产品规格	
单位		订单数量	
生产日期		包装物要求	
要求最迟到货时间		到货地点	
备注说明			

生产部编制计划人员：__________ 生产部部长：__________

一、识读生产计划单

（1）请用红色笔标出生产计划单中的关键词，并把关键词抄在下面横线上。

____

____

（2）请从关键词中选择词语组成一句话，说明生产计划单的要求（其中包含产品总量、规格、交货时间的具体要求）。

____

（3）请根据生产计划单中的信息，在下列横线上列式计算出产品总吨数。

二、确定生产工艺和设备

（1）根据《台湾风味烤香肠加工工艺规程》，以表格形式列出工艺过程中的主要设备设施、技术参数和工作要求，详见表 8-4。

表 8-4　台湾风味烤香肠主要设备、参数及要求

工序	主要设备设施	技术参数	工作要求
原料选择			
原料肉选修			
绞制			
腌制			
肉馅制作			
灌装			
挂杆			
热加工			
冷却			
包装			

（2）为顺利完成生产任务，请查阅资料，写出台湾风味烤香肠的感官质量标准。

三、编写任务分析报告

（一）基本信息（表 8-5）

表 8-5　基本信息

项目	内容	备注
产品名称		
生产数量		
最迟到货时间		
领取原辅材料时间		

续表

项目	内容	备注
设备器具清洗消毒时间		
生产时间		
成品入库时间		

（二）任务分析

依据订单需求，按照《台湾风味烤香肠加工工艺规程》生产加工台湾风味烤香肠，请绘制详细的生产工艺流程图。

____

____

学习活动二　制订方案

学习要求：通过对《台湾风味烤香肠加工工艺规程》的分析，编制工作流程、仪器设备清单、原辅材料清单及生产方案。具体要求见表 8–6。

表 8–6　具体要求

序号	工作步骤	要求	完成情况
1	编制工作流程	在 30 min 内完成工作流程编制，工作流程内容完整	
2	编制仪器设备清单	在 30 min 内完成仪器设备清单编制，满足生产工艺需要	
3	编制原辅材料清单	在 20 min 内完成台湾风味香肠加工需求清单编制，与订单计划对接	
4	编制生产方案	在 40 min 内完成生产方案编制，确保生产工作顺利进行	

一、编制工作流程

（1）项目的主要工作流程可以分为 5 个部分，分别是设备及工器具的清洗消毒、原辅材料的准备、实施生产加工、出厂检验、物流配送。

请回忆一下，各部分的主要工作任务有哪些？各部分的工作要求分别是什么？大约需要花费多长时间？具体工作流程见表 8–7。

表 8–7　工作流程

序号	工作流程	主要工作内容	参考标准	时间 / h
1	设备及工器具的清洗消毒			
2	原辅材料的准备			
3	实施生产加工			

续表

序号	工作流程	主要工作内容	参考标准	时间 / h
4	出厂检验			
5	物流配送			

（2）请分析《台湾风味烤香肠加工工艺规程》，写出工作流程，并写出完整的工作内容和要求，详见表 8–8。

表 8–8　台湾风味烤香肠生产工作流程

序号	工作流程	具体工作内容	要求
1			
2			
3			
4			
5			
6			
7			
8			

二、编制仪器设备清单

为了完成生产过程，需要用到哪些仪器设备？请列表完成（表 8–9）。

表 8–9　台湾风味烤香肠生产仪器设备清单

序号	仪器设备名称	型号	作用	是否会操作
1				
2				
3				
4				
5				
6				
7				
8				

三、编制原辅材料清单

为了完成生产任务，需要用到哪些原辅材料？请列表完成（表 8–10）。

表 8-10　台湾风味烤香肠原辅材料清单

序号	原辅材料名称	用量	作用	备注
1				
2				
3				
4				
5				
6				
7				
8				

四、编制生产方案

方案名称：________________

（一）生产目标

（填写说明：概括说明本次生产任务要达到的目标。）

____

____

（二）工作内容安排（表 8-11）

表 8-11　台湾风味烤香肠生产工作内容安排

生产流程	仪器设备及原辅材料	生产要求	操作要求	计划时间 / h

（三）产品感官质量评价

（填写说明：从产品的色泽、组织状态、风味等进行感官质量评价。）

____

____

（四）有关安全注意事项及防护措施

（填写说明：生产过程中的安全操作及防护要求。）

学习活动三　任务实施

建议学时： 6 学时。

学习要求： 按照台湾风味烤香肠生产方案中的内容，完成生产过程。生产过程符合生产安全、食品安全、质量标准、现场“6S”管理等要求。工作流程及要求见表 8–12。

表 8–12　工作流程及要求

序号	工作流程	要求	学时安排	备注
1	设备及工器具的清洗消毒	按照设备及工器具清洗消毒规程按时完成上述工作		
2	原辅材料的准备	按照工艺配方准确计算并领取原辅材料		
3	实施生产加工	严格按照《台湾风味烤香肠加工工艺规程》执行，按时完成任务		
4	出厂检验			
5	物流配送			
6	评价			

一、安全注意事项

请结合在实训室生产时的安全事项，写出本任务需要注意的安全事项。

二、设备及工器具的清洗消毒

（1）请阅读下述材料，完成设备及工器具的清洗消毒，并做好记录（表 8–13）。设备及工器具的清洗消毒流程：清刮干净残留肉糜→清水刷洗→清洁剂刷洗→清水冲洗→消毒液消毒→清水冲洗→沥干水分→定点定位放置。

表 8–13　清洗消毒记录表

设备及工器具名称	清洗消毒方法	完成人	完成时间	是否完成

续表

设备及工器具名称	清洗消毒方法	完成人	完成时间	是否完成

（2）相关要求：同“任务一　屠宰加工猪”设备及工器具的清洗、消毒相关要求。

三、原辅材料的准备

按照工艺配方准确计算、领取原辅材料，并完成原辅材料准备记录，具体见表8-14。

表 8-14　原辅材料记录

序号	原辅材料名称	用量	完成人	完成时间
1				
2				
3				
4				
5				
6				
7				
8				

四、实施生产加工

严格执行《台湾风味烤香肠加工工艺规程》，按时完成任务，并填写生产记录（表8-15）。

表 8-15　台湾风味烤香肠生产记录

序号	生产步骤	标准、要求	操作人	完成时间要求
1				
2				
3				
4				

续表

序号	生产步骤	标准、要求	操作人	完成时间要求
5				
6				
7				
8				
9				
10				

五、出厂检验

请写出台湾风味烤香肠的出厂检验项目。

____

____

六、物流配送

请分析并写出台湾风味烤香肠物流配送过程中需要注意的问题。

____

____

学习活动四　任务评价

建议学时：0.5 学时。

学习要求：通过最后的任务评价，学生能明白做事要善始善终，知道自己掌握了多少，知道自己要努力的方向。

分小组按照任务评价表（表 8–16）要求进行评价。

表 8–16　任务评价表

项次	项目要求		配分	评分细则	自我评价	小组评价	教师评价
素养（20分）	纪律情况（5 分）	按时到岗，不迟到、早退	2 分	缺勤全扣，迟到、早退出现 1 次扣 1 分			
		积极思考、回答问题	2 分	根据上课统计情况得 1~2 分			
		学习用品准备	1 分	自己主动准备好学习用品并确保齐全得 1 分			

续表

项次	项目要求		配分	评分细则	自我评价	小组评价	教师评价
		执行教师命令	0分	此为否定项，违规酌情扣10~100分，违反校规按校规处理			
	职业道德（6分）	主动与他人合作	2分	主动合作得2分，被动合作得1分			
		主动帮助同学	2分	主动帮助同学得2分，被动帮助同学得1分			
		严谨、追求完美	2分	对工作精益求精且效果明显得2分，对工作认真得1分，其余不得分			
	“6S”（4分）	桌面、地面整洁	2分	自己工位的桌面、地面整洁且无杂物得2分，不合格不得分			
		物品定置管理	2分	按定置要求放置得2分，其余不得分			
	阅读能力（5分）	快速阅读能力	5分	能快速准确地明确任务要求并清晰表达得5分，能主动沟通并在受指导后达标得3分，其余不得分			
核心技术（60分）	接受任务（15分）	识读计划单	5分	能全部完成任务得5分，其余视情况得1~4分			
		确定生产工艺和设备	5分	能全部完成任务得5分，其余视情况得1~4分			
		编写任务分析报告	5分	能全部完成任务得5分，其余视情况得1~4分			
	制订方案（15分）	编制工作流程	5分	能全部完成任务得5分，其余视情况得1~4分			
		编制仪器设备清单	5分	能全部完成任务得5分，其余视情况得1~4分			
		编制原辅材料清单	5分	能全部完成任务得5分，其余视情况得1~4分			
	任务实施（30分）	编制生产方案	5分	能全部完成任务得5分，其余视情况得1~4分			
		设备器具清洗消毒	5分	能全部完成任务得5分，其余视情况得1~4分			
		原辅材料准备	5分	能全部完成任务得5分，其余视情况得1~4分			
		生产加工	15分	能全部完成任务得15分，其余视情况得1~14分			

续表

项次	项目要求		配分	评分细则	自我评价	小组评价	教师评价
工作页完成情况（20分）	按时、保质保量完成工作页（20 分）	按时提交	4 分	按时提交得 4 分，迟交不得分			
		书写整齐度	3 分	文字工整、字迹清楚得 3 分			
		内容完成程度	4 分	视完成情况分别得 1~4 分			
		回答准确率	5 分	视准确率情况分别得 1~5 分			
		有独到的见解	4 分	视见解程度分别得 1~4 分			
合计			100 分				
总分［加权平均分（自我评价占 20%，小组评价占 30%，教师评价占 50%）］							

学习活动五　相关知识

一、台湾风味烤香肠的生产工艺

（一）工艺流程

原料肉的选择与处理→绞制→腌制→肉馅制作→灌装→挂杆→热加工→冷却→包装。

（二）工艺配方（表 8-17）

表 8-17　台湾风味烤香肠配料表

原辅材料	含量	原辅料料	含量
猪Ⅳ号肉	25%	三聚磷酸钠	0.32%
鸡胸肉	10%	味精	0.2%
猪背膘	24%	红曲红色素	0.015%
食盐	2%	D- 异抗坏血酸钠	0.1%
冰水	23%	亚硝酸钠	0.015%
玉米淀粉	5.35%	肉味香精	0.195%
分离蛋白	2%	I+G	0.035%
白胡椒粉	0.2%	猪骨髓浸膏	0.3%
白糖	5.17%	诱惑红色素	0.0025%
白酒	2.1%	合计	100%

（三）操作要点

1. 原料肉的选择与处理

选用经兽医卫生检验检疫合格的鲜（冻）猪Ⅳ号肉、鸡胸肉和猪背膘为原料，但有时企业考虑到成本因素，会选用一部分猪前腿肉来替代原料中的猪Ⅳ号肉或者用一部分鸡腿肉代替猪Ⅳ号肉。若选择的是冻肉，选修前，采用空气解冻后再修。

进行原料肉选修时，应修去猪Ⅳ号肉、鸡胸肉表面的筋腱、淤血、淋巴、碎骨等，并洗涤干净，控干水分备用；应修去猪背膘上的皮、毛等，放冻库微冻备用。

2. 绞制

将整理好的鸡胸肉、猪后腿肉在绞肉机（图 8–1、图 8–2）中绞制成直径为 10 mm 大小的颗粒，将肥膘绞制成直径为 3~5 mm 大小的颗粒，绞制后肉的温度要求控制在 8 ℃以下。

图 8–1　大型绞肉机

图 8–2　小型绞肉机

彩图

彩图

3. 腌制

加工台湾风味烤香肠所用的瘦肉和肥膘均需要腌制，常采用干腌法进行腌制，具体操作如下：称取原料肉（瘦肉和背膘）、2% 食盐、0.015% 亚硝酸钠，用硝量 20 倍的水溶解亚硝酸钠，倒入食盐中混匀；将混合均匀的腌制料分别与绞制的瘦肉馅或肥膘一同加入真空搅拌机（图 8–3）内，搅拌 5~6 min，搅拌至料馅均匀，瘦肉部分有一定的黏度即可；搅拌后，将瘦肉和肥膘分别盛装在洁净的容器内，压实，并在上面覆盖一层塑料膜，放在 2~4 ℃的环境中腌制，瘦肉腌制 24~48 h，肥膘腌制 48~72 h。

4. 肉馅制作

（1）加入腌制好的原料肉及除淀粉、香料外的其他辅料，1/3 冰水等，搅拌 10 min。

（2）加入 1/3 冰水，搅拌 25 min。

（3）加入淀粉、香料及剩余的 1/3 冰水，搅拌 5~6 min。

要求搅拌均匀的肉馅肉粒明显、有光泽、黏稠度良好，无游离水，搅拌结束的肉馅温度应控制在 8~12 ℃。

5. 灌装

选用直径为 20 mm 的胶原蛋白肠衣，将肠衣凸的方向径向里穿到灌装管上，设定工艺参数：定量每节 25 g，打扭圈数为 3 圈，按照操作规程操作真空定量灌肠机（图 8-4）进行灌装，要求灌装后的半成品长度、重量均匀一致，肠体饱满，松紧度适宜。

彩图

彩图

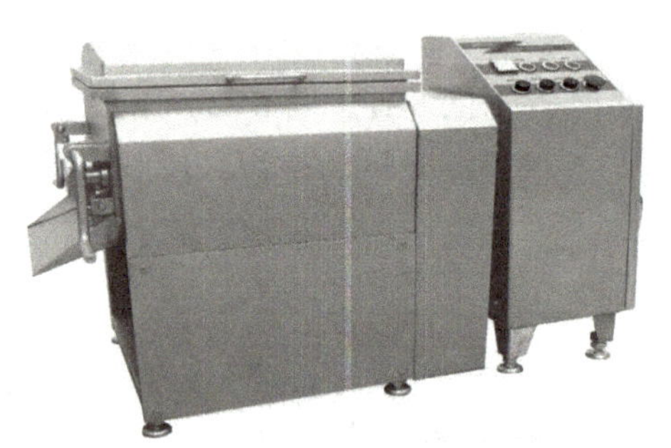

图 8-3 真空搅拌机

图 8-4 真空定量灌肠机

6. 挂杆

将符合工艺要求的半成品整齐、均匀地挂在挂肠车上，然后用清水将肠体表面黏附的肉馅、污物等冲洗干净，用剪刀将肠体两端多余的肠衣剪掉。

7. 热加工

预先设定好熏蒸炉的热加工参数，然后将挂有半成品的挂肠车推入熏蒸炉内，启动程序。具体的工艺参数：炉温 60 ℃，干燥 25 min；炉温 85 ℃，蒸煮 35 min；排气 7 min。

8. 冷却

在 0~4 ℃的预冷间冷却，至肠体中心温度降至 10 ℃以下即可。

9. 包装

将冷却后的半成品用真空包装机或连续拉伸包装机进行真空定量包装。要注意做好包装间、操作人员、工器具等的定期消毒。

二、台湾风味烤香肠的起源及特性

中国香肠约创制于南北朝以前，始载于北魏《齐民要术》的“灌肠法”，其法流传至今。中国香肠虽没有欧洲香肠种类那么丰富，但善于运用香料和时间酝酿美食的中国人，也造就了不同地域口味迥异的香肠。按制作手法的不同，可大致将中国香肠划分为三大派系：一是以广式为代表的风干系；二是以川味为代表的熏肠系；

三是以台式为代表的西式冰鲜系。风干系虽各地口味不一，但都是精选后腿肉，加入糖、盐、酒等调料腌制入味（嗜辣的地区还会加入辣椒粉），灌入肠衣后用小针戳破肠衣，放出空气，挂起风干水分即可。秋分到冬至前后最适合晾晒香肠，渐渐弱势的阳光既能蒸发掉水分，又不至于晒出香肠中的油脂。风干水分后凭着肠衣隔绝氧气，能保存几个月之久。

台湾风味烤香肠源自台湾，是台湾美食最重要的代表之一，也叫台湾烤肠，简称“台烤”，是运用现代西式肉制品加工技术生产的具有中国传统风味的低温肉制品，是一种以猪肉、鸡肉、牛肉为主要原料，经绞切、腌制、添加辅料二次搅拌，灌肠后，经或不经热处理，速冻保存，食用前先解冻，用电烤炉烤的肉制品。台湾烤肠（图8-5）色泽诱人，肠体饱满而有弹性，经热加工后口感外酥内嫩、香气袭人、风味独特，是风靡大江南北的美食。

彩图

图 8-5 台湾烤肠

正宗的台湾烤肠肥瘦适中，微甜中带着滑嫩的口感，产品选用当天剖杀的中小型猪仔后腿上的瘦肉，一律手工切剁，决不用冷冻猪肉、绞肉机处理；肠衣也不用人工肠衣，而是采用天然猪肠，掌握口感的粒度、鲜度，加传统的台湾香酱料、金门高粱酒等制作，煎、烤、炸都能体会那种台湾农家的纯朴风味。它的特色在于色泽鲜红，口感甘香弹牙，肉质鲜甜，食后齿夹留香，令人耳目一新。

三、原料肉的选择

（一）原料肉选择的基本要求

原料肉的质量是影响成品质量的重要因素，加工肉制品用的原料肉应符合以下基本要求。

（1）原料肉必须来源于正规屠宰厂，必须经兽医卫生检验检疫合格，必须符合肉制品加工卫生要求，禁止使用不新鲜的原料肉和腐败肉。

（2）要按照产品的特点和质量标准选择相应的原料肉。

（3）要合理地利用原料，做到既符合产品的卫生要求和质量标准，又能充分发挥原料肉的使用价值和经济价值。

（二）各种原料肉的选择

1. 根据肉的理化性质进行选择

（1）pH：为影响原料肉及肉制品质量的重要因素，它对原料肉的颜色、嫩度、风味、保水性和货架期都有一定的影响，是衡量原料肉质量好坏的一个重要指标。

对于肉来讲，pH 值 5~7 具有重要意义。因为正常动物肉的 pH 值约为 7.0，宰后 24 h 肌肉排酸僵直，pH 值可降到极限值 5.4 左右。如果宰后 45 min 肉的 pH 值降到 5.8，这种肉可能是白肌肉（PSE）；相反，如果宰后 24 h，其 pH 值仍高于 6.2，肉色暗，这种肉可能是黑切肉（DFD）。PSE 和 DFD 都不适用于加工肉制品。

肉的保水性与 pH 有关，原料肉的 pH 值高于 5.8 时，保水性较好。pH 再增加，保水性将更好。但是在加工时，产品含腌制剂的量将会减少，出品率会降低。同时，pH 高时肉也容易变质。

pH 测定能为我们提供有价值的信息，如果肉及肉制品的 pH 与正常值差别很大，其质量常常存在问题。相反，如果肉及肉制品的 pH 正常，其质量会达到相应的指标，其卫生状况及货架期也会符合要求。

pH 的测定方法有 2 种：一是用 pH 试纸；二是用带玻璃电极的 pH 测定仪。

（2）肉的黏结性：指肉所具有乳化脂肪的能力，也指其所具有的使瘦肉粒子黏合在一起的能力。原料肉按其作为黏合剂的黏着能力分为高黏着性、中等黏着性和低黏着性。一般牛肉和兔肉的黏合性最好。生产加工猪肉制品时，利用部分牛肉和兔肉能增强黏合作用。具有中等黏合能力的肉包括含脂肪多的头肉、颊肉和猪瘦肉的边角料。具有低黏合性的肉包括含脂肪多的肉、非骨骼肌肉和一般猪肉的边角料。很少或几乎没有黏合性的肉只能做填充肉，如牛胃、猪胃、唇、皮肤、心肌、肝等。填充肉应限量使用，一般不超过 5%。

2. 常用畜禽肉的选择

（1）猪肉的选择：猪肉可根据不同部位用于生产各种中式或西式肉制品。用于生产灌制品的猪肉，以冷鲜肉最好，它可以提高肉馅的弹性和保水性，但在生产上有时会使用冻肉。冻肉在使用前，必须认真检查质量。除检查干缩和玷污情况外，还要特别注意新鲜度的检查，当脂肪发黄或变色（变黄、变绿）时，说明冻肉已经开始变质，就不能用于肉制品的加工。

猪肉的肥度也是选择对象。生产灌肠制品所用的原料肉应为中等肥度或精瘦肉。如用较瘦的猪肉加工灌肠，会出现成品脂肪不足而发柴的现象；若选择过肥的猪肉，会出现成品脂肪过剩而“出油”的现象。因此，制作灌制品的原料肉应肥瘦适当。

（2）牛肉的选择：在中式牛肉制品生产中，大多数使用鲜牛肉，根据不同部位加工成各类产品，大多数可以利用。

加工灌肠制品最好是使用冷却后的鲜牛肉，因冷却肉多鲜销，故肉制品生产中往往使用冻肉。在使用冻牛肉前，必须检查原料肉的质量。凡肉质干缩、玷污、变色或具有其他腐败特征的，都不适用于做灌肠制品加工原料。

要适当选择牛肉的肥度，因牛脂熔点高，不易消化吸收，故在选择用于生产灌肠制品的牛肉时，应选中等肥度或是精瘦肉。一般选用肩胛部、颈部和后腿部肌肉来加工灌肠制品。

3. 各部位原料肉的合理利用

（1）猪身体各部位肉的基本特性和加工特性：猪生前各部位的生理活动、功能作用各不相同，各部位含的营养物质也不一样，形成了胴体不同部位肉的不同品质。一般情况下，猪生前活动频繁的部位含的结缔组织多，肉的营养价值低。

猪颈部承受着沉重的头部，经常活动，颈部含的结缔组织就比较多。腹部也是猪生前活动最多的一个部位，腹肌在排泄时起挤压、收缩作用，时饱时饿，一张一弛，蠕动较多，且支撑着充满食物的胃肠，因此，腹肌也含有较多的结缔组织，肉质较差。而猪的腰部、臀部肌肉，活动较少，含结缔组织较少，肉的品质较好。

（2）猪肉各分割部位的特点及用途：具体如下。①大排脊肉：也称通脊、外脊、背最长肌，上海称大排骨。它是附着在脊椎骨上面的一条圆而长的通脊肉，通脊肉上覆盖着一层较厚的肥膘。大排脊肉是猪身上最嫩的瘦肉。大排脊肉不仅适于作中式大排骨和西式烧排骨的原料，而且也是叉烧、加工灌肠制品的原料。②后腿：瘦肉多，肥肉和筋腱都比较少。它是加工各种肉制品的原料，用途很广，如制作西式火腿、中式火腿、灌制品、肉干、肉松等。③前腿：两条前腿中间夹着心脏，前腿肉亦称为夹心肉。前腿肉基本上是瘦肉，但切开肉体，里面夹有脂肪，筋膜含量也较多。前腿肉的用途和后腿肉的用途相同。④方肉：半片猪肉去掉前腿、后腿和大排脊肉剩下中间的一段，下面割去奶脯，拆去肋骨就是方肉。方肉一层肥一层瘦，肥瘦相间，共分五层，俗称五花肉，适于制作中式酱肉和培根。⑤奶脯肉：没有瘦肉，肉质较差，不能做肉制品，只能熬油。⑥颈肉（槽头肉）：肥瘦难分，筋、腱多，肉质差，可以制作肉馅和低档灌肠制品。⑦蹄髈：又称肘子。前蹄髈瘦肉多、皮厚、胶质重，适于制作肴肉、札蹄和酱肘子等。后蹄髈瘦肉多，较前蹄髈大，用途同前蹄髈。⑧蹄爪：前蹄爪，又名猪手，爪短而肥胖，比后蹄爪好；后蹄爪肉少，质较差。蹄爪是生产五香猪蹄的原料，也可以抽出蹄筋销售。

四、原料肉的解冻

肉经过冷冻，其贮藏期大大延长，但是在食用前必须要进行解冻，解冻是冻肉消费或进一步加工前的必要步骤，是将冻肉内冰晶体状态的水分转化为液体，同时恢复冻肉原有状态和特性的工艺过程。解冻实际上是冻结的逆过程。

（一）解冻的方法

解冻的方法很多，在实际工作中，解冻的方法应根据具体条件选择，原则是既要缩短时间，又要保证质量。解冻的方法有空气解冻法、水解冻法、蒸汽解冻法、微波解冻法和真空解冻法等。

1. 空气解冻法

空气解冻法又称自然解冻法，是以热空气作为解冻介质，其成本低，操作方便，对肉块的大小、形状无特别要求，适用于工厂化生产的肉类解冻。空气解冻法解冻速度慢，肉的表面易变色，有干耗，易受到灰尘和微生物的污染，汁液流失多，但营养成分流失少，解冻后能使肉质接近原状态。在进行空气解冻的过程中，控制好解冻条件是保证解冻肉质量的关键，一般空气温度为14~15 ℃，风速为2 m/s，相对湿度为95%~98%。

白条肉在解冻时，应分批吊挂，片与片的间距为5 cm，最低点离地不少于20 cm；后腿朝上吊挂，最好在解冻中期将前、后腿调头吊挂。

将蹄膀、肋条及肥膘分别堆放在高10 cm以上的垫格板上。

室内空气温度调节，夏季利用冷风降温，冬季以直接喷蒸汽或鼓热风调节，但不允许风直接朝着肉吹，以免造成表面干缩，影响解冻效果，也不允许用温水直接冲洗冻肉，以免肉汁流失过多。解冻时间：夏季，猪肉、羊肉为12~16 h，牛肉为30 h；冬季，猪肉、羊肉为18~22 h，牛肉为40 h。

解冻过程中应注意做好原料肉表面的清洁工作，解冻后质量要求是肉色鲜红，富有弹性，无冰晶体，气味正常，后腿肌肉中心pH值为6.2~6.6，中心温度控制在0~4 ℃，允许有少量汁液流出。

2. 水解冻法

水解冻法是以水作为解冻介质，因水的传热速度快，故水的解冻速度比相同温度的空气解冻速度快，在流水中解冻速度更快。用流水解冻的温度为10 ℃左右。用水解冻的优点是没有干耗，但耗水量大，肉中营养物质流失较多，肉色灰白，肉的风味也会受到一定影响。如果将冻肉封装在聚乙烯袋中再放在水中进行解冻，则可以保证肉的质量。

肉类加工在生产上常用流水解冻的有猪的肥膘、分割肉、内脏，以及白条鸡、鱼类等。其中肥膘在10 h内可完全解冻；内脏夏季需要6~7 h，冬季需要10~12 h。

3. 蒸汽解冻法

蒸汽解冻法的优点在于解冻速度快，但肉汁损失比空气解冻法大得多。然而由于水汽的冷凝，其重量也会增加0.5%~4.0%。

4. 微波解冻法

微波解冻法可使解冻时间大为缩短，同时能够减少肉汁损失，改善卫生条件，提高产品质量。

5. 真空解冻法

真空解冻法的主要优点是解冻过程均匀和没有干耗。如厚度为9 cm，重量为31 kg的牛肉，利用真空解冻装置只需60 min即可解冻。

（二）解冻时应注意的问题

对肉制品生产加工企业来说，考虑到成本、便利性等因素通常会采用空气解冻法和水解冻法。但无论采用空气解冻法还是水解冻法，都应该注意以下问题。

（1）解冻介质的温度要尽量低，最高不得超过 20 ℃。

（2）解冻介质的数量要充足并充分流动。

（3）尽量增大解冻介质的接触面积，做到均匀解冻。

（4）注意解冻终了的温度，根据用途确定是半解冻或是完全解冻（中心温度最好控制在 0~4 ℃）。

（5）无论解冻到什么程度，如不马上加工或销售，应立即放到 0 ℃左右温度下进行冷藏。

（三）影响解冻肉质量的因素

因冷冻、冻藏过程中肉的组织结构受到了一定的损伤，故解冻后不可能完全恢复如初，但可以通过控制冷冻和解冻条件使其最大程度地恢复到原来的状态。

解冻肉的质量与原料肉的新鲜度、冻结速度、冻藏温度、冻藏时间、解冻速度、解冻温度和解冻方法等都有关系。其中解冻速度对肉的质量影响很大。缓慢解冻和快速解冻有很大差别。实验表明，在空气温度为 15 ℃的条件下，牛肉 1/4 胴体快速解冻时，肉汁损耗为 3%；在 3~5 ℃进行缓慢解冻时，肉汁损耗只有 0.5%~1.5%。由此可见，缓慢解冻可降低损耗 1.5%~2.5%。此外，肉的保藏时间越长、解冻温度越高，肉汁的损失也越大。

五、原料肉的修整

由于目前肉制品加工企业购进的原料肉都经过了剔骨和分割，因而原料肉在加工使用之前，只需进行相应的修整便可。修整的主要目的是修掉多余的脂肪、肌肉周围的筋腱、淤血、残余的淋巴结等，这些物质不利于蛋白质的溶解和抽提，并且在加热时还会增强肌肉的收缩作用，造成较多的汁液损失。尤其是残余的淋巴结必须修去，否则会对人体健康构成危害。

（一）原料肉修整的方法

1. 猪肉原料

（1）猪前、后腿肌肉允许连带前夹部位肉，但前夹部位肉的表层脂肪应修去，若其上连带有脂肪或五花肉，应将其表层的脂肪和五花肉修去。

（2）猪前、后腿肌肉表层若带有脂肪，以修至可见肌膜为准，对于面积小于 1 cm^2 且厚度薄、不易下刀的可不修去；严禁修下分割肉夹层及内部的脂肪。

（3）猪颈背肌肉表层不能有明显脂肪块及前夹部位肉，若有，连带应修去。

（4）肘花皮连带皮油厚度大于 0.15 cm 时，应将皮油修至 0.15 cm 以下。

（5）肉青表面不允许带厚脂肪，表面脂肪应呈云雾状，若带厚脂肪，应修至表面脂肪呈云雾状。

（6）要将肥膘上的印章、严重红斑、发黏部分、发黄部分、异味等修去。

2. 鸡、鸭肉原料

（1）去皮鸡、鸭分割肉表面不允许连带油脂，若连带有 1 cm^2 以上的油脂，应修去（去皮鸡腿肉除外），小于 1 cm^2 且较薄的油脂不做修整，去皮鸡腿肉直接测其脂肪含量。

（2）带皮鸡、鸭原料只允许带相应部位的油、皮，不允许连带其他部位的油、皮，若连带，应修去。

（3）鸡、鸭皮类原料连带油脂可不修整，连带的气管应修去。

（4）应将鸡骨架上的鸡嗉囊、鸡胃、鸡（翘）尾等修去。

3. 牛肉原料

牛分割肉表层不允许带脂肪，以修至可见肌膜为准，对于面积小于 1 cm^2 且厚度薄、不易下刀的，可不再修去。严禁修下分割肉夹层及内部脂肪。

4. 副产品原料

副产品上附着的油脂、明显筋腱及结缔组织等应修去。

5. 异常原料

（1）原料中的病变组织应修去。

（2）原料有风干或氧化的，若解冻后不明显可以不修去，若颜色与正常原料色泽差别大，呈明显白色、深黑色或黄色等，以及有异味部分应修去。

（3）原料若局部有变质、发黏现象，应将变质、发黏部分修去。若整块肉异味明显或表层颜色发绿占 2/3 以上，应直接挑出。

（4）原料中混有病、死肉或猪肉中混有种公猪肉、种母猪肉的，应直接挑出。

六、原料肉的绞制

绞肉是使用绞肉机把精瘦肉或肥膘切碎的方法。

（一）绞肉前的准备

绞肉前的准备包括两个方面：一是要先将被绞的肉送到冷库中冷却到 3~5 ℃；二是绞肉机的检查和安装。

绞肉机的检查：主要是检查金属筛板和刀刃部是否吻合。检查方法是将刀刃部放在金属筛板上，横向检查有没有缝隙。如果有缝隙，在绞肉时筋、腱等结缔组织就会缠绕到刀刃上，不仅妨碍肉的切断和破坏肉的细胞，而且会影响瘦肉中蛋白质对脂肪的包含力和成品的结着性。由于金属筛板和刀刃部的吻合问题十分重要，因而要把刀和金属筛板编成组，避免混用。因长时间使用后刀和金属筛板会磨损，使二者之间的吻合度变差，故最好在使用 50 h 后研磨 1 次。研磨时，不仅要磨刀刃，也要磨金属筛板的表面（由专门技术人员研磨）。

绞肉机的安装：在固定螺杆筒内，插上螺杆，装上刀具和金属筛板。注意刀具要面对筛板，不能装反了。筛板的外缘上有个小缺口，应和固定螺杆筒上的凸出部分对着，把筛板按进去，用固定件固定。固定的松紧度会影响刀刃部和筛板之间的吻合程度。固定过紧，会影响刀具旋转，也会使刀刃和筛板产生摩擦；固定太松，在刀刃部和筛板之间就会产生空隙，肌膜和结缔组织就会缠绕到刀上，影响绞碎。

（二）绞肉机的操作及注意事项

将绞肉机安装和调整好后，就可以投料绞肉。绞肉时注意的问题：一是原料肉在绞前要适当切碎，使绞后的肉温不要超过 10 ℃；二是绞脂肪时，每次要少投些。假若绞肉机绞不动了，就是因为肉没有切碎，这时往往会出现脂肪熔化变成油脂，使成品出现脂肪分离现象。一旦发生绞肉机绞不动的现象时，要关上电源，卸下筛板，重新安装。

绞肉机使用时要注意安全，手不得伸入投料口。在清除堵塞时，要切断电源。另外，绞肉机使用后要清洗干净，绝不允许把绞肉机放在水池里清洗，因机座里有电机，冲洗后要擦去表面水分，以防锈蚀。

七、肉馅搅拌

制馅是灌肠制品加工的主要工序之一。除肉糜型产品外，还有部分颗粒（肉粒或肉块）型的灌肠制品需要采用搅拌工艺。搅拌可使原料肉、辅料、水充分混合，提高结着力，增加弹性。搅拌制馅一般是在搅拌机中进行的。搅拌操作前，要认真清洗叶片和搅拌槽。投料的顺序依次为瘦肉→少量水、食盐、磷酸盐、亚硝酸盐等辅料→冰水→脂肪→冰水→香辛料、淀粉。搅拌时间一般为 20~30 min，搅拌结束时肉馅的温度最好控制在 10~12 ℃（以 7 ℃为最佳）。通过目测、手摸，判断馅料的稠度、黏性等，达到要求后即可出料。

（一）影响搅拌的因素

1. 转速和时间

在加工仅使用肉粒的制品时，转速过低，搅拌时间过短，肉的表面就不会破碎，结着力就会下降；转速过高，时间过长，会因过度摩擦使肉粒变小、馅温升高，结果导致质量下降。因此，搅拌时既要将原辅材料混合均匀，又要尽量缩短搅拌时间。

2. 温度

搅拌时因机械的作用，肉馅温度上升很快，故应采取加冰等措施控制温度。

3. 空气

为防止搅拌过程中有空气混入，最好采用真空搅拌机，以抑制气泡的产生。

4. 投料方法

搅拌时应先投入瘦肉，投肉时，要尽可能先投入肉质较硬的，然后按量的大小依次加入。添加时，要撒到叶片的中央部位，靠叶片从内侧向外侧的旋转作用使其在肉中分布均匀。

5. 脂肪的添加顺序

脂肪的添加一般应放到最后。若脂肪较硬、搅拌时间过短，会影响肉块的结着情况，切片时脂肪会脱落。因此，在搅拌时，根据脂肪的性质，有时可和原料肉一同加入。有时也会将脂肪、水、蛋白质按一定的比例制成乳化胶后加入。

八、台湾风味烤香肠加工中的常见问题及处理方法

灌肠的感官质量主要从外形和切面两个方面来衡量。

（一）外形方面的质量问题

灌肠外部形态的感官质量标准：肠衣干燥完整，并与内容物紧密结合，坚实而有弹性，皮呈紫红，色泽鲜红，带有核桃壳样皱纹。常见的不合格现象有以下几种。

（1）肠衣方面：如果肠衣本身有不同程度的腐败变质，肠壁就会厚薄不均，松弛脆弱，抗破力差。而有盐蚀的肠衣，则收缩时失去弹性。用这类肠衣，势必造成破裂。

（2）肉馅方面：水分含量高，馅中加有淀粉或大豆蛋白，迅速加热时，可使肉馅膨胀，易将肠衣涨破。肉馅填充过紧，以及煮制、烘烤温度过高也会引起肠衣破裂。

（3）工艺方面：如果肠体粗细不一，用锅蒸煮时，粗肠易破裂；灌肠松紧不一，填充过紧的煮制时易破裂；烘烤时火力过大、温度过高，肠衣易破裂；蒸煮时蒸汽开得太大，局部温度过高，肠衣易破裂；翻肠时要小心轻放，防止撞裂碰断。

（4）肠衣外表起硬皮：烘烤或烟熏时火力大、温度高，或者串挂的肠体下端离火源太近，会使肠体下端起硬皮，严重时会起壳，造成肠馅分离，撕掉起壳的肠衣后可见肉馅已被烤成黄色。

（5）肠衣发色次，无光泽：熏烟时温度不够，或者熏烟的质量较差，以及熏好后又吸潮的灌肠，都会使肠衣光泽差。用不新鲜的肉馅灌制的灌肠，肠衣光泽也不新鲜。如果熏烟时所用的木材含水分多或用软木，常可使肠衣发黑。

（6）外表颜色深浅不一：这除了与水煮的差异有关外，与烟熏也有关系。烟熏时温度高，颜色淡；温度低，颜色深。肠体外表潮湿时，烟气成分溶于水中，色泽会加深。如果烟熏时肠身搭在一起，则黏连处色泽较淡。

（7）肠身松软无弹性：①煮得不熟，这种肠不仅肠身松软无弹力，在气温高时还会产酸、产气、发胖，不能食用；②肠馅在加工时乳化将不好；③腌制不透时，蛋白质中的肌球蛋白没有全部从凝胶状态转化为黏着力强的溶胶状态，影响了肉馅的吸水能力；④香肠内添加淀粉等黏合剂也会影响到肠身的收缩程度，对灌肠的硬度、弹性有一定影响。

（8）肠体外表无皱纹：肠身外表的皱纹是由于日晒烘烤，烟熏时肠馅水分减少、

肠衣干缩而产生的。皱纹的产生与灌肠本身质量及烟熏工艺有关。①肠身松弛无弹力，到成品时一般皱纹不好，有的显得很饱胀；②肠体直径较粗，肠馅水分过大，也会影响皱纹的产生；③木柴潮湿，烟气湿度大，温度上不来；④熏烟程度不够，也会导致熏烤时无皱纹；⑤阴雨天气，原来已有皱纹的肠体如果暴露在外冷却，原来已形成的皱纹也会消失。

（二）切面方面问题

（1）色泽发黄：切面色泽发黄，要看是切开就发黄，还是逐渐变黄。如切开时呈均匀的玫瑰红色，而置于空气中逐渐褪色变成黄色，这是正常的。若切开后虽有红色，但淡而不均匀，褪色很易发生，一般是硝酸盐用量不足造成的。若硝酸盐用量正常，肉馅仍没有色泽，原因有两个：①可能原料肉新鲜度不好，脂肪已氧化，产生有过氧化氢，故呈色效果差；②若肉馅的 pH 偏高，亚硝酸钠就不能分解生成 NO，也就不会产生红色的 NO- 肌红蛋白。

（2）切面呈环状发色：用硝酸盐作发色剂，硝酸盐要转变为亚硝酸盐需要一定的时间。若腌制的温度低、时间短，灌制后烘烤或熏制时间短、温度低，肠体内仅边缘发色，而中心不发色，此时煮制的灌肠切面就会形成色环。因此，烘烤和烟熏应慢慢升温，以免发生环状发色。另外，若烘烤温度低，肠内肉馅会发酸变质，从这个角度来说，肉加硝酸盐腌制应腌透再加工肉馅。

（3）气孔多：切面气孔多不仅影响美观，也影响灌肠的弹性，气孔周围的色泽发黄发灰。这是由于空气中的氧使 NO- 肌红蛋白氧化褪色，为防止灌肠内空气多所形成的气孔，因此除针刺排气外，最好使用真空灌肠机。另外，装馅应适当紧些，卡节结扎时，要适当向中心挤压。

（4）切面不坚实，不湿润：凡是肠身松软无弹性的灌肠，切面都不好。加水不足，制品少汁质粗；绞肉或斩拌时温度升高也会影响品质；脂肪绞得过细，加热易熔化，也会影响切片。

九、台湾风味烤香肠的质量标准

（一）台湾风味烤香肠的感官质量标准（表 8–18）

表 8–18　台湾风味烤香肠的感官质量标准（Q/ hFRX 0001S—2019）

项目	要求
色泽	呈红色或浅枣红色
滋味和气味	咸淡适中，香味浓郁，无异味
组织状态	组织紧密，有弹性，不碎散
杂质	无肉眼可见外来杂质

（二）台湾风味烤香肠的理化指标（表 8–19）

表 8–19　台湾风味烤香肠的理化指标（Q/hFRX 0001S—2019）

项目	指标	检验方法
水分 /（g/100 g）≤	60	见 GB 5009.3—2016
蛋白质 /（g/100 g）≤	5.0	见 GB 5009.5—2016
脂肪 /（g/100 g）≤	30	见 GB 5009.6—2016
磷酸盐（以 PO_4^{3-} 计）/（g/kg）≤	5.0	见 GB 5009.256—2025
食用盐（以 Cl^- 计）≤	5.0%	见 GB 5009.44—2016
淀粉 /（g/100 g）≤	20	见 GB 5009.9—2016
亚硝酸盐（以 $NaNO_2$ 计）/（mg/kg）≤	30	见 GB 5009.33—2016
诱惑红 /（g/kg）≤	0.015	见 GB 5009.141—2016

（三）台湾风味烤香肠的有害物质限量指标（表 8–20）

表 8–20　台湾风味烤香肠的有害物质限量指标（Q/hFRX 0001S—2019）

项目	指标	检验方法
总砷（以 As 计）/（mg/kg）≤	0.5	见 GB 5009.11—2024
铅（以 Pb 计）/（mg/kg）≤	0.4	见 GB 5009.12—2023
镉（以 Cd 计）/（mg/kg）≤	0.1	见 GB 5009.15—2014
铬（以 Cr 计）/（mg/kg）≤	1.0	见 GB 5009.123—2023
N- 二甲基亚硝胺 /（μg/kg）≤	3.0	见 GB 5009.26—2023

（四）台湾风味烤香肠的微生物限量指标（表 8–21）

表 8–21　台湾风味烤香肠的微生物限量指标（Q/hFRX 0001S—2019）

项目	采样方案[a]及限量（若非指定，均以 CFU/g 表示）				检验方法
	n	*c*	m	M	
金黄色葡萄球菌	5	1	100	1000	见 GB 4789.10—2016 第二法
沙门氏菌	5	0	0/25 g	—	见 GB 4789.4—2016

注：a 样品的采集及处理按《食品安全国家标准　食品微生物学检验　总则》（GB 4789.1—2016）执行。*n* 为同一批次产品应采集的样品件数；*c* 为最大可允许超出 m 值的样品数；m 为致病菌指标可接受水平的限量值；M 为致病菌指标的最高安全限量值。

拓展阅读

模块五　干肉制品加工

干肉制品是指将原料肉先经熟加工，再经晾晒、煮炒、成型、干燥或先成型再经熟加工制成的易于在常温下保藏的干熟类肉制品。这类肉制品一般可以直接食用，成品形状有片状、条状、粒状、团粒状和絮状等。现代干肉制品加工的主要目的不仅是提高耐贮藏性，更多的是满足消费者的各种需要。肉品经过干制后，水分含量降低，产品耐贮藏性提高；干肉制品质量轻、体积小、便于运输和携带，非常适合作为休闲食品。干肉制品也存在一定的缺点。例如，在干制过程中，某些芳香物质和挥发性成分常随着水分蒸发而散发到空气中，同时易发生氧化作用，尤其在高温下变化更大。我国的干肉制品主要包括肉干、肉松和肉脯三大类。

通过本模块的学习，你能学会：①肉松加工；②肉干加工。

任务九　太仓肉松加工

任务书

一、任务情境描述

公司销售部门收到“太仓肉松”订单，下达生产部，生产部编制生产计划单，下达生产车间。请你按照《太仓肉松加工工艺规程》，完成生产任务，并按时供货。

二、价值分析

太仓肉松的制作历史悠久，已有100多年。1915年，太仓肉松在巴拿马国际博览会上获得金奖。如今，太仓肉松已经成了太仓市的标志性食品之一，也是江苏省的有名特产之一。太仓肉松不仅代表了太仓市的传统文化，也是中华民族传统食品制作技艺的重要组成部分，其制作工艺传承了中华民族的传统食品制作技艺，具有一定的文化价值。太仓肉松口感鲜美，咸中带甜，入口即化，如丝如絮，齿颊留香，富含蛋白质、脂肪、碳水化合物、维生素等多种营养成分，对于增强体力、促进健康有一定的作用。

学习活动

太仓肉松加工的学习活动见表9–1。

表9–1　太仓肉松加工的学习活动

活动序号	学习活动	完成情况	完成时间 / min
1	接受任务		
2	制订方案		
3	任务实施		
4	任务评价		
5	相关知识		

学习活动一　接受任务

学习要求：通过该活动，同学们要明确“太仓肉松生产计划单”中的具体要求，按时完成太仓肉松的生产任务。具体工作步骤及要求见表 9-2。

表 9-2　具体工作步骤及要求

序号	工作步骤	要求	完成情况	完成时间 / min
1	识读生产计划单	能快速准确地明确计划要求并清晰表达，在教师要求的时间内完成，能够读懂生产计划单中的各项内容		
2	确定生产工艺和设备	能够选择任务需要完成的工艺，并进行时间和工作场所安排，掌握相关理论知识		
3	编制任务分析报告	能够清晰地描写任务认知与理解等，思路清晰，语言描述流畅		

今接到一生产计划单，具体内容见表 9-3。

表 9-3　生产计划单

项目	内容	项目	内容
计划下达部门		计划接收部门	
计划下达日期		订单号	
产品代码		产品类别	
产品名称		产品规格	
单位		订单数量	
生产日期		包装物要求	
要求最迟到货时间		到货地点	
备注说明			

生产部编制计划人员：__________　　　　生产部部长：__________

一、识读生产计划单

（1）请用红色笔标出生产计划单中的关键词，并把关键词抄在下面横线上。

____

____

（2）请从关键词中选择词语组成一句话，说明生产计划单的要求（其中包含产品总量、规格、交货时间的具体要求）。

____

____

（3）请根据生产计划单中的信息，在下列横线上列式计算出产品总量。

____

____

（4）请查阅相关资料，了解至少 3 家肉松生产企业内部大致机构设置，并对部门功能进行简单了解。

____

____

____

（5）请查阅相关资料，总结讨论市面上已有的肉松产品，分别对产品产地、种类、规格、用途及售卖方式进行汇总。

____

____

____

（6）请查阅相关资料，了解什么样的纸箱是三层瓦楞纸箱。

____

____

二、确定生产工艺和设备

（1）根据《太仓肉松加工工艺规程》，以表格形式列出工艺过程中的主要设备设施、技术参数和工作要求，详见表 9–4。

表 9–4　太仓肉松主要设备、参数及要求

工序	主要设备设施	技术参数	工作要求
原料选择			
原料肉选修			
原料肉处理			
煮制			
炒松			
擦松			
跳松			
包装			

（2）为顺利完成生产任务，请查阅资料，写出太仓肉松的感官质量标准。

____

三、编写任务分析报告

（一）基本信息（表 9–5）

表 9–5　基本信息

项目	内容	备注
产品名称		
生产数量		
最迟到货时间		
领取原辅材料时间		
设备器具清洗消毒时间		
生产时间		
成品入库时间		

（二）任务分析

依据订单需求，按照《太仓肉松加工工艺规程》生产加工太仓肉松，请绘制详细的生产工艺流程图。

学习活动二　制订方案

学习要求：通过对《太仓肉松加工工艺规程》的分析，编制工作流程、仪器设备清单、原辅材料清单及生产方案。具体要求见表 9–6。

表 9–6　具体要求

序号	工作步骤	要求	完成情况
1	编制工作流程	在 30 min 内完成工作流程编制，工作流程内容完整	
2	编制仪器设备清单	在 30 min 内完成仪器设备清单编制，满足生产工艺需要	
3	编制原辅材料清单	在 20 min 内完成太仓肉松加工需求清单编制，与订单计划对接	
4	编制生产方案	在 40 min 内完成生产方案编制，确保生产工作顺利进行	

一、编制工作流程

（1）项目的主要工作流程可以分为 5 个部分，分别是设备及工器具的清洗消毒、原辅材料的准备、实施生产加工、出厂检验、物流配送。

请回忆一下，各部分的主要工作任务有哪些？各部分的工作要求分别是什么？大约需要花费多长时间？具体工作流程见表 9–7。

表 9–7 具体工作流程

序号	工作流程	主要工作内容	参考标准	时间 / h
1	设备及工器具的清洗消毒			
2	原辅材料的准备			
3	实施生产加工			
4	出厂检验			
5	物流配送			

（2）请分析《太仓肉松加工工艺规程》，写出工作流程，并写出完整的工作内容和要求，详见表 9–8。

表 9–8 太仓肉松生产工作流程

序号	工作流程	具体工作内容	要求
1			
2			
3			
4			
5			
6			
7			
8			

二、编制仪器设备清单

为了完成生产过程，需要用到哪些仪器设备？请列表完成（表 9–9）。

表 9–9 太仓肉松生产仪器设备清单

序号	原辅材料名称	用量	作用	备注
1				
2				
3				
4				

续表

序号	原辅材料名称	用量	作用	备注
5				
6				
7				
8				

三、编制原辅材料清单

为了完成生产任务，需要用到哪些原辅材料？请列表完成（表 9–10）。

表 9–10　太仓肉松原辅材料清单

序号	原辅材料名称	用量	作用	备注
1				
2				
3				
4				
5				
6				
7				
8				

四、编制生产方案

方案名称：____________________

（一）生产目标

（填写说明：概括说明本次生产任务要达到的目标。）

____

____

（二）工作内容安排（表 9–11）

表 9–11　太仓肉松生产工作内容安排

生产流程	仪器设备及原辅材料	生产要求	操作要求	计划时间 / h

续表

生产流程	仪器设备及原辅材料	生产要求	操作要求	计划时间 / h

（三）产品感官质量评价

（填写说明：从产品的色泽、组织状态、疏松程度、有无杂质，风味等进行感官质量评价。）

____

____

（四）有关安全注意事项及防护措施

（填写说明：生产过程中的安全操作及防护要求。）

____

____

学习活动三　任务实施

建议学时：4 学时。

学习要求：按照太仓肉松生产方案中的内容，完成生产过程。生产过程中符合生产安全、食品安全、质量标准、现场“6S”管理等要求。工作流程及要求见表 9–12。

表 9–12　工作流程及要求

序号	工作流程	要求	学时安排	备注
1	设备及工器具的清洗消毒	按照设备及工器具清洗消毒规程按时完成上述工作		
2	原辅材料的准备	按照工艺配方准确计算并领取原辅材料		
3	实施生产加工	严格按照《太仓肉松加工工艺规程》执行，按时完成任务		
4	出厂检验			
5	物流配送			
6	评价			

一、安全注意事项

请结合在实训室生产时的安全事项，写出本任务需要注意的安全事项。

二、设备及工器具的清洗消毒

（1）请阅读下述材料，完成设备及工器具的清洗消毒，并做好记录（表 9-13）。设备及工器具的清洗消毒流程：清刮干净残留肉糜→清水刷洗→清洁剂刷洗→清水冲洗→消毒液消毒→清水冲洗→沥干水分→定点定位放置。

表 9-13　清洗消毒记录表

设备及工器具名称	清洗消毒方法	完成人	完成时间	是否完成

（2）相关要求：同“任务一　屠宰加工猪”设备及工器具的清洗、消毒相关要求。

三、原辅材料的准备

按照工艺配方准确计算、领取原辅材料，并完成原辅材料准备记录，具体见表 9-14。

表 9-14　原辅材料记录

序号	原辅材料名称	用量	完成人	完成时间
1				
2				
3				
4				
5				
6				
7				
8				

四、实施生产加工

严格执行《太仓肉松加工工艺规程》，按时完成任务，并填写生产记录（表 9-15）。

表 9-15 太仓肉松生产记录

序号	生产步骤	标准、要求	操作人	完成时间要求
1				
2				
3				
4				
5				
6				
7				
8				
9				
10				

五、出厂检验

请写出太仓肉松的出厂检验要求。

____

____

六、物流配送

请分析并写出太仓肉松物流配送过程中需要注意的问题。

____

____

学习活动四 任务评价

建议学时：0.5 学时。

学习要求：通过最后的任务评价，学生能明白做事要善始善终，知道自己掌握了多少，知道自己要努力的方向。

分小组按照任务评价表要求进行评价（表 9-16）。

表 9-16 任务评价表

项次	项目要求		配分	评分细则	自我评价	小组评价	教师评价
素养（20分）	纪律情况（5分）	按时到岗，不迟到、早退	2分	缺勤全扣，迟到、早退出现1次扣1分			

续表

项次	项目要求		配分	评分细则	自我评价	小组评价	教师评价
		积极思考、回答问题	2分	根据上课统计情况得1~2分			
		学习用品准备	1分	自己主动准备好学习用品并确保齐全得1分			
		执行教师命令	0分	此为否定项，违规酌情扣10~100分，违反校规按校规处理			
	职业道德（6分）	主动与他人合作	2分	主动合作得2分，被动合作得1分			
		主动帮助同学	2分	主动帮助同学得2分，被动帮助同学得1分			
		严谨、追求完美	2分	对工作精益求精且效果明显得2分，对工作认真得1分，其余不得分			
	“6S”（4分）	桌面、地面整洁	2分	自己工位的桌面、地面整洁且无杂物得2分，不合格不得分			
		物品定置管理	2分	按定置要求放置得2分，其余不得分			
	阅读能力（5分）	快速阅读能力	5分	能快速准确地明确任务要求并清晰表达得5分，能主动沟通并在受指导后达标得3分，其余不得分			
核心技术（60分）	接受任务（15分）	识读计划单	5分	能全部完成任务得5分，其余视情况得1~4分			
		确定生产工艺和设备	5分	能全部完成任务得5分，其余视情况得1~4分			
		编写任务分析报告	5分	能全部完成任务得5分，其余视情况得1~4分			
	制订方案（15分）	编制工作流程	5分	能全部完成任务得5分，其余视情况得1~4分			
		编制仪器设备清单	5分	能全部完成任务得5分，其余视情况得1~4分			
		编制原辅材料清单	5分	能全部完成任务得5分，其余视情况得1~4分			
	任务实施（30分）	编制生产方案	5分	能全部完成任务得5分，其余视情况得1~4分			

续表

项次	项目要求		配分	评分细则	自我评价	小组评价	教师评价
		设备器具清洗消毒	5分	能全部完成任务得5分，其余视情况得1~4分			
		原辅材料准备	5分	能全部完成任务得5分，其余视情况得1~4分			
		生产加工	15分	能全部完成任务得15分，其余视情况得1~14分			
工作页完成情况（20分）	按时、保质保量完成工作页（20分）	按时提交	4分	按时提交得4分，迟交不得分			
		书写整齐度	3分	文字工整、字迹清楚得3分			
		内容完成程度	4分	视完成情况分别得1~4分			
		回答准确率	5分	视准确率情况分别得1~5分			
		有独到的见解	4分	视见解程度分别得1~4分			
合计			100分				
总分[加权平均分（自我评价占20%，小组评价占30%，教师评价占50%）]							

学习活动五　相关知识

一、太仓肉松的生产工艺

（一）工艺流程

原料肉的选择与处理→煮制→炒松→擦松、跳松→包装。

（二）工艺配方

猪瘦肉82.22 kg，食盐适量，酱油12.3 kg，白糖2.5 kg，黄酒1.23 kg，生姜1.65 kg，茴香0.1 kg。

（三）操作要点

1. 原料肉的选择与处理

选择符合卫生检验检疫要求的新鲜细嫩的猪后腿瘦肉作为加工原料，并把选好的肉剔去骨、皮、脂肪、筋腱和结缔组织，再将瘦肉切成500 g左右的肉块。

2. 煮制

将生姜、茴香装入纱布料袋扎好，和肉块一起放入锅内，加入与肉等量的水，用大火煮，需4 h左右，直至肉烂。煮制期间要不断加水，以防止煮干，并撇去上层血沫和浮油沫。煮肉在2 h时，肉已发酥，加黄酒，煮至肉块自行散开时，加入白糖，并用铲子轻轻不断地搅动，半小时后加入酱油，煮至料汤快要干时，改用中火，防止形成焦块，经翻动几次，肌肉纤维松软，即可进行炒制。检查肉是否煮烂，其方法是用筷子夹住肉块，稍加压力，如果肉纤维自行分离，可认为肉已煮烂。

3. 炒松

待肌纤维煮至松软，取出纱布料袋，改用中火煮，并用铲子一边压散肉块，一边翻炒。当肉块全部炒松散时，要用小火勤炒勤翻，直至炒干，颜色由灰棕色变为金黄色，含水量达到 20%，具有特殊香味时，即可结束炒制。若炒制时出现糊锅，应将锅内肉松倒出，拣出焦块，将锅刷洗干净后再炒，以免出现糊味。

4. 擦松、跳松

为了使炒好的肉松进一步蓬松，用擦松机将肌纤维擦开，再用振动筛将长短不一的肌纤维分开，使产品规格化。

5. 包装

肉松吸水性强，短期存放可用塑料袋包装，真空封口，再外加包硬纸盒。其规格有 20 g、50 g、100 g、250 g 和 500 g 等。长期存放的应装入玻璃瓶或马口铁盒，太仓牌肉松罐头有 200 g、250 g 和 500 g 等。刚加工成的肉松应趁热装入预先消毒和干燥的复合阻气包装袋中，贮藏于干燥处，可以保存半年而不变质。

（四）太仓肉松成品的感官质量标准

成品色泽金黄，纤维细长，柔软疏松，味道鲜美，有光泽，呈丝绒状，纤维洁纯疏松，鲜香可口，无杂质，无焦糊现象。

二、肉松的分类

（一）按选用原料分类

肉松按选用原料可分为猪肉松、牛肉松、羊肉松、鸡肉松和鹅肉松等。

（二）按产地分类

肉松按产地可分为有太仓肉松、福建肉松、涪陵肉松、如皋肉松、上海肉松和温州肉松等。

（三）按加工工艺分类

肉松按加工工艺可分为传统工艺加工的肉松和新工艺加工的肉松，也可分为太仓式肉松（图 9–1）、油酥肉松（图 9–2）和肉粉松（图 9–3）。

太仓式肉松：加工工艺是以畜禽肉为原料，经煮制、撇油、调味、收汤、炒松、搓松制成的肌肉纤维蓬松成絮状的肉制品。太仓式肉松形态呈絮状，肌纤维柔软蓬松，允许有少量结头，无焦头，色泽呈均匀的金黄色或淡黄色，稍有光泽。滋味浓郁鲜美，甜咸适中，香味纯正，无不良气味，无杂质。比较有名的太仓式肉松有太仓肉松、如皋肉松，上海快乐牌肉松等，特点是纤维长。

彩图

彩图

图 9-1　太仓式肉松

图 9-2　油酥肉松

图 9-3　肉粉松

彩图

油酥肉松：加工工艺是以畜禽瘦肉为原料，经煮制、撇油、调味、收汤、炒松后再加入食用油炒制成颗粒状或短纤维状的肉制品。油酥肉松以福建产的最有名，近几年天津的家家乐牌肉酥也很受消费者喜欢。油酥肉松的特点是纤维较短、很酥，入口易化，口味好。

肉粉松：加工工艺是以畜禽瘦肉为原料，经煮制、撇油、绞碎、调味、收汤、炒松，再用食用油脂和适量面粉炒制成颗粒状的肉制品。肉粉松在福建和天津一带产量较大。

油酥肉松和肉粉松形态呈疏松颗粒状或纤维状，无焦头，无糖块，色泽呈棕褐色或黄褐色。滋味浓郁鲜美，甜咸适中，具有酥甜特色，油而不腻，香味纯正，无不良气味，无杂质。

三、干肉制品的特点

干肉制品由于经过烘烤脱水，水分含量少，因而具有保质期长、体积小、重量轻、便于运输和携带、营养丰富、风味独特等特点。

四、干制的方法

肉制品干制是通过脱水干燥来完成的。干燥的方法很多，可分为自然干燥和人工干燥两大类。

（一）自然干燥

这是一种古老的干燥方法，主要包括晒干和风干。其对设备的要求非常简单，费用低，但是受自然条件限制，温度条件很难控制，干燥速度也很慢，因此大规模的生产很少采用这种方法，只是对某些产品作辅助工序采用，如风干香肠。

（二）人工干燥

人工干燥是在常压或负压条件下，以传导、对流和辐射传热方式，或在高频电场内加热，人工控制工艺条件下干制肉制品的方法。人工干燥可分为常压干燥、减压干燥和微波干燥 3 种。

1. 常压干燥

肉制品的常压干燥有烘炒干燥、油炸干燥、烘房干燥 3 种。

（1）烘炒干燥：此法亦称传导干燥，靠间壁的导热将热量传给与壁接触的肉料。

由于肉料与加热介质（载热体）不是直接接触，因而又称间接加热干燥。烘炒干燥的热源可以是水蒸气、热空气等。可以在常温下干燥，也可以在真空下进行。肉松就采用这种干燥方式脱水。

（2）油炸干燥：此法是将肉切条，腌渍 10~20 min 后，投入 135~150 ℃的菜油中油炸，炸至肉块呈微黄色后，捞出控净油。油炸时要控制好肉坯量与油温之间的关系。油温高，火力大，可多投肉坯；反之则少。但油温过高容易炸焦糊，油温过低，脱水干燥不彻底，且色泽较差，因此在实际生产中多使用恒温油炸锅，成品质量也好控制。肉干的干燥可采用此法。

（3）烘房干燥：此法亦称为对流热风干燥。直接以高温的热空气为热源，借助对流传热将热量传给肉料，故又称直接加热干燥。热空气既是热载体，又是湿载体，一般对流干燥多在常压下进行。因为在真空干燥条件下气相处于低压，热容量很小，不能直接以空气为热源，所以必须采用其他热源。对流干燥室中的气温调节比较方便，物料不至于过热，但热空气离开干燥室时可带走相当多的热量，因此对流干燥热能利用率较低。

2. 减压干燥

将食品置于真空中，随真空度的不同，在适当温度下，其所含水分则蒸发或升华。也就是说，只要对真空度进行适当调节，即使在常温以下的低温中也可进行干燥。肉制品的减压干燥有真空干燥和冷冻升华干燥 2 种。

（1）真空干燥：指肉块在未达结冰温度的真空状态（减压）下加速水分的蒸发而进行干燥的方法。真空干燥初期与常压干燥时相同，存在着水分的内部扩散和表面蒸发。但在整个干燥过程中，主要为内部扩散与内部蒸发共同进行干燥。因此，与常压干燥相比较，真空干燥的时间缩短，表面硬化现象减少。真空干燥虽使水分在较低温度下蒸发干燥，但因蒸发而芳香成分的丢失及轻微的热变性在所难免。

（2）冷冻升华干燥：在低温下一定真空密闭的容器中，物料中的水分直接从冰升华为蒸汽，使物料脱水干燥，称为低温升华干燥。它不仅比自然干燥、烘炒干燥和烘房干燥的速度快，而且能保持产品原来的性质，加水后能迅速恢复原来的状态，并保持原有成分，很少发生蛋白质变性。但是这种方法需要的设备复杂，因此投资较大、费用较高。

3. 微波干燥

微波干燥时，肉坯的各个部位是被同时加热的，又因为肉坯内部的水分含量比表面高，所以内部吸收的热量较多，内部温度比表面高，这种温度梯度促使水分由内部向表面扩散，从而达到干燥肉坯的目的。此法干燥的速度较前面的快，但是耗能也较大。

此外，尚有辐射干燥、介电加热干燥等，在肉类干制品加工中很少使用，因此不再介绍。上述几种干燥方法除冷冻升华干燥外，其他如自然干燥、对流干燥、烘房干燥等的热能都是从物料表面传到内部，物料表面温度比内部高，而水分是从内部扩散至表面的，因此在干燥过程中物料表面先变成干燥的绝热层。而微波干燥则相反，它可使物料在调频电场中很快被均匀加热。由于水的介电常数比固体物料要大得多，在干燥过程中物料内部的水分总是比表面高，因而物料内部所吸收的电能或热能比较多，物料内部的温度比表面高。因为温度梯度与水分扩散的温度梯度是同一方向的，所以促使物料内部水分的扩散速度增大，使干燥时间大为缩短，所加工的产品均匀而且清洁。因此，微波干燥在食品工业中得到广泛应用。

五、干制的作用

（一）降低肉制品的水分活度，抑制微生物的生长繁殖

肉制品干制的实质就是脱去肉坯中的水分，抑制微生物生长、繁殖，从而达到保藏肉品的目的。

微生物的生长繁殖受温度、pH、渗透压、水分等多种因素的影响，其中水分是微生物生长活动的必需物质。水分对微生物生长活动的影响，起决定因素的不是食品的含水量，而是它的有效水分。食品所含的水分有结合水和游离水两类，但只有游离水才能被微生物利用，此即为有效水分，用水分活度 Aw 表示。各种微生物都有它最适宜的水分活度。水分活度下降后，可导致微生物的生长率下降，水分活度可下降到微生物停止生长的水平。

肉品经过干制以后水分蒸发，降低了水分活度。当 Aw 下降到 0.90 时，细菌的生长活动受到抑制，霉菌和酵母菌仍能旺盛生长；当 Aw 降低到 0.80~0.85 时，食品还会在 1~2 周内腐败变质，此时霉菌成为常见的腐败菌；只有当水分活度降低到 0.75 时，食品的腐败变质才得以显著减慢，甚至能在较长时期内不发生变质；若将 Aw 降到 0.65，能生长的微生物极少，可以完全防止腐败，但这时的干制品口感和咀嚼性使人难以接受。一般认为，如在室温下贮藏食品，应将 Aw 降到 0.70，但在这样的水分活度下，霉菌仍会缓慢生长，因此霉菌是干制品常见的腐败菌。为了延长干肉制品的贮藏期，生产上常将山梨酸钾或山梨酸作为防腐剂，或者采用充气包装。

（二）抑制酶活性

酶为食品所固有，它需要有一定的水分才具有活性。当水分减少时，酶的活性也跟着下降。肉制品干制后，可以抑制酶的活性。其原因一方面是通过干燥脱水抑制微生物分泌的酶和肉中酶的活性；另一方面是通过熟制，又使肉自身的酶和微生物分泌的酶失去活性。若干肉制品吸收空气中的蒸汽，它所含的酶在干制时又没有失去活性，酶仍会慢慢活动，从而引起干肉制品的品质恶化或变质。只有将干肉制品的水分降低到 1% 时，酶的活性才会完全消失。因此，在贮藏过程中，要防止干肉制品吸潮。

在干肉制品的生产过程中，一种是将肉熟制后再脱水，另一种是将脱水和熟制放在一起。不管采用哪一种，要使酶失去活性，原料肉必须在湿热条件下处理，或在 204 ℃以上环境中干燥处理。在以后的贮藏过程中由酶引起的制品变质是由微生物分泌所产生的酶造成的。

任务十　牛肉干加工

任务书

一、任务情境描述

公司销售部门收到“牛肉干”订单，下达生产部，生产部编制生产计划单，下达生产车间。请你按照《牛肉干加工工艺规程》，完成生产任务，并按时供货。

二、价值分析

牛肉是中国人的第二大肉类食品，仅次于猪肉，牛肉中蛋白质含量高，而脂肪含量低，味道鲜美，受人喜爱，享有“肉中骄子”的美称。牛肉干含有人体所需的多种矿物质和氨基酸，既保持了牛肉耐咀嚼的风味，又久存不变质。牛肉干的制作首先要选择上等的原料，其次是制作工艺和制作时间，晒干时还得考量日照的时间，道道工序都得严密把关。

近年来，牛肉干市场呈现快速增长趋势。据市场调研数据显示，2023 年我国牛肉干市场规模达到了约 200 亿元人民币，较上年增长 10%。随着消费者对健康饮食认识的加深，高蛋白、低脂肪、无添加的牛肉干成了一种受欢迎的健康零食选择。市场上提供的牛肉干口味日益丰富，满足了不同消费者的口味需求，从而扩大了市场规模。

学习活动

牛肉干加工的学习活动见表 10–1。

表 10–1　牛肉干加工的学习活动

活动序号	学习活动	完成情况	完成时间 /min
1	接受任务		
2	制订方案		
3	任务实施		
4	任务评价		
5	相关知识		

学习活动一　接受任务

学习要求： 通过该活动，同学们要明确“牛肉干生产计划单”中的具体要求，按时完成牛肉干的生产任务。具体工作步骤及要求见表 10-2。

表 10-2　具体工作步骤及要求

序号	工作步骤	要求	完成情况	完成时间 / min
1	识读生产计划单	能快速准确地明确计划要求并清晰表达，在教师要求的时间内完成，能够读懂生产计划单中的各项内容		
2	确定生产工艺和设备	能够选择任务需要完成的工艺，并进行时间和工作场所安排，掌握相关理论知识		
3	编制任务分析报告	能够清晰地描写任务认知与理解等，思路清晰，语言描述流畅		

今接到一生产计划单，具体内容见表 10-3。

表 10-3　生产计划单

项目	内容	项目	内容
计划下达部门		计划接收部门	
计划下达日期		订单号	
产品代码		产品类别	
产品名称		产品规格	
单位		订单数量	
生产日期		包装物要求	
要求最迟到货时间		到货地点	
备注说明			

生产部编制计划人员：__________　　　　生产部部长：__________

一、识读生产计划单

（1）请用红色笔标出生产计划单中的关键词，并把关键词抄在下面横线上。

____

____

（2）请从关键词中选择词语组成一句话，说明生产计划单的要求（其中包含产品总量、规格、交货时间的具体要求）。

____

____

（3）请根据生产计划单中的信息，在下列横线上列式计算出产品总吨数。

____

____

二、确定生产工艺和设备

（1）根据《牛肉干加工工艺规程》，以表格形式列出工艺过程中的主要设备设施、技术参数和工作要求，详见表 10–4。

表 10–4　牛肉干主要设备、参数及要求

工序	主要设备设施	技术参数	工作要求
原料选择			
原料肉处理			
切坯			
初煮			
复煮、收汁			
干制			
冷却			
包装、成品			

（2）为顺利完成生产任务，请查阅资料，写出牛肉干的感官质量标准。

____

____

三、编写任务分析报告

（一）基本信息（表 10–5）

表 10–5　基本信息

项目	内容	备注
产品名称		
生产数量		
最迟到货时间		
领取原辅材料时间		
设备器具清洗消毒时间		
生产时间		
成品入库时间		

（二）任务分析

依据订单需求，按照《牛肉干加工工艺规程》生产加工牛肉干，请绘制详细的生产工艺流程图。

____

____

学习活动二　制订方案

学习要求： 通过对《牛肉干加工工艺规程》的分析，编制工作流程、仪器设备清单、原辅材料清单及生产方案。具体要求见表 10–6。

表 10–6　具体要求

序号	工作步骤	要求	完成情况
1	编制工作流程	在 30 min 内完成工作流程编制，工作流程内容完整	
2	编制仪器设备清单	在 30 min 内完成仪器设备清单编制，满足生产工艺需要	
3	编制原辅材料清单	在 20 min 内完成牛肉干加工需求清单编制，与订单计划对接	
4	编制生产方案	在 40 min 内完成生产方案编制，确保生产工作顺利进行	

一、编制工作流程

（1）项目的主要工作流程一般可以分为 5 个部分完成，分别是设备及工器具的清洗消毒、原辅材料的准备、实施生产加工、出厂检验、物流配送。

请回忆一下，各部分的主要工作任务有哪些？各部分的工作要求分别是什么？大约需要花费多长时间？具体工作流程见表 10–7。

表 10–7　具体工作流程

序号	工作流程	主要工作内容	参考标准	时间 /h
1	设备及工器具的清洗消毒			
2	原辅材料的准备			
3	实施生产加工			
4	出厂检验			
5	物流配送			

（2）请分析《牛肉干加工工艺规程》，写出工作流程，并写出完整的工作内容和要求，详见表 10–8。

表 10-8　牛肉干生产工作流程

序号	工作流程	具体工作内容	要求
1			
2			
3			
4			
5			
6			
7			
8			

二、编制仪器设备清单

为了完成生产过程，需要用到哪些仪器设备？请列表完成（表 10-9）。

表 10-9　牛肉干生产仪器设备清单

序号	仪器设备名称	型号	作用	是否会操作
1				
2				
3				
4				
5				
6				
7				
8				

三、编制原辅材料清单

为了完成生产任务，需要用到哪些原辅材料？请列表完成（表 10-10）。

表 10-10　牛肉干原辅材料清单

序号	原辅材料名称	用量	作用	备注
1				
2				
3				
4				

续表

序号	原辅材料名称	用量	作用	备注
5				
6				
7				
8				

四、编制生产方案

方案名称：________________

（一）生产目标

（填写说明：概括说明本次生产任务要达到的目标。）

（二）工作内容安排（表 10-11）

表 10-11　牛肉干生产工作内容安排

生产流程	仪器设备及原辅材料	生产要求	操作要求	计划时间 / h

（三）产品感官质量评价

（填写说明：从产品的色泽、组织状态，风味等进行感官质量评价。）

（四）有关安全注意事项及防护措施

（填写说明：生产过程中的安全操作及防护要求。）

学习活动三　任务实施

建议学时：4 学时。

学习要求：按照牛肉干生产方案中的内容，完成生产过程。生产过程中符合生产安全、食品安全、质量标准、现场“6S”管理等要求。工作流程及要求见表 10–12。

表 10–12　工作流程及要求

序号	工作流程	要求	学时安排	备注
1	设备及工器具的清洗消毒	按照设备及工器具清洗消毒规程按时完成上述工作		
2	原辅材料的准备	按照工艺配方准确计算并领取原辅材料		
3	实施生产加工	严格按照《牛肉干加工工艺规程》执行，按时完成任务		
4	出厂检验			
5	物流配送			
6	评价			

一、安全注意事项

请结合在实训室生产时的安全事项，写出本任务需要注意的安全事项。

____

____

二、设备及工器具的清洗消毒

（1）请阅读下述材料，完成设备及工器具的清洗消毒，并做好记录（表 10–13）。设备及工器具的清洗消毒流程：清刮干净残留肉糜→清水刷洗→清洁剂刷洗→清水冲洗→消毒液消毒→清水冲洗→沥干水分→定点定位放置。

表 10–13　清洗消毒记录表

设备及工器具名称	清洗消毒方法	完成人	完成时间	是否完成

（2）相关要求：同“任务一　屠宰加工猪”设备及工器具的清洗、消毒相关要求。

三、原辅材料的准备

按照工艺配方准确计算、领取原辅材料，并完成原辅材料准备记录，具体见表10–14。

表 10–14　原辅材料记录

序号	原辅材料名称	用量	完成人	完成时间
1				
2				
3				
4				
5				
6				
7				
8				

四、实施生产加工

严格执行《牛肉干加工工艺规程》，按时完成任务，并填写生产记录（表 10–15）。

表 10–15　牛肉干生产记录

序号	生产步骤	标准、要求	操作人	完成时间要求
1				
2				
3				
4				
5				
6				
7				
8				
9				
10				

五、出厂检验

请写出牛肉干出厂检验时的注意事项。

六、物流配送

请分析并写出牛肉干物流配送过程中需要注意的问题。

学习活动四　任务评价

建议学时：0.5 学时。

学习要求：通过最后的任务评价，学生能明白做事要善始善终，知道自己掌握了多少，知道自己要努力的方向。

分小组按照任务评价表要求进行评价（表 10–16）。

表 10–16　任务评价表

项次	项目要求		配分	评分细则	自我评价	小组评价	教师评价
素养（20分）	纪律情况（5 分）	按时到岗，不迟到、早退	2 分	缺勤全扣，迟到、早退出现 1 次扣 1 分			
		积极思考、回答问题	2 分	根据上课统计情况得 1~2 分			
		学习用品准备	1 分	自己主动准备好学习用品并确保齐全得 1 分			
		执行教师命令	0 分	此为否定项，违规酌情扣 10~100 分，违反校规按校规处理			
	职业道德（6 分）	主动与他人合作	2 分	主动合作得 2 分，被动合作得 1 分			
		主动帮助同学	2 分	主动帮助同学得 2 分，被动帮助同学得 1 分			
		严谨、追求完美	2 分	对工作精益求精且效果明显得 2 分，对工作认真得 1 分，其余不得分			
	“6S”（4 分）	桌面、地面整洁	2 分	自己工位的桌面、地面整洁无杂物得 2 分，不合格不得分			
		物品定置管理	2 分	按定置要求放置得 2 分，其余不得分			

续表

项次	项目要求		配分	评分细则	自我评价	小组评价	教师评价
	阅读能力（5 分）	快速阅读能力	5 分	能快速准确地明确任务要求并清晰表达得 5 分，能主动沟通并在受指导后达标得 3 分，其余不得分			
核心技术（60分）	接受任务（15 分）	识读计划单	5 分	能全部完成任务得 5 分，其余视情况得 1~4 分			
		确定生产工艺和设备	5 分	能全部完成任务得 5 分，其余视情况得 1~4 分			
		编写任务分析报告	5 分	能全部完成任务得 5 分，其余视情况得 1~4 分			
	制订方案（15 分）	编制工作流程	5 分	能全部完成任务得 5 分，其余视情况得 1~4 分			
		编制仪器设备清单	5 分	能全部完成任务得 5 分，其余视情况得 1~4 分			
		编制原辅材料清单	5 分	能全部完成任务得 5 分，其余视情况得 1~4 分			
	任务实施（30 分）	编制生产方案	5 分	能全部完成任务得 5 分，其余视情况得 1~4 分			
		设备器具清洗消毒	5 分	能全部完成任务得 5 分，其余视情况得 1~4 分			
		原辅材料准备	5 分	能全部完成任务得 5 分，其余视情况得 1~4 分			
		生产加工	15 分	能全部完成任务得 15 分，其余视情况得 1~14 分			
工作页完成情况（20分）	按时、保质保量完成工作页（20 分）	按时提交	4 分	按时提交得 4 分，迟交不得分			
		书写整齐度	3 分	文字工整、字迹清楚得 3 分			
		内容完成程度	4 分	视完成情况分别得 1~4 分			
		回答准确率	5 分	视准确率情况分别得 1~5 分			
		有独到的见解	4 分	视见解程度分别得 1~4 分			
合计			100 分				
总分［加权平均分（自我评价占 20%，小组评价占 30%，教师评价占 50%）］							

学习活动五　相关知识

一、牛肉干的生产工艺

（一）工艺流程

原料肉的选择与处理→初煮→切坯→复煮、收汁→干制→冷却、包装。

（二）工艺配方

牛肉 85 kg，酱油 8.5 kg，绍兴酒 4.25 kg，大茴香 0.09 kg，生姜 0.85 kg，白糖 0.85 kg、食盐 0.5 kg。

（三）操作要点

1. 原料肉的选择与处理

选用符合兽医卫生检验检疫要求的鲜牛肉为原料，并将选好的原料肉去皮、骨、筋腱、脂肪及肌膜后顺肌纤维切成 1 kg 左右的肉块，用清水浸泡 1 h 左右，除去血水、污物，沥干后备用。

2. 初煮

初煮的目的是通过煮制进一步挤出血水，并使肉块变硬以便切坯。初煮是将清洗、沥干的肉块放在清水中煮制。煮制时以水盖过肉面为原则。一般初煮时不加任何辅料，但有时为了去除异味，可加 1%~2% 的鲜姜。初煮时水温保持在 90 ℃以上，并及时撇去汤面污物。初煮时间随肉的嫩度及肉块大小而异，以切面呈粉红色、无血水为宜。通常初煮 1 h 左右。肉块捞出后，汤汁过滤待用。

3. 切坯

肉块冷却后，可根据工艺要求放在切坯机中顺着肌纤维方向切成小片，大小均匀一致。

4. 复煮、收汁

复煮是将切好的肉坯放在调味汤中煮制，其目的是进一步熟化和入味。配制复煮汤料时，取肉坯重 20%~40% 的过滤初煮汤，将配方中不溶解的辅料装袋入锅煮沸后，加入其他辅料及肉坯。用大火煮制 30 min 左右后，随着剩余汤料的减少，应减小火力，以防焦锅。用小火煨 1~2 h，待卤汁基本收干时即可起锅。

5. 干制

将煮好的肉坯，用大勺捞出后置于案上，晒干或烘干。

6. 冷却、包装

冷却以在清洁室摊晾、自然冷却较为常用。必要时可用机械排风，但不宜在冷库中冷却，否则易吸水返潮。短期贮藏可采用真空包装袋（塑料袋），采用双室真空包装机按照规格 250 g 进行包装。

（四）牛肉干成品的感官质量标准（表 10–17）

表 10–17　牛肉干成品的感官质量标准

<table>
<tr><th>成品质量</th><th colspan="2">检查项目</th><th>检验指标</th><th>依据标准</th><th>检验方法</th></tr>
<tr><td rowspan="6">感官质量标准</td><td rowspan="2">形态</td><td>肉干</td><td>呈片、条、粒状或其他形状，同一品种大小基本均匀，表面可带有细小纤维或调味料</td><td rowspan="6">GB/T 23969—2022</td><td rowspan="6">取适量试样置于洁净的白色盘（瓷盘或同类容器）中，在自然光下观察色泽和状态，闻其气味，用温开水漱口，品其滋味</td></tr>
<tr><td>肉糜干</td><td>呈片、粒状或其他规则形状，同一品种大小基本均匀</td></tr>
<tr><td rowspan="2">色泽</td><td>肉干</td><td>具有该产品正常的淡白色或淡黄色</td></tr>
<tr><td>肉糜干</td><td>呈棕黄色、棕红色或黄褐色，色泽基本均匀</td></tr>
<tr><td colspan="2">滋味与气味</td><td>具有该品种特有的香气和滋味，甜咸适中</td></tr>
<tr><td colspan="2">杂质</td><td>无正常视力可见的外来杂质</td></tr>
</table>

二、干制过程中肉的变化

在干制过程中，鲜肉受到温度、湿度、空气流速等各种因素的影响转变成干制品，其物理特性和化学特性发生很大的变化，最常出现的物理变化有干缩、干裂、表面硬化等，产生的化学变化也对制品的颜色、风味、质地、黏度、复水率和耐贮藏性造成影响。另外，肉的组织结构也会发生变化。

（一）物理变化

1. 干缩

物料干燥时失去弹性、体积缩小的现象就是干缩。干缩是肉干加工中最常见、最显著的变化之一。肉料全面、均匀地失水时，随着水分的消失，肉料均匀地进行线性收缩。但是，物料干燥时均匀收缩极为少见，一般都要发生形态的变化。干缩的实质是物料内部形成致密体，比容下降，复水性变差。干燥速度太慢容易形成干缩。

2. 干裂

在生产中，由于开始时干燥速度太快，表面形成硬壳而引起肉料内部结构形成空洞或裂纹，因而控制干燥速度对干制品的品质很重要。

（二）化学变化

1. 营养成分的变化

肉中含有大量的蛋白质和脂肪，在干制作用下它们会发生变性和分解。分解的结果造成营养素的丢失。肉中糖分较少，但也会在热作用下发生分解、羰氨反应、结焦等现象，使营养素丢失。通常肉类制品中维生素的含量略低于鲜肉，加工中硫胺素会遭受损失，特别是在高温干制过程中，损失更大；抗坏血酸和维生素 A 因易氧化而受损耗；核黄素和烟碱酸的损耗量则比较少。

2. 色泽的变化

肉在干制时色泽主要是糖分解焦糖化和发生美拉德反应引起的，这是非酶性褐变。焦糖化反应中，糖先分解成各种羰基中间物，而后再聚合成褐色聚合物。美拉德反应为氨基酸和还原糖的相互反应引起的褐变。据报道，美拉德反应在水分下降到 15%~20% 时进行最迅速，水分下降到 1% 时其变得难以察觉。

3. 风味的变化

肉失去挥发性风味成分是脱水干燥时常见的一种化学变化。低热处理极易促使风味发生变化，因为肉中蛋白质可分解出硫化物，如 H_2S，它和其他组分结合可形成良好的风味。高温下加热可使 H_2S 等失去，从而使肉制品失去良好的风味。

（三）组织结构的变化

肉类经脱水干燥后，其组织结构的复水性等会发生显著变化，特别是用热风对流干燥的产品，不仅口味变得坚韧且难于咀嚼，复水之后也很难恢复到原来的新鲜状态。其变化的程度与干燥的方法、肉的 pH 等因素有关。用冷冻升华干燥法加工的产品是最理想的，复水之后组织的特性接近于新鲜状态。

干制品的复水性是指新鲜食品干制后能否重新吸回水分的程度，常用吸水增重的程度来衡量，而且这在一定程度上也是干制过程中某些品质变化的反映。干制品的复水并不是干燥过程的简单逆反应，这是因为干燥过程中所发生的某些变化并非可逆的。我国传统的肉干、肉松等干制品是一种调味性干制品，它几乎失去了结合水分的可逆性，不可能恢复到鲜肉状态。近代肉品工业生产中，肉的脱水仍是鲜肉贮藏的一种方法。冷冻升华干燥后，既能达到减轻制品重量、缩小体积、便于携带、食用方便的目的，又能保持肉的组织结构和营养成分不发生变化，在添加适量的水后，即可恢复鲜肉的固有性状。

三、影响食品干制的因素

（一）食品表面积

为了加速湿热交换，食品常被分割成薄片或小片后，再进行脱水干制。物料被切成薄片或小颗料后，缩短了热量向食品中心传递和水分从食品中心外移的距离，增加了食品和加热介质相互接触的表面积，为食品内水分外逸提供了更多途径，从而加速了水分蒸发和食品的脱水干制。食品的表面积越大，干制效果愈好。

（二）温度

传热介质和食品间温差越大，热量向食品传递的速率也越大，水分外逸速度将因此而增加。若以空气为加热介质，则温度就降为次要因素。原因是食品内水分以蒸汽状态从表面外溢时，将在其周围形成饱和蒸汽层，若不及时排除掉，将阻碍食品内水分进一步外逸，从而降低了水分的蒸发速度。不过温度越高，它在饱和前所能容纳的蒸汽量越大，同时若接触的空气量越大，所能吸收水分蒸发量也就越大。

（三）空气流速

加快空气流速，不仅因热空气所能容纳的蒸汽量高于冷空气而吸收较多的蒸发水分，还能及时将聚积在食品表面附近的饱和湿空气带走，以免阻止食品内水分进一步蒸发，同时还因和食品表面接触的空气量增加，而显著地加速食品中水分的蒸发。因此，空气流速越快，食品干燥也越迅速。

（四）空气湿度

脱水干制时，如用空气作干燥介质，空气越干燥，食品干燥速度也越快，接近饱和的湿空气进一步吸收蒸发水分的能力远比干燥空气差。

（五）大气压力和真空

大气压力为 1.01×10^5 Pa 时，水的沸点为 100 ℃。若大气压力下降，则水的沸点也下降，气压越低，沸点也越低。因此在真空室内加热干制时，就可以在较低的温度下进行。

四、干肉制品在储藏期间的质量变化及控制

干肉制品在贮藏过程中会受到很多因素的影响，例如空气、微生物等，随着贮藏时间的延长，导致制品变质。

（一）霉味和霉斑的形成及控制

1. 霉味和霉斑的形成

研究结果表明，干肉制品产生霉味和霉斑的主要原因是水分活度过高，脂肪含量过高或贮藏时间太久。干肉制品中含水量一般为 20%，含盐量一般为 5%~7%。但水分过高和含盐量过低是导致霉味和霉斑产生的直接原因。另外，若干肉制品中脂肪含量过高，或者长期高温贮藏都会导致脂肪离析并移至干肉制品的表面，进而附着在包装袋上，甚至渗透至袋外，使各种有机物附着，造成袋外霉菌的生长繁殖，成为引起干肉制品霉变的另一个原因。

2. 霉味和霉斑的预防

（1）控制肉制品中的含水量在 17%，含盐量在 7%，用一般复合膜包装的牛肉干贮藏 10 个月也不会霉变。

（2）采用特殊的包装　若采用 PET/AL/PE 复合膜包装，即使含水量达 20%，牛肉干保存 10 个月也无霉变；若进行充气包装，则 14 个月不变质。

（二）脂肪的氧化及预防措施

1. 脂肪的氧化

肉品中不饱和脂肪的自动氧化是脂肪对氧缓慢摄取所致，其反应过程大致为引发、传递和终止。首先，肉中的不饱和油脂在热、光和金属等刺激下，分离出来传

递自由基；接着空气中的氧与自由基结合，形成过氧化自由基。这种自由基与从其他脂肪酸中分离出来的氢结合，形成氢过氧化物。另外，分离出氢的脂肪酸分子形成新的游离基，反复进行同一反应，形成氢过氧化物；随着氢过氧化物的不断积累，原始的不饱和脂肪酸逐步减少。氢过氧化物本身无异味，但它不稳定，能分解生成醛、酮、醇或一些聚合物，使油脂散发异味，表面出现酸败的特征。

2. 预防措施

（1）控制干制品的含水量在 8%~16%。

（2）油炸干燥时应使用经过精炼的、酸价很低的含饱和脂肪酸多的油脂。

（3）选用合理的干燥工艺和设备。

（4）采用不透气的包装材料，在阴凉、干燥的地方贮藏。

（5）添加脂肪抗氧化剂，如防止游离基产生剂（乙二胺四乙酸）或游离基反应阻断剂。

拓展阅读

模块六　其他热加工熟肉制品加工

熟肉制品主要有熏烤肉制品、酱卤肉制品、干肉制品，除此以外，还有油炸类、熏煮香肠类、熏煮火腿类和发酵类肉制品。本模块以熏煮火腿类中的三文治火腿和油炸类肉制品中的油炸黑椒牛肉丸为例进行学习。三文治火腿是以鲜（或冻）猪后腿肉为原料，经绞制并加入辅料滚揉、腌制、充填、成型、蒸煮、冷却、脱模和包装而制成的熟肉制品，它是西式火腿的代表，是一种冷热即食的火腿制品；油炸黑椒牛肉丸是以鲜（或冻）牛肉为主要原料，经选修、绞制、腌制、斩拌制馅、制丸、油炸、冷却、速冻等制成的熟肉制品。

通过本模块的学习，你能学会：①三文治火腿加工；②黑椒牛肉丸加工。

任务十一　三文治火腿加工

任务书

一、任务情境描述

公司销售部门收到“三文治火腿”订单，下达生产部，生产部编制生产计划单，下达生产车间。请你按照《三文治火腿加工工艺规程》，完成生产任务，并按时供货。

二、价值分析

三文治火腿是西式盐水火腿之一，属于方火腿。方火腿以其高蛋白、低脂肪、鲜嫩爽口的品质优势，成为众多消费者喜欢的肉制品之一。其色泽鲜艳，含脂肪、结缔组织较少，肉块间结合致密，基本上没有孔洞和裂缝，具有很好的腌制风味，含盐量少，口感鲜嫩。它是欧美各国人民喜爱的食品之一，传入我国已有百余年历史，在北京、天津、上海和哈尔滨等城市均有生产。上海生产的盐水方腿色、香、味俱佳，鲜美可口，曾被评为全国优质产品，不但在国内享有盛名，而且远销国际市场，颇获好评。

盐水火腿的加工方法传入我国后，经劳动人民结合我国的特点，不断创新，已成为一种独特的熟肉制品。方火腿已经是市场上的畅销产品，与肉松、腊肠、红肠等同列为我国的主要熟肉制品。

学习活动

三文治火腿加工的学习活动见表 11–1。

表 11–1　三文治火腿加工的学习活动

活动序号	学习活动	完成情况	完成时间 / min
1	接受任务		
2	制订方案		
3	任务实施		
4	任务评价		
5	相关知识		

学习活动一　接受任务

学习要求：通过该活动，同学们要明确“三文治火腿生产计划单”中的具体要求，按时完成三文治火腿的生产任务。具体工作步骤及要求见表 11–2。

表 11–2　具体工作步骤及要求

序号	工作步骤	要求	完成情况	完成时间 / min
1	识读生产计划单	能快速准确地明确计划要求并清晰表达，在教师要求的时间内完成，能够读懂生产计划单中的各项内容		
2	确定生产工艺和设备	能够选择任务需要完成的工艺，并进行时间和工作场所安排，掌握相关理论知识		
3	编制任务分析报告	能够清晰地描写任务认知与理解等，思路清晰，语言描述流畅		

今接到一生产计划单，具体内容见表 11–3。

表 11–3　生产计划单

项目	内容	项目	内容
计划下达部门		计划接收部门	
计划下达日期		订单号	
产品代码		产品类别	
产品名称		产品规格	
单位		订单数量	
生产日期		包装物要求	
要求最迟到货时间		到货地点	
备注说明			

生产部编制计划人员：__________　　　　生产部部长：__________

一、识读生产计划单

（1）请用红色笔标出生产计划单中的关键词，并把关键词抄在下面横线上。

____

____

（2）请从关键词中选择词语组成一句话，说明生产计划单的要求（其中包含产品总量、规格、交货时间的具体要求）。

____

（3）请根据生产计划单中的信息，在下列横线上列式计算出产品总吨数。

二、确定生产工艺和设备

（1）根据《三文治火腿加工工艺规程》，以表格形式列出工艺过程中的主要设备设施、技术参数和工作要求，详见表 11–4。

表 11–4 三文治火腿主要设备、参数及要求

工序	主要设备设施	技术参数	工作要求
原料选择			
原料肉选修			
绞制			
盐水配制			
滚揉、腌制			
充填、成型			
蒸煮			
冷却			
脱模			
包装			

（2）为顺利完成生产任务，请查阅资料，写出三文治火腿的感官质量标准。

三、编写任务分析报告

（一）基本信息（表 11–5）

表 11–5 基本信息

项目	内容	备注
产品名称		
生产数量		
最迟到货时间		
领取原辅材料时间		

续表

项目	内容	备注
设备器具清洗消毒时间		
生产时间		
成品入库时间		

（二）任务分析

依据订单需求，按照《三文治火腿加工工艺规程》生产加工三文治火腿，请同学们绘制详细的生产工艺流程图。

____

____

学习活动二　制订方案

学习要求：通过对《三文治火腿加工工艺规程》的分析，编制工作流程、仪器设备清单、原辅材料清单及生产方案。具体要求见表 11–6。

表 11–6　具体要求

序号	工作步骤	要求	完成情况
1	编制工作流程	在 30 min 内完成工作流程编制，工作流程内容完整	
2	编制仪器设备清单	在 30 min 内完成仪器设备清单编制，满足生产工艺需要	
3	编制原辅材料清单	在 20 min 内完成三文治火腿加工需求清单编制，与订单计划对接	
4	编制生产方案	在 40 min 内完成生产方案编制，确保生产工作顺利进行	

一、编制工作流程

（1）项目的主要工作流程可以分为 5 个部分，分别是设备及工器具的清洗消毒、原辅材料的准备、实施生产加工、出厂检验、物流配送。

请回忆一下，各部分的主要工作任务有哪些？各部分的工作要求分别是什么？大约需要花费多长时间？具体工作流程见表 11–7。

表 11–7　具体工作流程

序号	工作流程	主要工作内容	参考标准	时间 / h
1	设备及工器具的清洗消毒			
2	原辅材料的准备			

续表

序号	工作流程	主要工作内容	参考标准	时间 / h
3	实施生产加工			
4	出厂检验			
5	物流配送			

（2）请分析《三文治火腿加工工艺规程》，写出工作流程，并写出完整的工作内容和要求，详见表 11–8。

表 11–8　三文治火腿生产工作流程

序号	工作流程	具体工作内容	要求
1			
2			
3			
4			
5			
6			
7			
8			

二、编制仪器设备清单

为了完成生产过程，需要用到哪些仪器设备？请列表完成（表 11–9）。

表 11–9　三文治火腿生产仪器设备清单

序号	仪器设备名称	型号	作用	是否会操作
1				
2				
3				
4				
5				
6				
7				
8				

三、编制原辅材料清单

为了完成生产任务，需要用到哪些原辅材料？请列表完成（表 11–10）。

表 11–10　三文治火腿原辅材料清单

序号	原辅材料名称	用量	作用	备注
1				
2				
3				
4				
5				
6				
7				
8				

四、编制生产方案

方案名称：________________

（一）生产目标

（填写说明：概括说明本次生产任务要达到的目标。）

____

____

（二）工作内容安排（表 11–11）

表 11–11　三文治火腿生产工作内容安排

生产流程	仪器设备及原辅材料	生产要求	操作要求	计划时间 / h

（三）产品感官质量评价

（填写说明：从产品的色泽、组织状态、风味等进行感官质量评价。）

____

（四）有关安全注意事项及防护措施

（填写说明：生产过程中的安全操作及防护要求。）

学习活动三　任务实施

建议学时：4 学时。

学习要求：按照三文治火腿生产方案中的内容，完成生产过程。生产过程符合生产安全、食品安全、质量标准、现场“6S”管理等要求。工作流程及要求见表 11–12。

表 11–12　工作流程及要求

序号	工作流程	要求	学时安排	备注
1	设备及工器具的清洗消毒	按照设备及工器具清洗消毒规程按时完成上述工作		
2	原辅材料的准备	按照工艺配方准确计算并领取原辅材料		
3	实施生产加工	严格按照《三文治火腿加工工艺规程》执行，按时完成任务		
4	出厂检验			
5	物流配送			
6	评价			

一、安全注意事项

请结合在实训室生产时的安全事项，写出本任务需要注意的安全事项。

二、设备及工器具的清洗消毒

（1）请阅读下述材料，完成设备及工器具的清洗消毒，并做好记录（表 11–13）。设备及工器具的清洗消毒流程：清刮干净残留肉糜→清水刷洗→清洁剂刷洗→清水冲洗→消毒液消毒→清水冲洗→沥干水分→定点定位放置。

表 11-13　清洗消毒记录表

设备及工器具名称	清洗消毒方法	完成人	完成时间	是否完成

（2）相关要求：同“任务一　屠宰加工猪”设备及工器具的清洗、消毒相关要求。

三、原辅材料的准备

按照工艺配方准确计算、领取原辅材料，并完成原辅材料准备记录，具体见表 11-14。

表 11-14　原辅材料记录

序号	原辅材料名称	用量	完成人	完成时间
1				
2				
3				
4				
5				
6				
7				
8				

四、实施生产加工

严格执行《三文治火腿加工工艺规程》，按时完成任务，并填写生产记录（表 11-15）。

表 11-15　三文治火腿生产记录

序号	生产步骤	标准、要求	操作人	完成时间要求
1				
2				

续表

序号	生产步骤	标准、要求	操作人	完成时间要求
3				
4				
5				
6				
7				
8				
9				
10				

五、出厂检验

请写出三文治火腿的出厂检验项目。

____

____

六、物流配送

请分析并写出三文治火腿物流配送过程中需要注意的问题。

____

____

学习活动四　任务评价

建议学时：0.5 学时。

学习要求：通过最后的任务评价，学生能明白做事要善始善终，知道自己掌握了多少，知道自己要努力的方向。

分小组按照任务评价表要求进行评价（表 11–16）。

表 11–16　任务评价表

项次	项目要求		配分	评分细则	自我评价	小组评价	教师评价
素养（20分）	纪律情况（5 分）	按时到岗，不迟到、早退	2 分	缺勤全扣，迟到、早退出现 1 次扣 1 分			
		积极思考、回答问题	2 分	根据上课统计情况得 1~2 分			

续表

<table>
<tr><th>项次</th><th colspan="2">项目要求</th><th>配分</th><th>评分细则</th><th>自我评价</th><th>小组评价</th><th>教师评价</th></tr>
<tr><td rowspan="9"></td><td rowspan="2"></td><td>学习用品准备</td><td>1 分</td><td>自己主动准备好学习用品并确保齐全得 1 分</td><td></td><td></td><td></td></tr>
<tr><td>执行教师命令</td><td>0 分</td><td>此为否定项，违规酌情扣 10~100 分，违反校规按校规处理</td><td></td><td></td><td></td></tr>
<tr><td rowspan="3">职业道德（6 分）</td><td>主动与他人合作</td><td>2 分</td><td>主动合作得 2 分，被动合作得 1 分</td><td></td><td></td><td></td></tr>
<tr><td>主动帮助同学</td><td>2 分</td><td>主动帮助同学得 2 分，被动帮助同学得 1 分</td><td></td><td></td><td></td></tr>
<tr><td>严谨、追求完美</td><td>2 分</td><td>对工作精益求精且效果明显得 2 分，对工作认真得 1 分，其余不得分</td><td></td><td></td><td></td></tr>
<tr><td rowspan="2">“6S”（4 分）</td><td>桌面、地面整洁</td><td>2 分</td><td>自己工位的桌面、地面整洁无杂物得 2 分，不合格不得分</td><td></td><td></td><td></td></tr>
<tr><td>物品定置管理</td><td>2 分</td><td>按定置要求放置得 2 分，其余不得分</td><td></td><td></td><td></td></tr>
<tr><td>阅读能力（5 分）</td><td>快速阅读能力</td><td>5 分</td><td>能快速准确地明确任务要求并清晰表达得 5 分，能主动沟通并在受指导后达标得 3 分，其余不得分</td><td></td><td></td><td></td></tr>
<tr><td rowspan="8">核心技术（60分）</td><td rowspan="3">接受任务（15 分）</td><td>识读计划单</td><td>5 分</td><td>能全部完成任务得 5 分，其余视情况得 1~4 分</td><td></td><td></td><td></td></tr>
<tr><td>确定生产工艺和设备</td><td>5 分</td><td>能全部完成任务得 5 分，其余视情况得 1~4 分</td><td></td><td></td><td></td></tr>
<tr><td>编写任务分析报告</td><td>5 分</td><td>能全部完成任务得 5 分，其余视情况得 1~4 分</td><td></td><td></td><td></td></tr>
<tr><td rowspan="3">制订方案（15 分）</td><td>编制工作流程</td><td>5 分</td><td>能全部完成任务得 5 分，其余视情况得 1~4 分</td><td></td><td></td><td></td></tr>
<tr><td>编制仪器设备清单</td><td>5 分</td><td>能全部完成任务得 5 分，其余视情况得 1~4 分</td><td></td><td></td><td></td></tr>
<tr><td>编制原辅材料清单</td><td>5 分</td><td>能全部完成任务得 5 分，其余视情况得 1~4 分</td><td></td><td></td><td></td></tr>
<tr><td rowspan="2">任务实施（30 分）</td><td>编制生产方案</td><td>5 分</td><td>能全部完成任务得 5 分，其余视情况得 1~4 分</td><td></td><td></td><td></td></tr>
<tr><td>设备器具清洗消毒</td><td>5 分</td><td>能全部完成任务得 5 分，其余视情况得 1~4 分</td><td></td><td></td><td></td></tr>
</table>

续表

项次	项目要求		配分	评分细则	自我评价	小组评价	教师评价
		原辅材料准备	5 分	能全部完成任务得 5 分，其余视情况得 1~4 分			
		生产加工	15 分	能全部完成任务得 15 分，其余视情况得 1~14 分			
工作页完成情况（20分）	按时、保质保量完成工作页（20 分）	按时提交	4 分	按时提交得 4 分，迟交不得分			
		书写整齐度	3 分	文字工整、字迹清楚得 3 分			
		内容完成程度	4 分	视完成情况分别得 1~4 分			
		回答准确率	5 分	视准确率情况分别得 1~5 分			
		有独到的见解	4 分	视见解程度分别得 1~4 分			
合计			100 分				
总分［加权平均分（自我评价占 20%，小组评价占 30%，教师评价占 50%）］							

学习活动五　相关知识

一、三文治火腿的生产工艺

（一）工艺流程

原料肉的选择与处理→绞制→盐水配制→滚揉、腌制→填充、成型→蒸煮→冷却→脱模→包装。

（二）工艺配方（表 11–17）

表 11–17　三文治火腿配料表

原辅材料	含量	原辅材料	含量
猪Ⅳ号肉	50%	烟熏液	0.06%
冰水	33.1%	味精	0.16%
乳酸钠	2.0%	山梨酸钾	0.06%
食盐	1.8%	D– 异抗坏血酸钠	0.06%
木薯变性淀粉	6.0%	亚硝酸钠	0.007%
分离蛋白	4.0%	猪肉香精	0.3%
葡萄糖	0.8%	三聚磷酸钠	0.4%
香辛料	0.25%	卡拉胶	0.4%
白糖	0.6%	诱惑红色素	0.001%
红曲红色素	0.006%	合计	100%

（三）操作要点

1. 原料肉的选择与处理

原料肉选用经兽医卫生检验检疫合格的鲜（冻）猪Ⅳ号肉。若选择的是冻肉，选修前采用空气解冻后再修。

原料肉选修时，应修去猪Ⅳ号肉表面的筋腱、淤血、淋巴、碎骨等，并洗涤干净，控干水分备用。

2. 绞制

将选修后的肉块在绞肉机上绞制成 20mm × 20 mm 大小的颗粒，绞制后的肉温控制在 8 ℃以下。

3. 盐水配制

（1）将配方中的香料按比例熬制成香料水，过滤后冷却备用。

（2）将预冷至 0~4 ℃的香料水取出，将配方中的各种辅料按一定顺序依次加入冷却后的香料水中，最终制得均匀稳定的盐水。盐水温度为 0~5 ℃。

4. 滚揉、腌制

按配方要求将原料肉和盐水称重后加入滚揉机（图 11-1）中，采用正转 20 min、休息 20 min、反转 20 min 的方式滚揉 10 h，滚揉结束后将肉馅取出，在 0~4 ℃环境中腌制 10~12 h。

图 11-1　滚揉机

彩图

5. 填充、成型

滚揉、腌制好的原料应及时装模，按 0.5 kg 或 1 kg 模具规格定量装模打卡，装入模具压紧。填充间温度控制在 20 ℃以下。

6. 蒸煮

将模具放入熏蒸炉或蒸煮槽中，蒸煮时炉温或水温控制在 80~85 ℃，当中心温度达到 72 ℃时，再保温 15 min 即可。

7. 冷却

用 0~4 ℃的水使产品的中心温度迅速降至 10 ℃以下，然后取出并置于 0~4 ℃的冷却间继续降温至产品中心温度为 0~4 ℃。

8. 脱模

当产品中心温度达到 0~4 ℃后方可进行脱模。

9. 包装

将产品装箱，产品包装结束后置于 0~4 ℃环境中存放。

（四）注意事项

（1）原料肉上筋腱、脂肪必须选修干净，否则会影响滚揉过程中盐溶性蛋白质的提取，导致产品的保水性、切片性等品质下降。

（2）配制好的盐水应马上使用，如不能及时使用，应加盖储存在 0~4 ℃的冷藏间内，时间不得超过 24 h。

（3）滚揉装载量最好是滚揉机容积的一半，最多不能超过容积的 2/3，要保证足够的滚揉时间、合适的转速及适宜的真空度。滚揉、腌制好的肉馅应及时进行灌装。

（4）滚揉后的原料也可以取出其中 1/3 在斩拌机中斩拌成肉糜，和剩余的 2/3 肉馅混合均匀后进行灌装，以增加产品的切片性，但肉糜馅的数量不宜过多，否则会影响产品的口感。

二、三文治火腿的起源及特点

三文治火腿（图 11–2）是西式火腿的代表。西式火腿起源于欧洲，在美国、加拿大及其他西方国家广为流行，鸦片战争以后传入我国，因其肉嫩味美而深受消费者欢迎。西式火腿一般由猪肉加工而成，与我国传统火腿（如金华火腿）的形状、加工工艺、风味等有很大区别，主要包括带骨火腿、去骨火腿、盐水火腿等。其中除带骨火腿为半成品，在食用前需熟制外，其他火腿均为可直接食用的熟制品。西式火腿色泽鲜艳，肉质细嫩，口味鲜美，营养丰富，食用方便，出品率高，适于大规模机械化生产，产品标准化程度高。

彩图

图 11–2　三文治火腿

三文治火腿在欧美国家又被称为蒸煮式或水煮式火腿，在我国又被称为方火腿，是一种冷热即食、经先进西式火腿加工工艺精制而成的西式肉制品，具有营养丰富、脆嫩清香、鲜美可口等特点，可开袋即食、切片拼盘、配菜热炒或涮火锅，是家庭生活、休闲旅游、餐饮配菜的理想选择，深受广大消费者的青睐。

三、滚揉技术

滚揉又称按摩，就是将腌制或盐水注射过的原料肉放置在一个旋转的鼓状容器中，或者放置在带有垂直搅拌桨的容器内，通过不断地翻滚、碰撞、挤压、摩擦来完成对肉处理的过程。

（一）滚揉的作用

破坏肉的组织结构，使肉质松软；加速盐水渗透、促进发色；加速盐溶性蛋白质的提取和溶解，提高肉的保水性与黏结性；缩短蒸煮时间、减少蒸煮损失，提高产品出品率。

（二）影响滚揉效果的因素

1. 原料肉的品质

动物种类和年龄、肉的切割程度、肉的成熟时间及肉的修整情况均会影响滚揉效果。

2. 滚揉时间

滚揉时间越长，盐溶性蛋白质的溶解和提取越充分，滚揉效果越好。滚揉时间并非所有产品都一样，要根据肉块（粒）的大小、滚揉前肉的处理情况及滚揉机的情况而定。

3. 间歇时间

在滚揉过程中，适当的间歇是很有必要的。一般采用开始阶段 10~20 min 工作，间歇 5~10 min，至中后期工作 40 min，间歇 20 min。根据产品的种类不同，采用的方式也有所差异。

间歇的目的是使滚揉时溶解、提取的盐溶性蛋白质充分地吸收水分并防止肉温上升。若间歇时间不够，溶解和提取出来的盐溶性蛋白质有可能来不及与水结合就会被挤回肌纤维内部，同时肉温也会升高。因此，一定的滚揉时间必须配合一定的间歇时间，才能使滚揉效果更佳。

4. 适当的载荷

适当的载荷即滚揉机的装入量。滚揉的效果主要取决于肉落下的高度。因此，同一台设备装入量过多，肉每次落下的距离就越小，若设定的滚揉程序相同，滚揉效果就越差。因此，在设定滚揉程序时一定要考虑装入量的多少，一般按容积的 60% 左右装载。

5. 滚揉机的转速

转速越快，蛋白质的溶解和提取也越快，但对肌纤维的破坏也越大。因此，应根据不同产品的工艺要求及肉块大小来选择滚揉机的转速。

6. 真空度

真空度一般控制在一个大气压的 70%~80%。

7. 温度控制

滚揉间的温度若较高，会使原料肉升温而造成细菌繁殖，并且产品的出品率、切片性等都会显著下降；若温度较低，会造成原料肉温度过低，不利于腌制液的渗透、扩散及肉的发色。因此，滚揉间的温度应控制在 0~4 ℃，滚揉期间肉的中心温度以不超过 6 ℃为宜。

（三）滚揉终点的判定

1. 肉的柔软度

用手指按压肉块无弹性，中心部位与外表柔软度一致，捏住肉的下部将其竖起，则上半部分随即垂下来，毫不硬性感觉，具有可塑性。

2. 肉的色泽与形态

肉块表面被凝胶物均匀地包裹，肉块状和色泽清晰可辨，肌纤维被破坏，明显有“糊”状感觉，但糊而不烂。

3. 肉的黏性

肉块表面很黏，将两小块肉粘在一起，提起一块，另一块瞬间不会掉下来。

四、西式火腿加工中的常见问题及处理方法

随着西式火腿在我国的迅速发展，生产厂家不断增多，品种日益丰富，产量日益扩大。然而，由于西式火腿对生产、流通、销售等环节要求比较严格，若控制不当，极易出现质量问题。常见的质量问题有出水，褪色，切面不紧密、有蜂窝状，出油等现象，给企业造成了不少损失，严重影响了产品在消费者心目中的形象。现就西式火腿常见的质量问题分析如下。

（一）出水

生产过程中西式火腿质量问题最多的是出水，出现此现象的主要原因如下：原料肉质量较差，导致肉的持水性低；盐水中食盐、磷酸盐的含量偏低，影响肉的保水性；保水性物质少加或漏加（如淀粉、蛋白、卡拉胶等添加剂）；加工工艺控制不够严格（如添加水分过多、加工温度偏高等）。现分述如下。

1. 原料因素

原料是影响西式火腿质量的首要因素。在分析西式火腿切面渗水质量问题时，主要基于以下几个方面的因素。

（1）屠宰后的原料肉没有及时冷却：如果屠宰后原料肉得不到及时冷却，由于肌肉组织中的无氧酵解作用，短时间内温度就会有所升高，并持续一定的时间，从而使得肌肉的 pH 下降，酶活性增强，肌肉蛋白（特别是可溶性蛋白质）易于变性、分解。而火腿的持水性，在很大程度上取决于可溶性蛋白质的质和量。因此，采用没有及时冷却的原料肉制作西式火腿，是西式火腿切面渗水的重要原因。特别是一

些小型的肉制品加工企业，为降低生产成本，未按国家食品卫生与安全的相关标准要求，从一些小型的屠宰场所收购、调运原料肉，用于加工西式火腿，这个因素显得尤为突出。

（2）原料肉太硬：如果原料肉太硬，腌制液不容易扩散，就会抑制腌制剂和肌纤维的作用，使蛋白质渗析量受到影响，持水性能下降，造成西式火腿成品切面渗水。原料肉太硬的原因主要有以下两个方面：①原料肉解冻不彻底或者冷却温度太低。一般加工用的原料肉温度在 0~4 ℃比较合适。②用种公猪肉、种母猪肉作原料。种公猪肉、种母猪肌肉中的结缔组织成分多，它不但能使肉发硬，而且在蒸煮过程中收缩严重，会压迫肌肉组织，造成汁液的流失。因此，种公猪肉、种母猪肉不宜用作西式火腿原料。

（3）原料肉带脂率：原料肉中的脂肪本身没有持水能力，过多的脂肪还会在加工过程中包围在肌肉组织周围，使腌制剂不易渗透到肌肉组织中，活性蛋白不易析出，从而使西式火腿的持水性下降。因此，西式火腿的原料应尽量修净脂肪组织。

2. 工艺因素

现代西式火腿加工中，由于机械设备性能日趋完善，各项工艺条件易于严格控制。如果工艺条件选择不当，也会引起火腿切面渗水。

（1）产品滚揉不当：使用真空滚揉机可取得以下效果：使腌制液在原料肉内均匀吸收扩散；盐溶性蛋白质析出，增强肉的结合力，提高肉的弹性；保证制品的切片性，防止切片时产生破碎裂口；增强保水性，提高出品率；提高产品的柔嫩性和结构稳定性。①产品滚揉过度，会使肌浆膜破裂、浆液流失，同时过度的滚揉肉温会升高，使功能蛋白的性能受到不良影响，造成火腿在蒸煮成型过程中的组织重组发生困难，制品吸水能力下降。②滚揉不足，不利于腌制剂和肌肉组织充分作用，会影响活性蛋白的析出量，不利于火腿的持水性。原则上说滚揉后的理想效果是肌纤维得到很好的分离，而肌浆膜不发生破裂，盐溶性蛋白质析出。具体工艺条件的确定依所使用机械设备性能的不同而异。在确定滚揉工艺的过程中，可用显微镜做切片观察实验，帮助解决。

（2）蒸煮、冷却工艺不当：蒸煮和冷却是火腿加工中紧密相关的两道工序。蒸煮、冷却工艺不当包括以下三个方面。①蒸煮温度过高，进程过快：一方面促使肉块中的结缔组织急剧收缩，挤压肌肉组织，造成汁液流失；另一方面，在这种情况下，结缔组织不易明胶化，而使制品的乳化性、持水性和弹性有所下降。②冷却水温太低：会造成火腿制品的冷收缩，使蛋白质受到挤压，造成汁液流失的不良后果。③冷却水温太高：使过程太慢，不利于火腿成型过程中的组织重组，会影响到产品的持水性。

3. 配方因素

目前，肉制品企业采用的腌制剂都是经过一系列的实验而定型的，一般说来较为合理。在生产过程中出现产品切面渗水现象时，可考虑下面两点因素。

（1）配方设计水分多：配方设计不合理，水分添加过量，不能被持水成分完全吸附，从而导致产品出水。

（2）腌制液中糖分太多：糖分在西式火腿原料肉腌制过程中会分解产酸。适量的产酸能增进产品的风味，改善火腿的色泽，但是产酸太多就会造成腌制原料的 pH 太低，从而不利于制品的持水性。

（3）功能蛋白质、复合胶的影响：在一定的注射量下，蛋白质添加不足必定会引起火腿的切面渗水。在加工中用淀粉取代或部分取代功能蛋白质的添加，由于西式火腿的储存温度 (2~4 ℃) 恰好在淀粉最易于老化的区间内，这样淀粉会因老化而降低结合水的能力，表现出火腿切面渗水的不良现象，因而在火腿加工中，淀粉只能作为一种辅助添加物，可强化蛋白质的功能，但不能取代蛋白质添加物。国内外较为普遍使用的功能蛋白质是大豆蛋白，它有较好的黏结性、乳化性和持水性，缺点是对火腿的色泽有所影响，易变色。此外，复合胶质量不好，产生脱水现象，也会导致产品渗水。

解决办法：严格把握好原料肉的质量关；控制每道工序的加工工艺和每种原辅材料的添加量。

（二）褪色

1. 原料肉的因素

原料肉的因素主要是原料肉不新鲜，其中的肌红蛋白、血红蛋白、脂肪已发生变化，导致产品色泽不稳定。

解决办法：选择优质、新鲜的原料肉。

2. 工艺因素

工艺因素主要是熏制时工艺参数设置不合理和所使用烟熏材料发烟效果不好，导致产品着色不良。

解决办法：设置合理的工艺参数；烟熏材料尽量选择果木材料，必要时辅助于糖熏。

3. 辅料及配方的因素

辅料及配方的因素主要是由于配方中添加的各种发色剂、助色剂、着色剂、抗氧化剂等的质量、用量及在使用种类的选择上存在问题。

解决办法：选择品质优良、性能优异的添加剂（化学性能稳定且不易被微生物分解利用），在食品添加剂使用卫生标准允许的范围内，适当加大其用量。

4. 包装材料的因素

包装材料的因素主要是包装材料的阻隔性较差。

解决办法：选择高性能的阻隔材料，在工艺和成本允许的条件下，必要时可加大包装材料的厚度，效果非常显著。

（三）切面不紧密、有蜂窝状

1. 切面不紧密

（1）原料肉的因素：由于原料肉经解冻后温度可能超过 12 ℃，因而此时加工会影响肉的粘着力，这种肉肉质松软、持水性差，导致产品切面不紧密。

（2）辅料的因素：辅料中的食盐、磷酸盐、动物蛋白、植物蛋白、淀粉等的质量和数量也会影响肉的黏着力，造成产品切面不紧密。

解决办法：原料肉严格按要求解冻；调整配方，控制辅料中食盐、磷酸盐、动物蛋白、植物蛋白、淀粉等的质量和添加量。

2. 产品有蜂窝状

主要是由细菌的繁殖产气和在料馅中混有空气所致。

解决办法：严格控制原辅材料的卫生质量和生产加工环节的工艺（同时注意防止在料馅中混入空气）及卫生。

（四）出油

出油即西式火腿表面及两端有脂肪析出，出现此现象的原因如下：配方不科学，脂肪含量偏高；腌制加工肉温太高，使脂肪的乳化能力降低；蒸煮温度过高，使脂肪融化析出；保油性添加剂(大豆分离蛋白、酪朊酸钠等)漏加或偏低。

解决办法：将原料肉的脂肪分割干净、减少脂肪的含量；控制加工温度，防止肉温太高；严格控制蒸煮温度、以免太高；加大保油性添加物的量。

五、三文治火腿的质量标准

（一）三文治火腿的感官质量标准（表 11–18）

表 11–18　三文治火腿的感官质量标准（GB 2726—2016）

项目	要求
色泽	具有产品应有的色泽
滋味、气味	具有产品应有的滋味和气味，无异味，无异嗅
状态	具有产品应有的状态，无正常视力可见的外来异物，无焦斑和霉斑

（二）污染物限量

污染物限量应符合《食品安全国家标准　食品中污染物限量》（GB 2762—2022）的规定。

（三）微生物限量

（1）致病菌限量应符合《食品安全国家标准　预包装食品中致病菌限量》（GB 29921—2021）的规定。

（2）微生物限量还应符合《食品安全国家标准　熟肉制品》（GB 2726—2016）的规定（表 11-19）。

表 11-19　三文治火腿的微生物限量指标

项目	采样方案[a]及限量				检验方法
	n	*c*	m	M	
菌落总数[b]/（CFU/g）	5	2	104	105	见 GB 4789.2—2022
大肠菌群 /（CFU/g）	5	2	10	102	见 GB 4789.3—2016

注：a 样品的采集及处理按《食品安全国家标准　食品微生物学检验　总则》（GB 4789.1—2016）执行；b 发酵肉制品类除外。*n* 为同一批次产品应采集的样品件数；*c* 为最大可允许超出 m 值的样品数；m 为致病菌指标可接受水平的限量值；M 为致病菌指标的最高安全限量值。

任务十二　油炸黑椒牛肉丸加工

任务书

一、任务情境描述

公司销售部门收到“油炸黑椒牛肉丸”订单，下达生产部，生产部编制生产计划单，下达生产车间。请你按照《油炸黑椒牛肉丸加工工艺规程》，完成生产任务，并按时供货。

二、价值分析

牛肉丸是传统小吃之一，是用牛肉、淀粉制作而成的食品，既可作为点心小食，又可作为一道汤菜上筵席。其味道鲜美，肉味浓郁，肉质鲜嫩，嚼劲十足，流传于广东、福建、浙江、广西等地区。随着健康饮食观念的普及，消费者对牛肉丸的健康和营养属性越来越重视，一些企业开始推出低脂、高蛋白、无添加等特性的牛肉丸产品。针对不同消费者的口味偏好，牛肉丸行业推出了麻辣牛肉丸、酱香牛肉丸、海鲜牛肉丸等多种口味。

牛肉丸行业具有广阔的发展前景和巨大的市场潜力。企业需要抓住市场机遇，加强产品创新和技术创新，提升品牌知名度和美誉度，以赢得更多的市场份额和竞争优势。

学习活动

油炸黑椒牛肉丸加工的学习活动见表 12–1。

表 12–1　油炸黑椒牛肉丸加工的学习活动

活动序号	学习活动	完成情况	完成时间 / min
1	接受任务		
2	制订方案		
3	任务实施		
4	任务评价		
5	相关知识		

学习活动一　接受任务

学习要求：通过该活动，同学们要明确“油炸黑椒牛肉丸生产计划单”中的具体要求，按时完成订单生产任务。具体工作步骤及要求见表 12–2。

表 12–2　具体工作步骤及要求

序号	工作步骤	要求	完成情况	完成时间 / min
1	识读生产计划单	能快速准确地明确计划要求并清晰表达，在教师要求的时间内完成，能够读懂生产计划单中的各项内容		
2	确定生产工艺和设备	能够选择任务需要完成的工艺，并进行时间和工作场所安排，掌握相关理论知识		
3	编制任务分析报告	能够清晰地描写任务认知与理解等，思路清晰，语言描述流畅		

今接到一生产任务单，具体内容见表 12–3。

表 12–3　生产计划单

项目	内容	项目	内容
计划下达部门		计划接收部门	
计划下达日期		订单号	
产品代码		产品类别	
产品名称		产品规格	
单位		订单数量	
生产日期		包装物要求	
要求最迟到货时间		到货地点	
备注说明			

生产部编制计划人员：__________　　　　生产部部长：__________

一、识读生产计划单

（1）请用红色笔标出生产计划单中的关键词，并把关键词抄在下面横线上。

____

____

（2）请从关键词中选择词语组成一句话，说明生产计划单的要求（其中包含产品总量、规格、交货时间的具体要求）。

____

（3）请根据生产计划单中的信息，在下列横线上列式计算出产品总吨数。

二、确定生产工艺和设备

（1）根据《油炸黑椒牛肉丸加工工艺规程》，以表格形式列出工艺过程中的主要设备设施、技术参数和工作要求，详见表 12–4。

表 12–4　油炸黑椒牛肉丸主要设备、参数及要求

工序	主要设备设施	技术参数	工作要求
原料选择			
原料肉选修			
绞制			
腌制			
肉馅制作			
肉丸制作			
油炸			
冷却			
速冻			
包装			

（2）为顺利完成生产任务，请查阅资料，写出油炸黑椒牛肉丸的感官质量标准。

三、编写任务分析报告

（一）基本信息（表 12–5）

表 12–5　基本信息

项目	内容	备注
产品名称		
生产数量		
最迟到货时间		
领取原辅材料时间		

续表

项目	内容	备注
设备器具清洗消毒时间		
生产时间		
成品入库时间		

（二）任务分析

依据订单需求，按照《油炸黑椒牛肉丸加工工艺规程》生产加工油炸黑椒牛肉丸，请绘制详细的生产工艺流程图。

____

____

学习活动二　制订方案

学习要求： 通过对《油炸黑椒牛肉丸加工工艺规程》的分析，编制工作流程、仪器设备清单、原辅材料清单及生产方案，具体要求见表 12–6。

表 12–6　具体要求

序号	工作步骤	要求	完成情况
1	编制工作流程	在 30 min 内完成工作流程编制，工作流程内容完整	
2	编制仪器设备清单	在 30 min 内完成仪器设备清单编制，满足生产工艺需要	
3	编制原辅材料清单	在 20 min 内完成黑椒牛肉丸加工需求清单编制，与订单计划对接	
4	编制生产方案	在 40 min 内完成生产方案编制，确保生产工作顺利进行	

一、编制工作流程

（1）项目的主要工作流程可以分为 5 个部分，分别是设备及工器具的清洗消毒、原辅材料的准备、实施生产加工、出厂检验、物流配送。

请回忆一下，各部分的主要工作任务有哪些？各部分的工作要求分别是什么？大约需要花费多长时间？具体工作流程见表 12–7。

表 12–7　具体工作流程

序号	工作流程	主要工作内容	参考标准	时间 / h
1	设备及工器具的清洗消毒			
2	原辅材料的准备			

续表

序号	工作流程	主要工作内容	参考标准	时间 / h
3	实施生产加工			
4	出厂检验			
5	物流配送			

（2）请分析《油炸黑椒牛肉丸加工工艺规程》，写出工作流程，并写出完整的工作内容和要求，详见表 12-8。

表 12-8　油炸黑椒牛肉丸生产工艺规程

序号	工作流程	具体工作内容	要求
1			
2			
3			
4			
5			
6			
7			
8			

二、编制仪器设备清单

为了完成生产过程，需要用到哪些仪器设备？请列表完成（表 12-9）。

表 12-9　油炸黑椒牛肉丸生产仪器设备清单

序号	仪器设备名称	型号	作用	是否会操作
1				
2				
3				
4				
5				
6				
7				
8				

三、编制原辅材料清单

为了完成生产任务，需要用到哪些原辅材料？请列表完成（表 12-10）。

表 12-10　油炸黑椒牛肉丸原辅材料清单

序号	原辅材料名称	用量	作用	备注
1				
2				
3				
4				
5				
6				
7				
8				

四、编制生产方案

方案名称：____________________

（一）生产目标

（填写说明：概括说明本次生产任务要达到的目标。）

____

____

（二）工作内容安排（表 12-11）

表 12-11　油炸黑椒牛肉丸生产工作内容安排

生产流程	仪器设备及原辅材料	生产要求	操作要求	计划时间 / h

（三）产品感官质量评价

（填写说明：从产品的色泽、外观形状、重量、组织状态、风味等进行感官质量评价。）

____

（四）有关安全注意事项及防护措施

（填写说明：生产过程中的安全操作及防护要求。）

学习活动三　任务实施

建议学时： 2~3 学时。

学习要求： 按照油炸黑椒牛肉丸生产方案中的内容，完成生产过程。生产过程符合生产安全、食品安全、质量标准、现场“6S”管理等要求。工作流程及要求见表 12–12。

表 12–12　工作流程及要求

序号	工作流程	要求	学时安排	备注
1	设备及工器具的清洗消毒	按照设备及工器具清洗消毒规程按时完成上述工作		
2	原辅材料的准备	按照工艺配方准确计算并领取原辅材料		
3	实施生产加工	严格按照《油炸黑椒牛肉丸加工工艺规程》执行，按时完成任务		
4	出厂检验			
5	物流配送			
6	评价			

一、安全注意事项

请结合在实训室生产时的安全事项，写出本任务需要注意的安全事项。

二、设备及工器具的清洗消毒

（1）请阅读下述材料，完成设备及工器具的清洗消毒，并做好记录（表 12–13）。

设备及工器具的清洗消毒流程：清刮干净残留肉糜或蔬菜→清水刷洗→清洁剂刷洗→清水冲洗→消毒液消毒→清水冲洗→沥干水分→定点定位放置。

表 12-13 清洗消毒记录表

设备及工器具名称	清洗消毒方法	完成人	完成时间	是否完成

（2）相关要求：同“任务一 屠宰加工猪”设备及工器具的清洗、消毒相关要求。

三、原辅材料的准备

按照工艺配方准确计算、领取原辅材料，并完成原辅材料准备记录，具体见表 12-14。

表 12-14 原辅材料记录

序号	原辅材料名称	用量	完成人	完成时间
1				
2				
3				
4				
5				
6				
7				
8				

四、实施生产加工

严格执行《油炸黑椒牛肉丸加工工艺规程》，按时完成任务，并填写生产记录（表 12-15）。

表 12-15 油炸黑椒牛肉丸生产记录

序号	生产步骤	标准、要求	操作人	完成时间要求
1				
2				

续表

序号	生产步骤	标准、要求	操作人	完成时间要求
3				
4				
5				
6				
7				
8				
9				
10				

五、出厂检验

请写出油炸黑椒牛肉丸的出厂检验项目。

____

____

____

六、物流配送

请分析并写出油炸黑椒牛肉丸物流配送过程中需要注意的问题。

____

____

学习活动四　任务评价

建议学时：0.5 学时。

学习要求：通过最后的任务评价，学生能明白做事要善始善终，知道自己掌握了多少，知道自己需要努力的方向。

分小组按照任务评价表要求进行评价（表 12–16）。

表 12–16　任务评价表

项次	项目要求		配分	评分细则	自我评价	小组评价	教师评价
素养（20分）	纪律情况（5分）	按时到岗，不迟到、早退	2 分	缺勤全扣，迟到、早退出现 1 次扣 1 分			

续表

项次	项目要求		配分	评分细则	自我评价	小组评价	教师评价
		积极思考、回答问题	2分	根据上课统计情况得1~2分			
		学习用品准备	1分	自己主动准备好学习用品并齐全得1分			
		执行教师命令	0分	此为否定项，违规酌情扣10~100分，违反校规按校规处理			
	职业道德（6分）	主动与他人合作	2分	主动合作得2分，被动合作得1分			
		主动帮助同学	2分	主动帮助同学得2分，被动帮助同学得1分			
		严谨、追求完美	2分	对工作精益求精且效果明显得2分，对工作认真得1分，其余不得分			
	“6S”（4分）	桌面、地面整洁	2分	自己工位的桌面、地面整洁无杂物得2分，不合格不得分			
		物品定置管理	2分	按定置要求放置得2分，其余不得分			
	阅读能力（5分）	快速阅读能力	5分	能快速准确地明确任务要求并清晰表达得5分，能主动沟通并在受指导后达标得3分，其余不得分			
核心技术（60分）	接受任务（15分）	识读计划单	5分	能全部完成任务得5分，其余视情况得1~4分			
		确定生产工艺和设备	5分	能全部完成任务得5分，其余视情况得1~4分			
		编写任务分析报告	5分	能全部完成任务得5分，其余视情况得1~4分			
	制订方案（15分）	编制工作流程	5分	能全部完成任务得5分，其余视情况得1~4分			
		编制仪器设备清单	5分	能全部完成任务得5分，其余视情况得1~4分			
		编制原辅材料清单	5分	能全部完成任务得5分，其余视情况得1~4分			
	任务实施（30分）	编制生产方案	5分	能全部完成任务得5分，其余视情况得1~4分			

续表

项次	项目要求		配分	评分细则	自我评价	小组评价	教师评价
		设备器具清洗消毒	5 分	能全部完成任务得 5 分，其余视情况得 1~4 分			
		原辅材料准备	5 分	能全部完成任务得 5 分，其余视情况得 1~4 分			
		生产加工	15 分	能全部完成任务得 15 分，其余视情况得 1~14 分			
工作页完成情况（20分）	按时、保质保量完成工作页（20 分）	按时提交	4 分	按时提交得 4 分，迟交不得分			
		书写整齐度	3 分	文字工整、字迹清楚得 3 分			
		内容完成程度	4 分	视完成情况分别得 1~4 分			
		回答准确率	5 分	视准确率情况分别得 1~5 分			
		有独到的见解	4 分	视见解程度分别得 1~4 分			
合计			100 分				
总分 [加权平均分（自我评价占 20%，小组评价占 30%，教师评价占 50%）]							

学习活动五　相关知识

一、油炸黑椒牛肉丸的生产工艺

（一）工艺流程

原料肉的选择与处理→绞制→腌制→肉馅制作→制丸→油炸→冷却→速冻→真空包装。

（二）工艺配方

牛腿肉 65 kg，蔬菜（香菇）12 kg，鸡蛋 2.8 kg，食盐 1.81 kg，白砂糖 1.67 kg，玉米淀粉 1.67 kg，木薯淀粉 1.67 kg，糯米粉 1.67 kg，生姜 1.12 kg，生抽 1.12 kg，味精 0.45 kg，鸡精 0.16 kg，白酒 0.55 kg，大葱 0.55 kg，黑胡椒粉 0.28 kg，白胡椒粉 0.055 kg，五香粉 0.28 kg，复合磷酸盐 0.16 kg，乳酸链球菌素 0.16 kg，D- 异抗坏血酸钠 0.056 kg，亚硝酸钠 0.009 kg，冰水 6.76 kg。

（三）操作要点

1. 原料肉的选择与处理

选用经兽医卫生检验检疫合格的鲜（冻）牛腿肉为原料，但有时企业考虑到成本因素，会选用一部分猪肉或鸭肉代替牛腿肉。若选择的是冻肉，选修前应采用空气解冻法解冻后再修。

进行原料肉选修时，应修去牛肉中明显的筋腱、淤血、淋巴、碎骨等，洗涤干净，控干水分备用。

2. 绞制

绞制前根据绞肉机料筒直径大小确定是否需要预先将肉分割成肉条，若需分割，则要求肉条粗细不大于绞肉机料筒直径，接着将选修好且大小粗细适宜的牛腿肉块（条）在绞肉机上绞制成 8 mm × 8 mm 大小的颗粒，绞制后的肉温不超过 10 ℃。

3. 腌制

常采用干腌法进行腌制，具体操作：称取占原料肉重 1.5% 的食盐、0.015% 的亚硝酸钠，用硝量 20 倍的水溶解亚硝酸钠，倒入食盐中混匀；将混匀的腌制料与绞制好的肉粒一同加入真空搅拌机内，搅拌 5~6 min，搅拌至料馅均匀且有一定的黏度即可；搅拌后将肉粒盛装在洁净的容器内，压实，并在上面覆盖一层塑料膜，放在 2~4 ℃的环境中腌制 24~48 h。

4. 肉馅制作

将腌制成熟的肉粒加入搅拌机中，启动搅拌机，依次加入鸡蛋、冰水、生抽、大葱末、姜末、混合料（剩余食盐、白糖、味精、鸡精、五香粉、复合磷酸盐、乳酸链球菌素、异抗坏血酸钠）、淀粉、糯米粉、胡椒粉、白酒进行搅拌，搅拌均匀即可，时间控制在 5 min 左右。

5. 制丸

待锅内水温达到 85~90 ℃时，向制丸机内装入肉馅，根据规格要求调节机器模具，启动制丸机，丸子在肉丸机内挤出后立即进入热水锅中定型。

6. 油炸

向恒温油炸锅内倒入植物油，调节温度旋钮至设定温度 170 ℃，待恒温指示灯亮，分批放入黑椒牛肉丸稍炸 2 min 左右，待肉丸表面金黄捞起沥油。

7. 冷却

将油炸黑椒牛肉丸摊凉在不锈钢网筛上，采用自然冷却法冷却至室温即可。

8. 速冻

将黑椒牛肉丸输送至全自动速冻流水生产线 45~60 min 或 −23 ℃左右的速冻冷库内 12 h 左右。

9. 真空包装

将速冻结束的油炸牛肉丸按不同包装规格的要求准确计量称重，整齐排列在塑料袋或盒内，进行包装封口。也可以散装称重销售。

二、油炸黑椒牛肉丸的产品特点及成品质量标准

（一）产品特点

油炸黑椒牛肉丸具有香酥可口、色泽美观、颗粒整齐、香气浓郁、咸香可口的特点。其食用方便，既可直接食用，也可蘸酱食用，还可制作成菜肴或煮火锅食用。

（二）成品质量标准（表 12–17）

表 12–17　油炸黑椒牛肉丸的成品质量标准

类型	项目	指标
感官质量标准	色泽	金黄美观均匀
	组织状态	颗粒整齐，内部细腻无异物
	气味	具有油炸制品独特的浓郁香味，无异味
	滋味	口感香酥细腻、咸鲜可口
理化指标	过氧化值（以脂肪计）/（g/100 g）	≤ 0.25
	铅（pb）/(mg/kg)	≤ 0.5
	镉（以 Cd 计）/(mg/kg)	≤ 0.1
	总砷（以 As 计）/(mg/kg)	≤ 0.5
微生物指标	菌落总数 /（个 /g）	≤ 320
	大肠菌群 /(个 /100 g)	≤ 60
	致病菌	不得检出

三、油炸加工技术

（一）作用原理

进行油炸制品加工时，将食物置于一定温度的油中，油可以快速而均匀地传导热，使制品表面温度迅速上升，水分汽化，出现干燥层，形成硬壳。此时，水分汽化层便向食物内部迁移，当食物表面温度升高到油温时，制品内部中心温度达到 72 ℃以上。同时表面发生焦糖化反应、美拉德反应及蛋白质变性，产生独特的油炸香味。油炸时传热速度与油的温度、食物内部之间的温度、肉的热导率关系比较密切。油炸过程中，水和水蒸气从食物表面干燥层中大孔隙中析出。同时由于食物油炸时表面形成的硬壳阻止了食物内部水蒸气外散，使水蒸气穿透作用增强，致使食物快速熟化，因此油炸制品外脆里嫩。

（二）用油的要求和有效使用的方法

油炸加工用油要求是新鲜的植物油，需具备熔点低、过氧化值低、不饱和脂肪酸含量低等特点。我国目前使用较多的主要是大豆油、菜籽油、葵花籽油，氢化的油脂可长期反复使用。

为了有效地使用炸制油，可在油中可加入硅酮化合物，以减少起泡的产生；加入金属螯合物，可延长使用时间和油炸制品的货架期。

延长炸制油的寿命，除掌握适当的油炸条件和添加抗氧化物外，最重要的因素是及时更换油脂、清除食物残渣。油脂更换率，即每日加入锅内的新鲜油比例，通常为 15%~20%。碎渣的存在加速了油的变质，并使制品附上黑色斑点，因此炸制油应每天过滤一次。

（三）过程控制

油炸制品质量控制的关键是控制油温和油炸时间。油炸的有效温度可在 100~230 ℃，炸制过程肉在不同温度下发生的变化见表 12-18。为了更好地控制油温，通常可使用恒温油炸设备，若没有恒温油炸设备，则通常需根据经验来判断。合适的油炸温度和油炸时间需根据成品的质量要求、原料的性质、肉块的大小和厚度、下锅数量等因素综合确定。

表 12-18 油温及肉的变化情况

油炸温度 /℃	肉的变化情况
100	表面水分蒸发强烈，蛋白质凝固，食品体积缩小
105~130	表面形成硬膜层，脂质、蛋白质降解形成芳香物质及美拉德反应产生油炸香味
135~145	表面呈深金黄色并焦糖化，有轻微烟雾形成
150~160	有大量烟雾产生，食品质量劣化，游离脂肪酸增加，产生丙烯醛，有不良气味
180 以上	游离脂肪酸超过 1%，食品表面开始炭化

（四）油炸方法及产品特点

1. 根据油炸设备不同分类

油炸方法根据油炸设备的不同可分为传统油炸技术、水油混合式深层油炸技术、高压油炸技术、真空低温油炸技术 4 种。

（1）传统油炸技术：其原理、特点及缺点如下。

原理与特点：传统油炸技术又称浅层油炸技术，一般在工业化油炸加工中应用不多，适用于表面积较大的食品，如馅饼、肉饼、肉片等，该技术常应用于餐馆和家庭的油炸食品加工。在餐馆和家庭中，浅层油炸常使用恒温电热平底油炸锅（图 12-1）或炒锅等设施。该类设备生产能力低、操作简单，没有滤油装置，会有碎屑留在锅中，碎屑在高温下会发生变化，甚至变得焦糊，引起油炸用油的风味变差，品质下降，因此常把这部分油作为废弃油处理掉。在食品加工厂，浅层油炸技术长期以来大多采用燃煤或油的灶，少数采用钢板焊接的自制平底油炸锅。间歇式油炸锅是加工厂普遍使用的一种油炸设备，此设备可对油温进行准确控制。同时，这些油炸装置一般都配备了相应的滤油装置（过滤机），对用过的油进行过滤，有效地滤除油中的悬浮微粒杂质和沉淀油渣，抑制酸价和过氧化值升高，延长油的使用时间，明显改善产品的外观、颜色，既可提高油炸肉制品的质量，又可降低成本。

彩图

图 12-1　恒温电热平底油炸锅

缺点：在传统油炸设备中油全部处于高温状态，很容易发生氧化变质，导致颜色变深、黏度升高、不能食用。积存在油炸锅底的残渣也会随着油使用次数的增加、时间的延长而增多，使油变得浑浊。残渣黏附于产品表面，会使产品质量劣化，影响消费群体的健康，并且高温下长时间使用过的油，会产生不饱和脂肪酸的过氧化物，妨碍机体对蛋白质等营养成分的吸收，降低产品的营养价值。

（2）水油混合式深层油炸技术：为了克服传统油炸技术的缺点，研究者设计开发了水油混合式深层油炸技术。

原理与特点：此技术是将水和油同时加入一敞口锅中，相对密度小的油浮于容器上半部，相对密度大的水沉于容器的下半部，在油层中部水平放置加热器（如电热管）加热。水油混合式深层油炸锅见图 12-2。采用此技术油炸肉制品时，油层中部的加热器对油炸锅上半部的油层进行加热，而油水界面处的水平冷却器及强制循环风机对下层进行冷却，使下半部的水层温度控制在 55 ℃以内。炸制时产生的食物残渣从高温炸制油层落下，积存于底部温度不高的水层中，在一定程度上缓解了传统油炸技术带来的问题。同时，沉入下层的食品残渣可以过滤去除，且下层温度比上部油层低，油的氧化速度也能得到缓解。另外，残渣中含的油经过水分离后返回油层，节油效果明显，炸制过程中需要补充的新油量仅接近被肉制品所吸收的油量。炸制过程中，油始终保持新鲜状态，使炸出的肉制品色、香、味俱佳，可实现全自动连续生产的目的。因此，水油混合式深层油炸技术具有限位控制、分区控温、自动过滤、自我洁净的优点，与传统浅层油炸技术相比实现了较大的技术进步。

彩图

图 12-2　水油混合式深层油炸锅

操作技术：在进行油炸之前，先将滤网置于加热器上，然后在水油混合式深层油炸锅内加入水至油位显示仪规定的位置，再加入油至液面高出加热器上方 60 mm 左右的位置。由电气控制系统自动控制加热器，使上部油层温度保持在 180~230 ℃，并通过温度数字显示系统准确显示其最高温度。在油炸过程中，产生的肉制品残渣从滤网漏下，经水油界面进入下部的冷却水层，经冷却降温后积存于锅底，定期由排污间清理排出。油炸过程产生的油烟通过脱排装置排出。当油水分界面温度超过 55 ℃时，由电气控制系统自动控制冷却装置，立即强制大量冷空气经布置于油水分界面上的冷却循环系统抽出，形成高速气流，将热量及时带走，使油水分界面温度自动控制在 55 ℃以下，并通过温度数字显示系统准确显示出来。

深层混合式油炸技术性很强，对油温的恰当把握是掌握此技术的一个重要方面。原料肉下锅的温度应根据火候、原料的性质和数量等因素综合分析确定，一般控制在 150 ℃左右较为合适。

（3）高压油炸技术：其原理、特点及优点如下。

原理与特点：高温油炸技术是在一定高压条件下（高于正常大气压力）对原料肉进行炸制，炸制温度高于炸制用油的沸点，通常采用美式压力油炸锅（图 12–3）实现。此设备具有自动定时排气控压的特点，可用燃气或电加热。

优点：高温油炸技术能耗低、无污染、油炸效率高，设备操作方便、经久耐用。对鸡、鸭、羊肉、排骨等各种肉类均适用，高压条件下炸制时间短，产品外酥里嫩、色泽鲜明。

（4）真空低温油炸技术：真空油炸技术是在 20 世纪 70 年代初发展起来的一项新的食品加工技术，对加工原料具有广泛的适应性，目前市场上已出售有全自动智能真空油炸机，实现全程只需人机界面控制，操作极为简便。

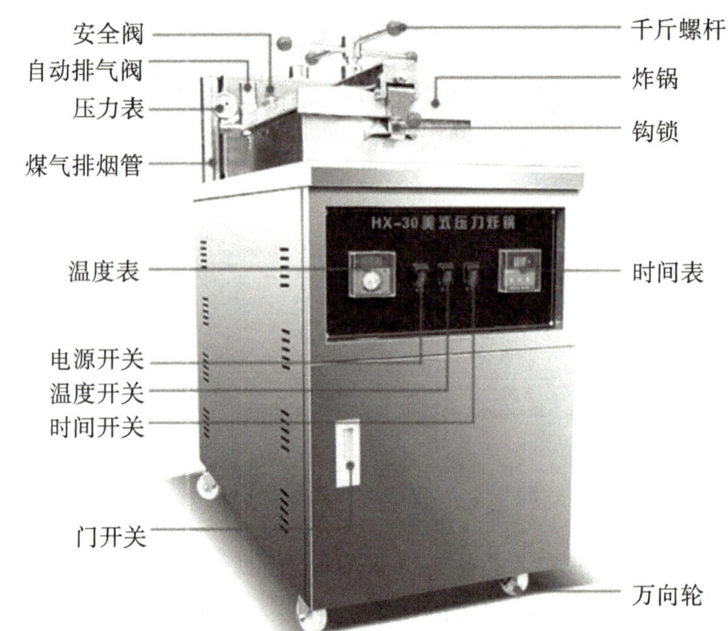

彩图

彩图

图 12–3　美式压力油炸锅

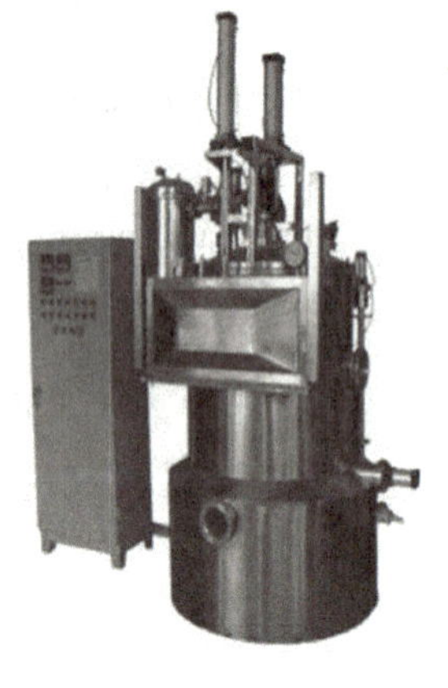

图 12–4　真空低温油炸锅

原理与特点：真空低温油炸技术是通过降低真空低温油炸锅（图 12–4）内的气压（–90~–98 Pa），降低油的沸点，在低温条件下（＜ 120 ℃）实现油炸的目的。通常在 100 ℃左右的温油中达到原料脱水的目的，将油炸和脱水作用有机地结合在一起，具有独特的优越性和广泛性，特别是对含水量较高的果蔬加工效果更优。真空油炸加工的肉类食品主要有牛肉干、鱼片、虾、泥鳅等。应用于肉品加工时原料处于负压状态，在相对缺氧的条件下可以减轻甚至避免氧化作用（脂肪氧化酸败、酶促褐变和其他氧化变质等）所带来的负面影响。以油为加热介质，肉品内部的水分会急剧蒸发喷出，使内部形成疏松多孔的结构，口感酥脆可口。但是，肉品内部水分还受结合水、电解质、组织质构等因素的影响，实际水分蒸发比果蔬情况复杂得多，生产过程中还应与灭酶所需的温度条件结合起来进行综合考虑。

优点：采用真空油炸技术，由于油炸温度较低且油炸锅内氧气浓度大幅下降，可以使油炸加工的食品较好地保留原料肉固有的风味和营养成分，使其具有良好的口感和外观。产品不易褪色、变色，可以较好地保持原料肉固有的色泽。同时产品复水性好，低温条件下油脂劣化速度也明显变缓。

2. 根据油温的不同分类

油炸方法根据油温的不同可分为温油炸、热油炸、旺油炸及高温油炸等。

（1）温油炸：油温控制在 90~120 ℃，用这种油温进行油炸时，锅面无青烟、无响声，适用于质地细嫩的肉类，如里脊、鱼、虾等。由于原料肉水分含量高，通常需先切片、调味、上浆后油炸或用玻璃纸包裹后油炸。油炸温度低，产品脱水少，色泽较浅。产品外松里鲜嫩多汁，这种油炸方法的典型代表产品有纸包鸡、软炸里脊等。

（2）热油炸：油温控制在 120~180 ℃，用这种油温进行油炸时，锅面有轻微青烟，搅动时有轻微响声，油面仍较为平静。原料肉通常需要先切分成丁状、片状或细条状，腌制后表面挂糊上浆油炸或挂糊并裹面包糠后再进行油炸。由于油炸温度较高、油炸时间短，通常需要重复翻炸 2 次。产品色泽金黄明亮或呈淡黄色，口感外酥脆里软嫩爽口，采用这种油炸方法的肉制品较多，如炸鸡柳、炸排骨、炸肉丸、香酥仔鸡等。

（3）旺油炸：油温控制在 180~220 ℃，用这种油温进行油炸时，全锅面冒青烟，油面翻滚，有明显响声。由于油温较高，原料肉脱水速度很快，一般用于形态较大的原料肉且无须切分，原料肉表面须蘸干淀粉或挂糨糊后再进行油炸。由于油炸温度很高，属于急火高温，为避免产品出现外焦糊里夹生的现象，一般需要重复翻炸 2 或 3 次。产品表面色泽金黄色至红黄色，里外酥透。这种油炸方法的典型代表产品有油淋鸡、脆皮鸭等。

（4）高温油炸：指使油锅内的压力高于正常压力的油炸方法，此方法可解决因需长时间油炸而影响食品品质的问题。此方法温度高、压力高，水分和油的挥发损失少，产品色泽金黄、外酥里嫩，非常适合肉制品的油炸。原料肉通常经过调味和腌制后，须表面挂糊再进行高压油炸，一般用于块形较大的肉制品，典型代表产品有炸鸡腿、炸鸡、炸羊排等。

3. 根据油炸制品风味、口感差异分类

油炸方法根据油炸制品风味、口感差异可分为清炸、干炸、软炸、酥炸、松炸、卷包炸、脆炸、纸包炸等。

（1）清炸：指将原料肉按要求修整处理后经过腌渍（不挂糊上浆）就直接进行油炸的一种肉制品熟制方法。清炸后的产品具有色泽金黄、外酥里嫩的特点。方法：选用新鲜质嫩的肉品，经过预处理，切成一定形状，按配方准确计算称量所需食盐、料酒、其他香辛料及调味料，与肉品进行混合腌制，然后用急火高温热油炸制 3 次，即称为清炸，一般油温控制在 220 ℃左右，产品代表有清炸鱼块、清炸猪肝等。

（2）干炸：取新鲜瘦肉，经过加工改刀切成段、块等形状，用调料入味，再加水、鸡蛋、淀粉挂糊或上浆，然后在 190~220 ℃的热油锅中炸熟即为干炸。干炸的产品具有干爽、香溢、色泽红黄、外脆里嫩的特点，代表产品有干炸里脊、干炸小黄鱼、干炸排骨等。

（3）软炸：选择肉质细嫩的猪里脊、鲜鱼、鲜虾等原料，经过细加工切成片、条，馅料上浆、入味、蘸干粉面、拖蛋白糊，在 90~120 ℃热油中炸熟。软炸的产品具有表面松软、质地细嫩、色泽微黄、清淡味美、鲜香可口的特点，代表产品有软炸鱼条、软炸虾片等。

（4）酥炸：将原料肉经处理后，入味、蘸面粉、拖全蛋糊、裹面包或蛋糕碎屑，然后放入 130~150 ℃热油中炸至表面呈深黄色起酥，即为酥炸。酥炸的产品具有表面金黄色或深黄色、外松内软、细嫩可口的特点，代表产品有酥炸鱼排、酥炸牛排、香酥仔鸡等。酥炸的技术要点是火候和油温的严格把控。

（5）松炸：指将原料肉去骨加工成片或块状，经入味、蘸面粉、挂全蛋糊后，在 150~160 ℃（五六成热油）油温下慢炸至成熟的一种加工方法。松炸是较为常见的食品油炸方法之一，其产品具有色泽金黄、松软鲜嫩、制法讲究、造型美观等特点，代表产品有蛋清羊尾、松炸鸡肪等。

（6）卷包炸：指将肉质细嫩的原料切成大片状，入味后卷入各种调好口味的馅，包卷起来，根据要求有的拖上蛋粉糊，有的不拖蛋粉糊，放入 150 ℃左右的热油内进行油炸的一种烹饪方法。注意需要拖蛋粉糊的产品必须卷紧封口，避免油炸过程中散开。产品特点是外酥里嫩、色泽金黄、咸鲜可口，代表产品有炸五香卷等。

（7）脆炸：此方法主要用于家禽加工，将整只鸡、鸭、鸽子、鹌鹑等家禽煺毛后，去内脏并用沸水洗烫，使表面皮肤中胶原蛋白发生热收缩，然后在禽体表面刷上蜂蜜或饴糖水，凉干后在 190~210 ℃热油中炸制，使鸡、鸭表皮呈红黄色，直至油炸熟化。炸制时，首先，注意油量要合适，以淹没原料为度。若油量过少，则淹没不了原料，易使产品受热不均匀、上色不好、口感变差。其次，油温要把握好，一般用六成热油进行炸制。若油温过低，既炸不香脆，也不容易上色；若油温过高，则达不到脆炸的质量要求。炸制时要缓缓推动或翻动原料，以免粘锅底或炸焦，同时要时刻观察原料表面的颜色和硬度，应在质量最佳时捞出，避免油炸不够或过度。产品特点是色泽大红、肉质细嫩、外表香脆，并具有特殊芳香，代表产品有脆皮鸡、脆皮鸭、脆皮妙龄鸽、脆皮鹌鹑等。

（8）纸包炸：将肉质细嫩的猪里脊、鸡脯肉、鸭脯肉、鲜虾等高档原料切成薄片、丝状等，上浆后用糯米纸或玻璃纸等包成长方形，投入 80~100 ℃的温油中炸熟捞出，故名纸包炸。产品特点是形状美观、细嫩多汁、味道香醇、风味独特、香味持久，代表产品有纸包里脊、纸包鲜虾等。产品在进行包装时应注意包裹严密，防止汤汁溢漏。

（五）油炸对食品的影响

1. 油炸对食品营养价值的影响

一般情况下，油炸的温度高，食品表面形成的干燥层可阻止热量向食品内部传递，也可阻止食品内部受热产生的水蒸气外逸，因此食品的含水量较高，营养成分保存较好。

油炸时食物中的脂溶性维生素会发生氧化，导致营养价值降低甚至丧失，类胡萝卜素、视黄醇、生育酚的变化还可能会引起食物风味和颜色的变化。水溶性维生素的氧化会在一定程度上阻止油脂的氧化。油炸时食品中成分发生变化最大的是水分，水分损失最多，其他营养成分如蛋白质、脂肪酸的含量影响不大。因此，油炸对食品营养成分的破坏较小。

2. 油炸对食品感官质量的影响

在油炸过程中，食品表面会发生美拉德反应和部分成分的热降解，使食品表面呈金黄色或棕黄色并产生油炸香味。同时食品表面水分迅速受热蒸发，可使表面干燥并形成一层硬壳，使食品具有外皮酥脆的口感。但若持续高温油炸，可能会产生挥发性的羰基化合物和羟基酸等，这些物质可产生一些不良风味，有时还会出现焦糊味，使油炸食品感官质量下降。

3. 油炸对食品安全的影响

在油炸过程中，油的一些分解和聚合产物对人体是有毒有害的，如油炸过程中产生的环状单聚体、二聚体及多聚体会导致人体麻痹，引发肿瘤等疾病。

为尽量保证食品安全，油炸用油不宜长时间反复使用，同时油温一般不宜超过 190 ℃，在油炸过程中还应不断地补充新油，及时去除油脂中的漂浮物和底部沉渣。

四、油炸黑椒牛肉丸加工设备安全操作规程

（一）恒温油炸锅安全操作规程

（1）检查锅底食品残渣是否清理干净，炸制用油是否需要更换或补充新油，以保证用油新鲜且油量合理。

（2）启动设备前，在油炸锅附近案台上铺上吸油纸，以免炸制过程中溅出的油滴污染案台不易清理，同时必须保证进料区域的所有异物都已清除。

（3）启动电动机，调整旋钮，使油温指向 160~170 ℃，加热指示灯亮。

（4）待加热指示灯灭、恒温指示灯亮，说明加热结束，油温已达到设定值。此时，投入油炸物料开始进行油炸。

（5）不要持续过量加料，以免油炸锅过载或物料不能及时受热而粘连，影响产品质量。

（6）油炸锅盖盖上后，不得将任何物品或手放在油炸锅上方。

（7）约 1 min 后打开锅盖进行翻动，保证上、下物料都能均匀受热。将物料炸至双面金黄后捞出控油，并接着进行下一锅物料的油炸。

（8）油炸进行一段时间后，根据生产情况确定是否需要补充新油。若补充新油，需待油温再次达到预定值方可继续油炸。

（9）油炸结束后，要使温度调节旋钮复位归零，关闭电源。油凉后，进行人工过滤，并拆卸机器，对油炸锅底进行彻底清洗，清洗时不要用水管直接冲洗开关及电气部分。

（二）肉丸成型机操作规程

肉丸成型机（图 12–5、图 12–6）主要由送料电机、成型电机、电控箱、送料机构、储料斗和成型切断机构等主要部分组成。开机前，应根据产品大小直径要求，安装好相应的出丸成型量杯和切割刀。工作时，肉丸馅料首先被送入进料口，然后经螺旋输送器挤压输送至出料口，调整出丸速度和肉丸圆度（变速调节必须在开机情况下进行，不得停机调节），确认满足质量和规格要求后，即可批量连续生产。被刮下的肉丸直接掉入热水或沸水中定型，也可以直接入油炸锅，以使肉丸能够迅速定型而不致散开。

图 12–5　肉丸成型机

彩图

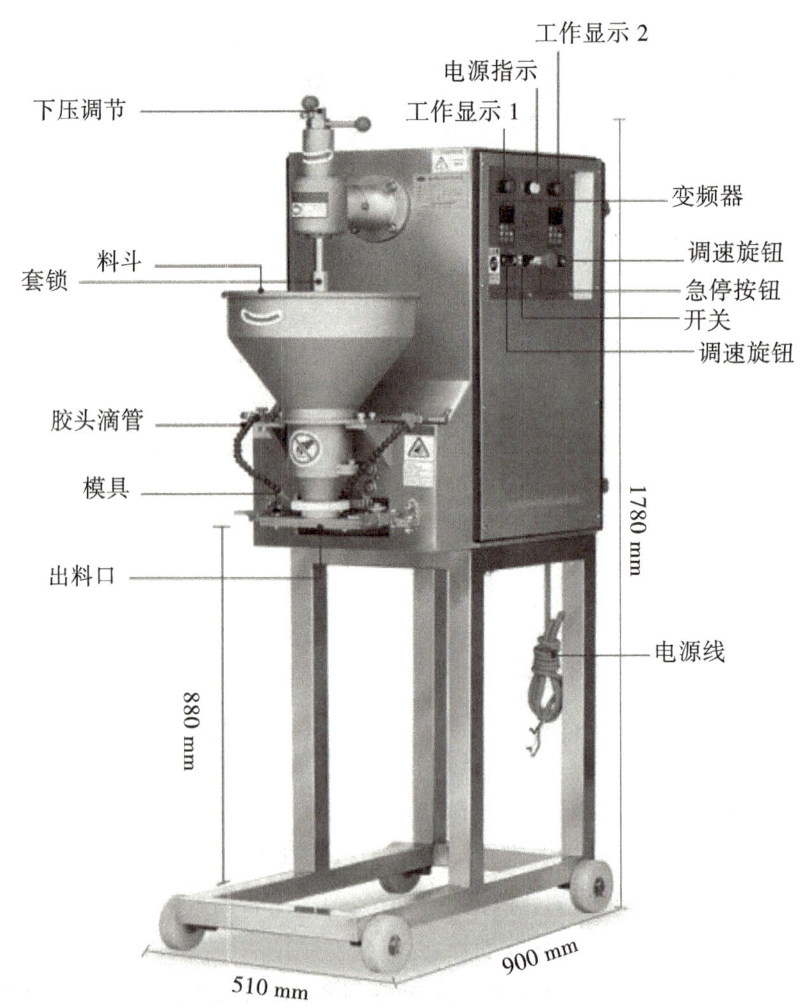

彩图

图 12–6　肉丸成型机的构造

五、油炸黑椒牛肉丸加工中的常见问题

（一）成品色泽过深或过浅

首先，影响成品色泽最主要的原因是油温和油炸时间。色泽过深，可能是油温过高或炸制时间过长；色泽过浅，可能是油温过低或炸制时间过短。因此，若出现该现象，应注意及时调整油温和油炸时间。其次，若色泽不均匀，则可能是上下翻动不及时所致。

（二）牛肉丸内部夹生

牛肉丸内部夹生最可能的原因是油炸时间不够或油温过高。若油温过高，则易出现外焦内生的现象。油炸时间不够也会造成牛肉丸内部夹生。因此，若出现此现象，应注意调整油炸时间和油温，使其与原料特征和产品特点相匹配。

（三）牛肉丸内部组织松散

牛肉丸内部组织松散，最可能的原因是乳化陷黏度不好，考虑是否斩拌时辅料添加顺序不合理，或斩拌时间不足，或腌制时间过短，或淀粉、蔬菜添加过量，导致肉馅乳化效果较差。

（四）牛肉丸口感不筋道或弹性稍差

若牛肉丸口感不筋道或弹性稍差，可考虑在产品配料中添加合适的乳化剂和增稠剂，同时考虑是否配方水分过多或蔬菜添加过多。

拓展阅读

模块七　腌腊肉制品加工

腌腊肉制品是指以畜禽肉或其内脏为原料，辅以食盐（酱料）、硝酸盐或亚硝酸盐、糖、香辛料等，经原料整理、腌制或酱渍、成型、晾晒（或烘烤、烟熏）等工序加工而成的一类生肉制品，食用前需加热。腌腊肉制品的特点：肉质细致紧密，色泽红白分明，滋味咸鲜可口，风味独特，便于携带和贮藏。根据加工工艺和产品特点不同，可将腌腊肉制品分为咸肉类、腊肉类、酱（封）肉类和风干肉类。

夏朝时，农历十二月合祭众神称为腊，因而十二月又称腊月。腊肉是在寒冬腊月将肉类以盐渍经风干或熏干制成而得名。腊肉作为湖南等地区的特产，已有几千年的历史，并经湖湘儿女游历中原，而走出三湘四水、传播四方。

著名作家梁实秋说："湖南的腊肉最出名。"此言不虚。据记载，早在两千多年前，张鲁称汉宁王，兵败南下走巴中，途经汉中红庙塘时，汉中人用上等的楚地（湖南）腊肉招待过他。

1912 年，以关遂昌等人为代表，对腊味的加工制作做进一步研究和发展，经过不断积累经验，终于创造出别具一格、风味独特的腊味。由于品质独特、浓香可口、回味无穷，一时间，腊味声名远扬。至 20 世纪 30 年代，老字号"遂昌号"腊味已经热销马来西亚、新加坡、菲律宾等东南亚地区，深受消费者的欢迎。

通过本模块的学习，你能学会：①做好中式腊肠加工；②做好腊肉制品加工；③做好南京板鸭加工。

任务十三　广式腊肠加工

任务书

一、任务情境描述

公司销售部门收到“广式腊肠”订单，下达生产部，生产部编制生产计划单，下达生产车间。请你按照《广式腊肠加工工艺规程》，完成生产任务，并按时供货。

二、价值分析

（一）社会价值

广式腊肠在市场上占据重要地位，特别是在广东地区，其市场份额高达 80% 左右。广式腊味在全国腊味市场上也占据 50%~60% 的市场份额。这种市场占有率主要得益于消费者对传统美食的认可、冷链物流的快速发展及居民消费能力的提升。

（二）文化价值

广式腊肠具有深厚的历史文化背景。其制作工艺可以追溯到清朝时期，广东人为了保存肉类而发明了腊肠的制作方法。经过数百年的传承与发展，广式腊肠逐渐形成了自己独特的风味和制作工艺。广式腊肠不仅是一种美食，更是广东乃至全国范围内广受欢迎的传统美食之一。

（三）职业价值

广式腊肠加工行业为相关从业者提供了大量的就业机会。从原材料的采购、生产加工到销售，整个产业链需要大量的人力资源。随着行业的发展，相关职业如腊肠加工操作工、质量控制人员、销售人员等需求也在不断增加。

学习活动

广式腊肠加工的学习活动见表 13-1。

表 13-1　广式腊肠加工的学习活动

活动序号	学习活动	完成情况	完成时间 / min
1	接受任务		
2	制订方案		

续表

活动序号	学习活动	完成情况	完成时间 / min
3	任务实施		
4	任务评价		
5	相关知识		

学习活动一　接受任务

学习要求： 通过该活动，同学们要明确“广式腊肠生产计划单”中的具体要求，按时完成广式腊肠的生产任务。具体工作步骤及要求见表 13–2。

表 13–2　具体工作步骤及要求

序号	工作步骤	要求	完成情况	完成时间 / min
1	识读生产计划单	能快速准确地明确计划要求并清晰表达，在教师要求的时间内完成，能够读懂生产计划单中的各项内容		
2	确定生产工艺和设备	能够选择任务需要完成的工艺，并进行时间和工作场所安排，掌握相关理论知识		
3	编制任务分析报告	能够清晰地描写任务认知与理解等，思路清晰，语言描述流畅		

今接到一生产计划单，具体内容见表 13–3。

表 13–3　生产计划单

项目	内容	项目	内容
计划下达部门		计划接收部门	
计划下达日期		订单号	
产品代码		产品类别	
产品名称		产品规格	
单位		订单数量	
生产日期		包装物要求	
要求最迟到货时间		到货地点	
备注说明			

生产部编制计划人员：__________　　　　生产部部长：__________

一、识读生产计划单

（1）请用红色笔标出生产计划单中的关键词，并把关键词抄在下面横线上。

（2）请从关键词中选择词语组成一句话，说明生产计划单的要求（其中包含产品总量、规格、交货时间的具体要求）。

（3）请根据生产计划单中的信息，在下列横线上列式计算出产品总吨数。

二、确定生产工艺和设备

（1）根据《广式腊肠加工工艺规程》，以表格形式列出工艺过程中的主要设备设施、技术参数和工作要求，详见表 13–4。

表 13–4　广式腊肠主要设备、参数及要求

工序	主要设备设施	技术参数	工作要求
原料选择			
原料肉选修			
绞制、切丁			
腌制			
肉馅制作			
灌装			
针刺、挂杆			
热加工			
冷却			
包装			

（2）为顺利完成生产任务，请查阅资料，写出广式腊肠的感官质量标准。

三、编写任务分析报告

（一）基本信息（表 13-5）

表 13-5　基本信息

项目	内容	备注
产品名称		
生产数量		
最迟到货时间		
领取原辅材料时间		
设备器具清洗消毒时间		
生产时间		
成品入库时间		

（二）任务分析

依据订单需求，按照《广式腊肠加工工艺规程》生产加工广式腊肠，请绘制详细的生产工艺流程图。

____

____

学习活动二　制订方案

学习要求: 通过对《广式腊肠加工工艺规程》分析，编制工作流程、仪器设备清单、原辅材料清单及生产方案。具体要求见表 13-6。

表 13-6　具体要求

序号	工作步骤	要求	完成情况
1	编制工作流程	在 30 min 内完成工作流程编制，工作流程内容完整	
2	编制仪器设备清单	在 30 min 内完成仪器设备清单编制，满足生产工艺需要	
3	编制原辅材料清单	在 20 min 内完成广式腊肠加工需求清单编制，与订单计划对接	
4	编制生产方案	在 40 min 内完成生产方案编制，确保生产工作顺利进行	

一、编制工作流程

（1）项目的主要工作流程可以分为 5 个部分，分别是设备及工器具的清洗消毒、原辅材料的准备、实施生产加工、出厂检验、物流配送。

请回忆一下，各部分的主要工作任务有哪些？各部分的工作要求分别是什么？大约需要花费多长时间？具体工作流程见表 13-7。

表 13-7　具体工作流程

序号	工作流程	主要工作内容	参考标准	时间 / h
1	设备及工器具的清洗消毒			
2	原辅材料的准备			
3	实施生产加工			
4	出厂检验			
5	物流配送			

（2）请分析《广式腊肠加工工艺规程》，写出工作流程，并写出完整的工作内容和要求，详见表 13-8。

表 13-8　广式腊肠生产工作流程

序号	工作流程	具体工作内容	要求
1			
2			
3			
4			
5			
6			
7			
8			

二、编制仪器设备清单

为了完成生产过程，需要用到哪些仪器设备？请列表完成（表 13-9）。

表 13-9　广式腊肠生产仪器设备清单

序号	仪器设备名称	型号	作用	是否会操作
1				
2				
3				
4				
5				

续表

序号	仪器设备名称	型号	作用	是否会操作
6				
7				
8				

三、编制原辅材料清单

为了完成生产任务，需要用到哪些原辅材料？请列表完成（表 13–10）。

表 13–10　广式腊肠原辅材料清单

序号	原辅材料名称	用量	作用	备注
1				
2				
3				
4				
5				
6				
7				
8				

四、编制生产方案

方案名称：______________________

（一）生产目标

（填写说明：概括说明本次生产任务要达到的目标。）

____

____

（二）工作内容安排（表 13–11）

表 13–11　广式腊肠生产工作内容安排

生产流程	仪器设备及原辅材料	生产要求	操作要求	计划时间 / h

续表

生产流程	仪器设备及原辅材料	生产要求	操作要求	计划时间 / h

（三）产品感官质量评价

（填写说明：从产品的色泽、长短、粗细、组织状态，风味等进行感官质量评价。）

____

____

（四）有关安全注意事项及防护措施

（填写说明：生产过程中的安全操作及防护要求。）

____

____

学习活动三　任务实施

建议学时： 6 学时。

学习要求： 按照广式腊肠生产方案中的内容，完成生产过程。生产过程符合生产安全、食品安全、质量标准、现场“6S”管理等要求。工作流程及要求见表 13–12。

表 13–12　工作流程及要求

序号	工作流程	要求	学时安排	备注
1	设备及工器具的清洗消毒	按照设备及工器具清洗消毒规程按时完成上述工作		
2	原辅材料的准备	按照工艺配方准确计算并领取原辅材料		
3	实施生产加工	严格按照《广式腊肠加工工艺规程》执行，按时完成任务		
4	出厂检验			
5	物流配送			
6	评价			

一、安全注意事项

请结合在实训室生产时的安全事项，写出本任务需要注意的安全事项。

____

二、设备及工器具的清洗消毒

（1）请阅读下述材料，完成设备及工器具的清洗消毒，并做好记录（表 13–13）。设备及工器具的清洗消毒流程：清刮干净残留肉糜→清水刷洗→清洁剂刷洗→清水冲洗→消毒液消毒→清水冲洗→沥干水分→定点定位放置。

表 13–13　清洗消毒记录表

设备及工器具名称	清洗消毒方法	完成人	完成时间	是否完成

（2）相关要求：同“任务一　屠宰加工猪”设备及工器具的清洗、消毒相关要求。

三、原辅材料的准备

按照工艺配方准确计算、领取原辅材料，并完成原辅材料准备记录，具体见表 13–14。

表 13–14　原辅材料记录

序号	原辅材料名称	用量	完成人	完成时间
1				
2				
3				
4				
5				
6				
7				
8				

四、实施生产加工

严格执行《广式腊肠加工工艺规程》，按时完成任务，并填写生产记录（表 13–15）。

表 13-15　广式腊肠生产记录

序号	生产步骤	标准、要求	操作人	完成时间要求
1				
2				
3				
4				
5				
6				
7				
8				
9				
10				

五、出厂检验

请写出广式腊肠的出厂检验项目。

____

____

六、物流配送

请分析并写出广式腊肠物流配送过程中需要注意的问题。

____

____

学习活动四　任务评价

建议学时：0.5 学时。

学习要求：通过最后的任务评价，学生能明白做事要善始善终，知道自己掌握了多少，知道自己要努力的方向。

分小组按照任务评价表要求进行评价（表 13-16）。

表 13-16　任务评价表

项次	项目要求		配分	评分细则	自我评价	小组评价	教师评价
素养（20分）	纪律情况（5分）	按时到岗，不迟到、早退	2分	缺勤全扣，迟到、早退出现 1 次扣 1 分			

续表

<table>
<tr><th>项次</th><th colspan="2">项目要求</th><th>配分</th><th>评分细则</th><th>自我评价</th><th>小组评价</th><th>教师评价</th></tr>
<tr><td rowspan="9"></td><td rowspan="3"></td><td>积极思考、回答问题</td><td>2 分</td><td>根据上课统计情况得 1~2 分</td><td></td><td></td><td></td></tr>
<tr><td>学习用品准备</td><td>1 分</td><td>自己主动准备好学习用品并确保齐全得 1 分</td><td></td><td></td><td></td></tr>
<tr><td>执行教师命令</td><td>0 分</td><td>此为否定项，违规酌情扣 10~100 分，违反校规按校规处理</td><td></td><td></td><td></td></tr>
<tr><td rowspan="3">职业道德（6 分）</td><td>主动与他人合作</td><td>2 分</td><td>主动合作得 2 分，被动合作得 1 分</td><td></td><td></td><td></td></tr>
<tr><td>主动帮助同学</td><td>2 分</td><td>主动帮助同学得 2 分，被动帮助同学得 1 分</td><td></td><td></td><td></td></tr>
<tr><td>严谨、追求完美</td><td>2 分</td><td>对工作精益求精且效果明显得 2 分，对工作认真得 1 分，其余不得分</td><td></td><td></td><td></td></tr>
<tr><td rowspan="2">“6S”（4 分）</td><td>桌面、地面整洁</td><td>2 分</td><td>自己工位的桌面、地面整洁无杂物得 2 分，不合格不得分</td><td></td><td></td><td></td></tr>
<tr><td>物品定置管理</td><td>2 分</td><td>按定置要求放置得 2 分，其余不得分</td><td></td><td></td><td></td></tr>
<tr><td>阅读能力（5 分）</td><td>快速阅读能力</td><td>5 分</td><td>能快速准确地明确任务要求并清晰表达得 5 分，能主动沟通并在受指导后达标得 3 分，其余不得分</td><td></td><td></td><td></td></tr>
<tr><td rowspan="7">核心技术（60分）</td><td rowspan="3">接受任务（15 分）</td><td>识读计划单</td><td>5 分</td><td>能全部完成任务得 5 分，其余视情况得 1~4 分</td><td></td><td></td><td></td></tr>
<tr><td>确定生产工艺和设备</td><td>5 分</td><td>能全部完成任务得 5 分，其余视情况得 1~4 分</td><td></td><td></td><td></td></tr>
<tr><td>编写任务分析报告</td><td>5 分</td><td>能全部完成任务得 5 分，其余视情况得 1~4 分</td><td></td><td></td><td></td></tr>
<tr><td rowspan="3">制订方案（15 分）</td><td>编制工作流程</td><td>5 分</td><td>能全部完成任务得 5 分，其余视情况得 1~4 分</td><td></td><td></td><td></td></tr>
<tr><td>编制仪器设备清单</td><td>5 分</td><td>能全部完成任务得 5 分，其余视情况得 1~4 分</td><td></td><td></td><td></td></tr>
<tr><td>编制原辅材料清单</td><td>5 分</td><td>能全部完成任务得 5 分，其余视情况得 1~4 分</td><td></td><td></td><td></td></tr>
<tr><td>任务实施（30 分）</td><td>编制生产方案</td><td>5 分</td><td>能全部完成任务得 5 分，其余视情况得 1~4 分</td><td></td><td></td><td></td></tr>
</table>

续表

项次	项目要求		配分	评分细则	自我评价	小组评价	教师评价
		设备器具清洗消毒	5分	能全部完成任务得5分，其余视情况得1~4分			
		原辅材料准备	5分	能全部完成任务得5分，其余视情况得1~4分			
		生产加工	15分	能全部完成任务得15分，其余视情况得1~14分			
工作页完成情况（20分）	按时、保质保量完成工作页（20分）	按时提交	4分	按时提交得4分，迟交不得分			
		书写整齐度	3分	文字工整、字迹清楚得3分			
		内容完成程度	4分	视完成情况分别得1~4分			
		回答准确率	5分	视准确率情况分别得1~5分			
		有独到的见解	4分	视见解程度分别得1~4分			
合计			100分				
总分[加权平均分（自我评价占20%，小组评价占30%，教师评价占50%）]							

学习活动五 相关知识

一、广式腊肠的生产工艺

（一）工艺流程

原料肉的选择与处理→绞制、切丁→腌制→肉馅制作→灌装→针刺、挂杆→热加工→冷却→真空包装。

（二）工艺配方

猪Ⅳ号肉62.4 kg，猪背膘15.6 kg，冰水7.76 kg，白糖6.24 kg，淀粉3.84 kg，白酒2.32 kg，食盐1.56 kg，味精0.216 kg，D-异抗坏血酸钠0.048 kg，亚硝酸钠0.0108 kg，红曲红色素0.0052 kg。

（三）操作要点

1. 原料肉的选择与处理

原料肉选用经兽医卫生检验检疫合格的鲜（冻）猪Ⅳ号肉和猪背膘，但有时企业考虑到成本因素，会选用一部分猪前腿肉或者鸡腿肉代替猪Ⅳ号肉。若选择的是冻肉，选修前，应用空气解冻法解冻后再修。

进行原料肉选修时，应修去猪Ⅳ号肉表面的筋腱、淤血、淋巴、碎骨等，并洗涤干净，控干水分备用；应修去猪背膘上的皮、毛等，放冻库微冻备用。

2. 绞制、切丁

将选修好的猪Ⅳ号肉在绞肉机上绞制成 10 mm × 10 mm 大小的颗粒，若是大型绞肉机，无须将瘦肉分割成小块，小型绞肉机须将修好的肉分割成直径为 5 cm 的小肉条，绞制好的肉温不要超过 10 ℃；将微冻的背膘用切丁机分切成 0.5 cm^3 的肉丁。

3. 腌制

加工广式腊肠所用的瘦肉和肥膘均需要腌制，常采用干腌法进行腌制，具体操作：称取占原料肉（瘦肉和背膘）重 2% 的食盐、0.015% 的亚硝酸钠，用硝量 20 倍的水溶解亚硝酸钠，倒入食盐中混匀；将混匀的腌制料分别与绞制的瘦肉馅或肥膘丁一同加入真空搅拌机内，搅拌 5~6 min，搅拌至料馅均匀、瘦肉部分有一定的黏度即可；搅拌后将瘦肉和肥膘分别盛装在洁净的容器内，压实，并在上面覆盖一层塑料膜，放在 2~4 ℃的环境中腌制，瘦肉腌制 24~48 h，背膘腌制 48~72 h。

4. 肉馅制作

将腌制好的猪Ⅳ号肉、背膘分别加入搅拌机中，启动搅拌机，依次加入冰水、混合料（白糖、味精、异抗坏血酸钠、红曲红色素）、淀粉、白酒进行搅拌，搅拌均匀即可，时间控制在 3~5 min。

5. 灌装

选用直径为 20 mm 的胶原蛋白肠衣，将肠衣凸的方向径向里穿到灌装管上，设定工艺参数：定量每节 25 g，打扭圈数为 3 圈，按照操作规程操作灌肠机进行灌装，灌装后肠体饱满、松紧度适宜。

6. 针刺、挂杆

将灌装好的肠体摆放在干净的操作台上，用针板进行针刺，针刺要做到均匀，不能把肠体刺破裂，针刺完成后将之整齐、均匀地悬挂到挂肠车上。

7. 热加工

将挂满肠的小车推进熏蒸炉（企业里多采用烘房，不进行针刺，干燥时长为 72 h）中进行干燥，干燥工艺参数设定：温度 55 ℃，300 min；温度 50 ℃，780 min。

8. 冷却

干燥结束后，采用自然冷却法冷却至室温即可。

9. 真空包装

冷却的肠体要一根根分剪，然后装入塑料包装袋中，6 根一袋，用真空包装机进行包装，每袋重量在 142 ± 143 g，也可以散装售卖。

二、中式腊肠的腌制

（一）中式腊肠的种类、特点

我国香肠历史悠久，东、西、南、北各有其口味特点、消费习惯及原料特色，从而使我国出产的香肠品种繁多、风格各异。中式腊肠按风味有广味、川味之分。广味香肠是广东省的传统肉制品，全国各地均有生产，因以产于广东地区的香肠最为著名，故而得名，又名广式香肠。其肠衣选用胶原蛋白肠衣和羊小肠，用糖、酒量比较大，产品甜度高；川味香肠是四川一带的传统腌腊肉制品，加糖量小，甜度低，口感咸鲜，常在辅料中加入辣椒、花椒，故有“麻辣肠”之称。中式腊肠具有表面干爽、色泽明亮、瘦肥红白分明、组织紧密、腊香味独特的特点。

（二）腌制的方法

腌制是用食盐或以食盐为主，并添加硝酸盐或亚硝酸盐、蔗糖和香辛料等腌制材料对肉处理的过程。

肉的腌制方法根据肉制品种类和消费口味的不同，大致可分为干腌法、湿腌法、混合腌制法和注射腌制法 4 种。无论采用哪种方法，都要求腌制剂均匀地渗透到肉的内部，达到腌制成熟的目的。

1. 干腌法

干腌法是把食盐或混合盐（盐、硝）、糖等均匀地涂擦在肉的表面，然后逐层堆在腌制架上或腌制容器内，依靠外渗汁液形成盐液而进行的一种腌制方法。在腌制过程中，需要定期将上、下层肉翻转，以保证腌制均匀，此过程称为翻缸。

在食盐的渗透压和吸湿性的作用下，肉的组织液渗出水分并溶解于其中，形成食盐溶液，但盐水形成缓慢，盐分向肉内部渗透较慢，腌制时间较长，因而这是一种缓慢的腌制方法，但腌制品有独特的风味和质地。干腌法腌制后肉制品的重量减少，并损失一定量的营养物质（15%~20%），损失的重量取决于肉块大小、肥瘦程度、腌制温度等，原料肉越瘦、肉块越小、温度越高，损失的重量就越大。由于腌制时间长，特别对带骨火腿来说，表面污染的微生物很容易沿着骨骼进入深层肌肉内，而食盐进入深层的速度缓慢，很容易造成肉的内部变质。

干腌法的优点是简单易行、制品干爽、蛋白质流失少、耐贮藏、具有特殊的腌制风味；缺点是盐不能重复利用，咸度不均匀，色泽较差，汁液流失多，制品的重量、营养成分减少得很多，且腌制时间长，冷藏间容积大，费工。

我国名产火腿（如金华火腿）、咸肉、烟熏肋肉及鱼类常采用此法腌制。国外的乡村火腿、干腌培根等也采用干腌法。

2. 湿腌法

湿腌法即盐水腌制法，就是将肉浸泡在装有预先配制好食盐溶液的容器内，并通过扩散和水分转移，让腌制剂渗入肉的内部，并获得比较均匀分布的一种腌制方法。常用于腌制分割肉、肋部肉等。

湿腌时盐的浓度很高，腌制肉类时，首先是食盐向肉内渗入，而水分则向外扩散，扩散速度取决于盐液的温度和浓度。高浓度热盐液的扩散率大于低浓度冷盐液。硝酸盐也向肉内扩散，但速度比食盐要慢。瘦肉中可溶性物质则逐渐向盐液中扩散，这些物质包括可溶性蛋白质和各种无机盐类。为减少营养物质及风味的损失，一般采用老卤腌制，即向老卤水中添加食盐和硝酸盐，调整好浓度后再用于腌制新鲜肉，每次腌制肉时总有蛋白质和其他物质扩散出来，最后老卤水内的浓度增加，因此再次应用时，腌制肉的蛋白质和其他物质损耗量要比用新盐液时的损耗量少得多。卤水越来越陈，会出现各种变化，并有微生物生长，糖液和水给酵母的生长提供了适宜的环境，可导致卤水变稠并使产品产生异味。

湿腌法的腌制时间基本上和干腌法相近，它主要取决于盐液浓度和腌制温度。湿腌的优点是渗透的速度快，肉质柔软，盐分分布均匀，制品盐分少、水分多；缺点就是其制品的色泽和风味不及干腌制品，腌制时间长，蛋白质流失多（0.8%~0.9%），不易保藏，冷藏室容积要求宽大。

3. 混合腌制法

这是一种干腌法和湿腌法相结合的腌制方法。肉类腌制可先行干腌，而后放入容器内用盐水腌制。

用盐水注射腌制法和干腌法或湿腌法结合进行，也是混合腌制法，即将盐液注射入鲜肉后，再按层擦盐，然后堆叠起来，或装入容器内进行湿腌，但盐水浓度应低于注射用的盐水浓度，以便肉类吸收水分。

干腌法和湿腌法相结合可以避免湿腌法因食品水分外渗而降低腌制液浓度，也可避免发生干腌时食品表面脱水，与此同时，内部发酵或腐败也能被有效阻止。

腌制肉时，肉块重量要大致相同，在干腌法中较大块的肉放最低层且脂肪面朝下，第二层的瘦肉面朝下，第三层又将脂肪面朝下，以此类推，但最上面一层要求脂肪面朝上，形成脂肪与脂肪，瘦肉与瘦肉相接触的腌渍形式，腌制液要淹没肉表面。腌制过程中，每隔一段时间要将所腌肉块的位置上下交换，以使腌渍均匀，其要领是先将肉块移至空槽内，然后倒入腌制液，腌制液损耗后要及时补充。

另外，需要提到的是水浸。它是一道腌制的后处理过程，一般用于干腌或较高浓度的湿腌工序之后，为防止过量盐分及污物附着，需将大块的原料肉放入水中浸泡，通过浸泡，不仅可去掉过量的盐分，还可起到调节肉内吸收的盐分。浸泡时应使用卫生、低温的水，一般浸泡在约等于肉块重量 10 倍左右的静水或流动水中，所需时间及水温因盐分的浸透程度、肉块大小及浸泡方法的不同而异。

混合腌制法可以增加制品贮藏时的稳定性，防止产品过多脱水，营养成分流失少，成品色泽好，咸度适中，但操作较复杂。

4. 盐水注射腌制法

为了加快食盐的渗透，防止腌肉的腐败变质，目前广泛采用盐水注射腌制法进行腌制。这是因为通过机械注射，不但增加了出品率，同时盐水分散均匀，再经过滚揉，使肌肉组织松软，大量盐溶性蛋白质渗出，提高了产品的嫩度，增加了保水性，肉的颜色、层次、纹理等得到了极大改善，同时，也大大缩短了腌制周期。

盐水注射腌制法就是将配制好的盐水通过盐水注射机注射到肉内部的一种腌制方法。此法可以分为动脉注射腌制法和肌肉注射腌制法 2 种，其中常用的是后者。

（1）动脉注射腌制法：指用泵将盐水或腌制液经动脉系统压送入分割肉或前、后腿肉的腌制方法。但因一般分割胴体并不考虑肉原来动脉系统的完整性，故此法只能腌制前、后腿肉。注射时将注射用的单一针头插入前、后腿的股动脉切口内，然后将盐水或腌制液用泵压入腿各部位上，使其质量增加 8%~10%，有的增加 20% 左右。腌制液除水外，还有食盐、糖和硝酸钠或亚硝酸钠（后 2 种可同时采用）。为了提高肉的保水性和产量，还可以添加磷酸盐。

此法的优点是腌制液不但能迅速渗透到肉的深处，腌制速度快，而且不破坏组织的完整性，出品率高；缺点是只能用于腌制血管系统没有损伤、放血良好的前、后腿，胴体分割时还要注意保证动脉的完整性，产品容易腐败变质，必须进行冷藏。

（2）肌肉注射腌制法：有单针头注射法和多针头注射法 2 种。肌肉注射的针头大多为多孔的。单针头注射法多适用于分割肉，一般每块肉注射 3 或 4 针，每针注射量为 80 g 左右，以增重 10% 左右为准；多针头注射法适用于形状整齐的去骨肉，肋条肉最合适。腌制过程中采用揉搓的方法，可加速腌制液进入肌肉组织。

肌肉注射法可以减少操作时间，提高生产效率，降低生产成本，但其成品质量不及干腌制品，风味较差，煮熟后肌肉收缩程度大。

盐水注射腌制法的优点是可以预先计算出各种添加剂的添加量，可以制造出添加剂更加均匀分布的制品，可以利用多种添加剂，可以提高制品的出品率，还可以节省人力。目前的盐水注射腌制法是通过数十乃至数百根规则排列的注射针完成的，注射机有低压注射（注射压力 3~5 bar）和高压注射（10~12 bar）2 种，低出品率高档产品一般多采用低压注射，高出品率多充填物的产品则采用高压注射。使用低压注射机无法成功地注射高压注射机制作的产品，同样高压注射机也无法制作出低压注射机制作的产品。

无论是何种腌制方法，在某种程度上都需要一定的时间，因此应做到：第一，要求有干净卫生的环境；第二，需保持低温（2~4 ℃），环境温度不宜低于 2 ℃，因为这将显著延缓腌制速度。这两个条件无论在什么情况下都不可忽视。盐腌时一般采用不锈钢容器，现使用合成树脂作为盐腌容器的较多。

（三）腌制的作用

通过腌制可使食盐、发色剂等渗入食品组织中，降低水分活度，提高渗透压，抑制腐败菌的生长繁殖，从而防止肉类腐败变质，延长保存期，并获得稳定的色泽和成熟的风味。

1. 腌制的防腐作用

（1）食盐的防腐作用：食盐是腌制的主要配料，一定含量的食盐能够抑制大多数腐败菌的繁殖，对腌制品起到防腐作用。食盐的防腐作用主要表现在以下几个方面。①脱水作用：食盐在肉中产生的渗透压，能够引起微生物细胞质膜分离，导致微生物细胞脱水、变形，使有害菌的生长繁殖受到抑制，从而达到防腐的目的。影响渗透压的主要因素是盐分的浓度和腌制时的温度。盐分越高，渗透压越大，则水分渗出越快；腌制时的温度高，分子运动加快，扩散作用加强，腌制时间缩短，但温度过高，微生物也容易生长活动，肉容易发生腐败，因此腌制时的温度一般以 2~4 ℃为宜。②影响细菌的酶活性：未经腌制的肉在放置过程中，微生物分泌的蛋白分解酶可以分解肉中的蛋白质，这是由微生物分泌的酶和肉蛋白质肽键结合引起的。而肉经过腌制后，高浓度的食盐可以优先与肉蛋白质的肽键结合，抑制了微生物分泌的酶与肉中蛋白质结合，从而降低了微生物对肉蛋白质肽键的利用率，因此肉就不易腐败变质。③毒性作用：低浓度的食盐可以刺激微生物的生长，但当 Na^+ 的浓度较高时，它能够与微生物细胞质中的阴离子结合，从而破坏微生物通过细胞壁的正常代谢。④离子水化作用：食盐溶解于水后，立即发生解离，生成 Na^+ 和 Cl^-，由于分子间的极性作用，在每个离子周围都包围着一层水分子，离子周围水分的量随着食盐浓度的增加而增加，使微生物得不到游离水，从而抑制了微生物在腌制肉品上的生长繁殖。⑤影响氧气的含量：腌制肉品中食盐的含量越高，氧气的含量就会越低，形成缺氧状态，对于那些好氧性微生物的生长繁殖能起到很好的抑制作用。

以上这些因素都影响了微生物在肉中的生产繁殖，但食盐只能抑制微生物的活动，而不能杀死大多数微生物。若要延长腌制肉品的储存期，必须提高食盐的浓度，或与低温、烟熏、干燥等储藏方法配合，效果更佳。

（2）硝酸盐和亚硝酸盐的防腐作用：硝酸盐和亚硝酸盐可以有效地抑制肉毒梭状芽孢杆菌的生长，也可以抑制其他类型腐败菌的生长。这种作用在硝酸盐浓度为 0.1% 或亚硝酸盐浓度为 0.01% 左右时最为显著。肉毒梭状芽孢杆菌能产生肉毒梭菌毒素，这种毒素具有很强的致死性，对热稳定，大部分肉制品进行热加工的温度仍不能将其杀灭，而硝酸盐和亚硝酸盐能抑制这种细菌的生长，防止食物中毒事故的发生。

硝酸盐和亚硝酸盐的防腐作用受 pH 的影响很大。腌肉的 pH 越低，食盐含量越高，它们对肉毒梭状芽孢杆菌的抑制作用就越大。当 pH 值为 6.0 时，对细菌有明显的抑制作用；当 pH 值为 6.5 时，抑菌能力降低；当 pH 值为 7.0 时，则不起作用。

（3）香辛料的防腐作用：许多香辛料具有抑菌或杀菌作用，如月桂、白芷、胡椒等都具有一定的抑菌效力。

2. 腌制的发色作用

（1）硝酸盐和亚硝酸盐的发色作用：为了使肉制品呈鲜红色，在加工过程中多添加硝酸盐或亚硝酸盐。硝酸盐在细菌硝酸盐还原酶的作用下，还原成亚硝酸盐，亚硝酸盐是一种高活性的化学物质，而肉是一种极其复杂易变的体系，亚硝酸盐在肉中能够以多种方式与许多功能团反应。亚硝酸盐在酸性条件下会生成亚硝酸。亚硝酸在常温下也可分解产生亚硝基（—NO），此时生成的亚硝基会很快与肌红蛋白（Mb）反应，生成暗红色的亚硝酰肌红蛋白（NOMb），再通过热变性作用，色素变为稳定的亚硝基血色原，它的颜色是粉红色。

亚硝基形成的速度与介质的 pH、温度、浓度及还原性物质等的存在有关，因此形成 NOMb 的过程需要有一定时间。加入抗坏血酸（$C_6H_8O_6$）能加速 NO 的形成，由亚硝酸和抗坏血酸首先生成中间复合体，然后中间复合体再分解生成 NO。该反应在低温情况下进行缓慢，但在烘烤和熏制时会急剧加快。当抗坏血酸存在时，可阻止 NOMb 在空气中氧化，使形成的颜色更加稳定。

腌肉所使用的硝酸盐和亚硝酸盐都有利于肉色稳定，但采用亚硝酸盐使肉发色迅速，对稳定肉色更直接，因此现在亚硝酸盐广泛地取代了硝酸盐，越来越少地使用硝酸盐是现代肉类加工的一种趋势。对腌制、熟化周期长的肉制品，一般使用硝酸盐或硝酸盐和亚硝酸盐混合物。

据研究表明，亚硝酸盐与肉中肌红蛋白色素反应所消耗的亚硝酸盐量明显地与产品的色素含量成正比，几乎可以肯定的是，2 mol 的亚硝酸盐能与 1 mol 的热变性色素反应。而非血红素蛋白质对添加的亚硝酸盐中氮元素的俘获量为 20%~30%，以气体逸出形式的损耗量不超过 5%。

（2）（异）抗坏血酸及其钠盐的助发色作用：肉制品中常用（异）抗坏血酸及其钠盐、烟酰胺等作为发色助剂，使发色效果更加稳定，其助发色机理与硝酸盐及亚硝酸盐的发色过程紧密相连。发色助剂具有很强的还原性，其助发色作用是促进 NO 的生成，防止 NO 及亚铁离子的氧化。它能促使亚硝酸盐还原为 NO，并消耗氧气，创造厌氧条件，加速 NOMb 的形成，完成助发色作用。烟酰胺也能形成烟酰胺肌红蛋白，使肉呈红色，但同时使用抗坏血酸和烟酰胺，其助发色效果更好。抗坏血酸的使用量一般为 0.02%~0.05%，最大使用量为 0.1%。

（3）还原糖的助发色作用：在腌制过程中往往加入一些糖类，其中一些还原糖（葡萄糖等）具有还原性，能够吸收消耗空气中的氧气，防止肉被氧化褪色。

3. 腌制的保水作用

（1）食盐的保水作用：肉中起保水和黏结作用的关键物质是结构蛋白中的肌球蛋白。用离子强度 0.6 的盐溶液提取肌球蛋白时，仅在屠宰后短时间内进行处理，才能得到纯肌球蛋白。用死后时间稍长的肉提取时，因部分肌球蛋白与肌动蛋白生成肌动球蛋白，故提取出来的是肌球蛋白、肌动球蛋白的混合物，此混合物称肌球蛋白 B，而纯肌球蛋白称肌球蛋白 A。

未经腌制肌肉中的蛋白质处于非溶解状态或凝胶状态，而肉经腌制后由于离子强度的作用，使蛋白质转变为溶解状态或溶胶状态。腌制时肌球蛋白 B 被提取是保水性增加的根本原因。处于凝胶状态的肌球蛋白 B，能吸水膨润，本身也具有一定的持水能力，但这种溶剂化作用所形成的吸水膨润是有限的，持水性局限在极小的范围内。而在充分的离子强度下，肌球蛋白的溶解性增大，肌球蛋白 B 能从凝胶状态变成溶胶状态，吸水无限膨润。

在加热过程中，由于蛋白质变性，使原来被包藏在蛋白质二级结构内的非极性基团暴露出来，造成了疏水条件，使持水力大为降低。未经腌制的肉煮制时大量失水，就是这种原因。

腌制使凝胶状态的肌球蛋白 B 由有限膨润转变为无限膨润，是高度溶剂化的表现。在一定离子强度下，可以使这种溶剂化过程表现得最充分，也就是使持水能力达到最高程度。在加工过程中，经搅拌、斩拌、滚揉，溶胶状的肌球蛋白 B 从肌纤维内释放出来，起黏着作用。如肉馅加 4.6%~5.8% 的食盐时保水性最好。若食盐用量超过这一标准，因食盐的脱水作用，肉的保水性反而降低；若食盐用量低于这一标准，最好的办法是用磷酸盐来弥补由此引起的保水效果不足的缺点。当加热的时候，溶胶状态的蛋白质形成巨大的凝胶体，将水分及脂肪封闭在凝胶的网状结构里。此外，用湿法腌制的片状火腿原料肉或腌制灌肠原料肉时发现，肉的吸水膨润度与肉的 pH、腌制的盐水浓度、原料肉与腌制盐水的比例有一定的关系。肉的 pH 越高，膨润度越大。盐水浓度在 8%~10% 时，肉的膨润度最大，而当浸渍盐水的浓度增大，特别是当盐水浓度超过 22% 时，保水性反而显著降低。

（2）磷酸盐的保水作用：磷酸盐的作用主要是提高肉的保水性、嫩度和出品率。但由于磷酸盐对肉的作用机制比较复杂，尚无一致说法，现将已清楚的几点介绍如下。①提高肉的 pH：焦磷酸钠、三聚磷酸钠和六偏磷酸钠都是强碱弱酸盐，水解后呈碱性，加入肉中可使肉的 pH 上升，偏离肌球蛋白的等电点，从而能增强肉的保水力。②增加离子强度：多聚磷酸盐是多价阴离子化合物，即使在较低的浓度下也具有较高的离子强度，使处于凝胶状态的肌球蛋白溶解度显著增加（盐溶现象）而达到溶胶状态，提高了肉的持水性。③与金属离子发生螯合作用：多聚磷酸盐能与肌肉结构蛋白质中的 Ca^{2+}、Mg^{2+} 结合，使蛋白质的羧基游离出来，由于羧基之间的同性电荷相斥作用，使蛋白质结构松弛，以提高肉的持水性。④解离肌动球蛋白：焦磷酸盐和三聚磷酸盐有解离肌动球蛋白的功能，肌球蛋白的增加相应地提高了肉的持水性。⑤抑制肌球蛋白的热变性：肌球蛋白是决定肉保水性的重要成分，但是，肌球蛋白对热不稳定，其凝固温度为 42~51 ℃，在盐溶液中 30 ℃就开始变性。肌球蛋白过早变性会使其持水能力降低。焦磷酸盐对肌球蛋白的变性有一定的抑制作用，可以使肌肉蛋白质的持水能力稳定。

（3）糖的保水作用：糖极易氧化形成酸，使肉的酸度增加，利于胶原蛋白的膨润和松软，从而提高了肉的保水性，使肉的嫩度增加。

4. 腌制的呈味作用

肉经腌制后形成了特殊的腌制风味。通常情况下，出现特有的腌制香味需要腌制 10~14 d，腌制 21 d 香味明显，腌制 40~50 d 香味达到最大程度。香味和滋味是评定腌制品质的重要指标。学术界对腌制风味形成的过程和风味物质的性质目前尚没有一致结论，现就清楚的几点介绍如下。

（1）蛋白质等有机物的变化：一般认为腌制风味是在组织酶、微生物产生的酶的作用下，由蛋白质、浸出物和脂肪变化成的络合物形成的，主要为羰基化合物、挥发性脂肪酸、游离氨基酸、含硫化合物等物质，加热时就会释放出来，形成特有风味。

（2）亚硝酸盐的作用：亚硝酸盐除发色作用外，对腌肉的风味有着重要影响。亚硝酸盐可抑制脂肪的氧化，能减少因脂肪氧化所产生的过度蒸煮味。加亚硝酸盐腌制的火腿，羰基化合物的含量是不加的 2 倍。

（四）影响腌制质量的因素

1. 原料肉的品质

猪的肌纤维颜色的差别是由肌红蛋白的含量不同而引起的，有的肌肉呈深红色，有的肌肉呈浅红色，腌制成熟后产品色泽也有深浅，因此要选用肉色相近的肉作原料。尽量不用 PSE 肉作火腿，以免影响腌肉的色泽和保水性。肉的 pH 接近肉的等电点时，腌肉的保水能力最小。肉发色的 pH 值最适范围一般为 5.6~6.0。

2. 腌制材料

（1）食盐的纯度：食盐中除含有氯化钠外，还含有氯化钙、硫酸镁和硫酸钠等杂质，在腌制过程中，它们会影响食盐向肉中的渗透速度，其中硫酸镁和硫酸钠含量过多还会使腌制品有苦味。另外，食盐中若含有微量的铜、镁、铬，它们会使腌肉中的脂肪氧化酸败。因此，肉制品加工中最好使用氯化钠含量在99%以上的精制盐。

（2）食盐的使用量和盐水浓度：腌制时食盐用量应根据腌制目的、环境条件（如气温）、腌制对象、腌制种类和消费者口味的不同而有所不同。为了达到完全防腐的目的，要求肉内盐分浓度至少在 7% 以上。因此，所用盐水浓度至少应在 25% 以上。腌制时气温低，用盐量可降低些；腌制时气温高，用盐量宜多些。另外，为防止肉类腐败，腌制时还可加硝酸盐。但是，腌肉中盐分含量过高就难以食用。从消费者能接受的肉制品咸度来考虑，其盐分含量以 2%~3% 为宜。现在国外肉制品一般都趋向于采用低盐水浓度进行腌制。

（3）硝酸盐或亚硝酸盐用量及残留量：根据国家标准规定，硝酸钠的最大使用量为 0.5 g/kg，亚硝酸钠的最大使用量为 0.15 g/kg。在安全范围内使用发色剂的量与原料肉的种类、加工工艺条件及气温情况等因素有关，一般来说，气温越高，发色作用越快，发色剂添加量可适当减少。发色结束后，残留量以亚硝酸钠量来计，灌制品不超过 0.03 g/kg，肉类罐头不超 0.05 g/kg，西式火腿不超过 0.07 g/kg。

（4）温度：腌制速度与温度成正比，也就是说温度越高，食盐进入肉中的速度就越快。但是，利用温度来提高腌制速度必须谨慎小心，应防止食盐在渗入肉内以前就出现腐败变质现象。为此，腌制仍在低温条件下进行。如果没有冷库，一般在立冬后到立春前的这段时间里进行腌制；有冷库时，肉类腌制温度应控制在 2~4 ℃。这是因为，低于 2 ℃腌制速度缓慢，高于 4 ℃又易引起腐败菌的大量生长。

（5）空气：进行肉类腌制时，保持缺氧环境可避免褪色。当肉中无还原物质存在时，暴露于空气中的肉表面就会被氧化变暗。因此，实际腌制过程中，可在腌肉表面盖上不透气的塑料薄膜或者在腌制剂中加入抗氧化物质（如 D– 异抗坏血酸钠）来防止氧化。

（6）其他因素：除上述几种因素影响腌肉质量外，还有磷酸盐、抗坏血酸盐、还原糖等对腌肉的质量都有改善作用。

影响肉腌制品质量的因素较多，只有勤检查，观察色泽变化情况，才能逐步探索出本地区各个季节、各个品种的最佳腌制时间。就北京而言，通常腌制时间如下：盐水火腿、熏圆腿为 2~3 d，培根为 10~13 d，生熏火腿为 15~16 d，灌制品原料为 1~3 d。部分传统制品，如镇江肴肉、肘花、肉卷（用五花肉），需湿腌 5~6 d。

（五）亚硝酸盐（硝酸盐）的使用方法

硝酸盐和亚硝酸盐使用量很小，因此必须控制用量和用法。根据腌制方法和产品工艺的不同，亚硝酸盐（硝酸盐）的使用方法有以下几种。

1. 亚硝酸盐（硝酸盐）和食盐混合使用

把硝酸盐和食盐均匀地拌和在一起。由于硝酸盐用量很少，为了使硝酸盐与食盐拌和均匀，常加入硝酸盐量 20 倍的水，调和成液体，再拔入食盐中，拌匀后使用。加工欧式火腿、培根、熏腿等都采用这种方式。

2. 亚硝酸盐（硝酸盐）和食盐加水溶液使用

把硝酸盐和食盐同时溶在水中并搅拌成均匀的盐水。湿腌法均采用此种方法。用硝酸盐量应先确定盐水浓度和 100 kg 原料肉消耗的盐水量，再确定加硝量。

3. 亚硝酸盐（硝酸盐）与调味料混合使用

将硝酸盐拌和在调味料中，也可以达到发色作用，广式腊肠、腊肉等产品均采用这种方式。

4 亚硝酸盐（硝酸盐）和水混合使用

把硝酸盐溶于水中，配成硝酸盐水溶液使用。当硝酸盐量不足或腌制时间短，色泽不鲜艳，需加硝酸盐水补充时，常用这种方法。

（六）腌制终点的判断

不管采用哪一种方法进行腌制，都要求把肉块腌透、腌好。一般来说，腌制液完全渗透到肉内为腌透标志。目前尚无仪器能测量，全靠眼睛观察肉的色泽变化来判定。方法是用刀切开最厚的肌肉，若整个断面呈玫瑰红色，指压弹性均相等，无粘手感，表明肉已腌透；若中心部位颜色仍呈暗红色，则表明肉未腌透。腌制好的肥膘断面呈青白色，切成薄片时略带透明，这是由于脂肪被盐作用后老化的结果。脂肪中含有盐分，在与肌肉或其他溶液相遇时，容易相互结合，遇到其他含盐量低的液体时，盐就会从脂肪中释放出来，使脂肪结构发生变化，给乳化带来方便。生产上，对肥膘的腌制常常被人们忽视，尤其是用作灌制品时，把未经腌制的肥膘绞碎时，往往被绞成粥状，未经加热即已出油，影响灌制品的质量。

（七）广式腊肠的质量标准

1. 广式腊肠的感官质量标准（表 13–17）

表 13–17　广式腊肠的感官质量标准

项目	标准
色泽	瘦肉呈红色、枣红色，脂肪呈乳白色，外表有光泽
香气	腊香味纯正浓郁，具有中式香肠固有的风味
滋味	滋味鲜美，咸甜适中
形态	外形完整、均匀，表面干爽，呈现收缩后的自然皱纹

2. 广式腊肠的理化指标（表 13–18 ）

表 13–18　广式腊肠的理化指标

项目	指标		
	特级	优级	普通级
氯化物含量 /(以 NaCL 计) ≤	—	8	—
水分 / (g/100 g) ≤	25	30	38
蛋白质含量 / (g/100 g) ≥	22	18	14
脂肪含量 / (g/100 g) ≤	35	45	55
总糖（以葡萄糖计）/ (g/100 g) ≤		22	
过氧化值（以脂肪计）/ (g/100 g) ≤	按 GB 2730—2005 规定执行		
亚硝酸盐（以 $NaNO_2$ 计）含量 / (mg/100 kg) ≤	按 GB 2760—2014 规定执行		

3. 广式腊肠的微生物指标（表 13-19）

表 13-19　广式腊肠的微生物指标

项目	指标	
	出厂	销售
菌落总数 /（个 /g）≤	20000	50000
大肠菌群 /（个 /100 g）≤	30	30
致病菌（指肠道致病菌和致病性球菌）	不得检出	不得检出

任务十四　广式腊肉加工

任务书

一、任务情境描述

公司销售部门收到“广式腊肉”订单，下达生产部，生产部编制生产计划单，下达生产车间。请你按照《广式腊肉加工工艺规程》，完成生产任务，并按时供货。

二、价值分析

（一）社会价值

广式腊肉在市场上占据重要地位，特别是在广东地区，其市场份额高达 80% 左右。随着消费者对高品质、有特色食品的需求增加，广式腊肉的市场规模不断扩大，为相关产业带来了显著的经济效益

（二）文化价值

广式腊肉是我国传统食品之一，具有悠久的历史和独特的制作工艺。它不仅代表了广东地区的饮食文化，还体现了我国传统腌制食品的制作技艺。通过广式腊肉的制作和消费，人们能够更好地了解和传承这一文化遗产。

（三）职业价值

随着消费者对健康和营养关注度的提高，广式腊肉企业也在不断创新产品种类和口味，推出更加健康、无添加的产品以满足市场需求。这种创新不仅丰富了市场供给，也为相关从业者提供了更多的发展机会。

学习活动

广式腊肠加工的学习活动见表 14-1。

表 14-1　广式腊肠加工的学习活动

活动序号	学习活动	完成情况	完成时间 / min
1	接受任务		
2	制订方案		
3	任务实施		
4	任务评价		
5	相关知识		

学习活动一　接受任务

学习要求：通过该活动，同学们要明确“广式腊肉生产计划单”中的具体要求，按时完成广式腊肠的生产任务。具体工作步骤及要求见表 14–2。

表 14–2　具体工作步骤及要求

序号	工作步骤	要求	完成情况	完成时间 / min
1	识读生产计划单	能快速准确地明确计划要求并清晰表达，在教师要求的时间内完成，能够读懂生产计划单中的各项内容		
2	确定生产工艺和设备	能够选择任务需要完成的工艺，并进行时间和工作场所安排，掌握相关理论知识		
3	编制任务分析报告	能够清晰地描写任务认知与理解等，思路清晰，语言描述流畅		

今接到一生产计划单，具体内容见表 14–3。

表 14–3　生产计划单

项目	内容	项目	内容
计划下达部门		计划接收部门	
计划下达日期		订单号	
产品代码		产品类别	
产品名称		产品规格	
单位		订单数量	
生产日期		包装物要求	
要求最迟到货时间		到货地点	
备注说明			

生产部编制计划人员：__________　　　　生产部部长：__________

一、识读生产计划单

（1）请用红色笔标出生产计划单中的关键词，并把关键词抄在下面横线上。

____

____

（2）请从关键词中选择词语组成一句话，说明生产计划单的要求（其中包含产品总量、规格、交货时间的具体要求）。

____

（3）请根据生产计划单中的信息，在下列横线上列式计算出产品总吨数。

二、确定生产工艺和设备

（1）根据《广式腊肉加工工艺规程》，以表格形式列出工艺过程中的主要设备设施、技术参数和工作要求，详见表 14–4。

表 14–4　广式腊肉主要设备、参数及要求

工序	主要设备设施	技术参数	工作要求
原料选择			
原料肉预处理			
配料			
腌制			
烘烤			
包装			

（2）为顺利完成生产任务，请查阅资料，写出广式腊肠的感官质量标准。

三、编写任务分析报告

（一）基本信息（表 14–5）

表 14–5　基本信息

项目	内容	备注
产品名称		
生产数量		
最迟到货时间		
领取原辅材料时间		
设备器具清洗消毒时间		
生产时间		
成品入库时间		

（二）任务分析

依据订单需求，按照《广式腊肉加工工艺规程》生产加工广式腊肉，请同学们绘制详细的生产工艺流程图。

____

____

学习活动二　制订方案

学习要求： 通过对《广式腊肉加工工艺规程》的分析，编制工作流程、仪器设备清单、原辅材料清单及生产方案。具体要求见表 14–6。

表 14–6　具体要求

序号	工作步骤	要求	完成情况
1	编制工作流程	在 30 min 内完成工作流程编制，工作流程内容完整	
2	编制仪器设备清单	在 30 min 内完成仪器设备清单编制，满足生产工艺需要	
3	编制原辅材料清单	在 20 min 内完成广式腊肉加工需求清单编制，与订单计划对接	
4	编制生产方案	在 40 min 内完成生产方案编制，确保生产工作顺利进行	

一、编制工作流程

（1）项目的主要工作流程可以分为 5 个部分，分别是设备及工器具的清洗消毒、原辅材料的准备、实施生产加工、出厂检验、物流配送。

请回忆一下，各部分的主要工作任务有哪些？各部分的工作要求分别是什么？大约需要花费多长时间？具体工作流程见表 14–7。

表 14–7　具体工作流程

序号	工作流程	主要工作内容	参考标准	时间 /h
1	设备及工器具的清洗消毒			
2	原辅材料的准备			
3	实施生产加工			
4	出厂检验			
5	物流配送			

（2）请分析《广式腊肉加工工艺规程》，写出工作流程，并写出完整的工作内容和要求，详见表 14–8。

表 14–8　广式腊肉生产工作流程

序号	工作流程	具体工作内容	要求
1			
2			
3			
4			
5			
6			
7			
8			

二、编制仪器设备清单

为了完成生产过程，需要用到哪些仪器设备？请列表完成（表 14–9）。

表 14–9　广式腊肉生产仪器设备清单

序号	仪器设备名称	型号	作用	是否会操作
1				
2				
3				
4				
5				
6				
7				
8				

三、编制原辅材料清单

为了完成生产任务，需要用到哪些原辅材料？请列表完成（表 14–10）。

表 14–10　广式腊肉原辅材料清单

序号	原辅材料名称	用量	作用	备注
1				
2				
3				
4				

续表

序号	原辅材料名称	用量	作用	备注
5				
6				
7				
8				

四、编制生产方案

方案名称：____________________

（一）生产目标

（填写说明：概括说明本次生产任务要达到的目标。）

（二）工作内容安排（表 14-11）

表 14-11　广式腊肉生产工作内容安排

生产流程	仪器设备及原辅材料	生产要求	操作要求	计划时间 / h

（三）产品感官质量评价

（填写说明：从产品的色泽、组织状态、风味等进行感官质量评价。）

（四）有关安全注意事项及防护措施

（填写说明：生产过程中的安全操作及防护要求。）

学习活动三　任务实施

建议学时： 4 学时。

学习要求： 按照广式腊肠生产方案中的内容，完成生产过程。生产过程符合生产安全、食品安全、质量标准、现场“6S”管理等要求。工作流程及要求见表 14–12。

表 14–12　工作流程及要求

序号	工作流程	要求	学时安排	备注
1	设备及工器具的清洗消毒	按照设备及工器具清洗消毒规程按时完成上述工作		
2	原辅材料的准备	按照工艺配方准确计算并领取原辅材料		
3	实施生产加工	严格按照《广式腊肠加工工艺规程》执行，按时完成任务		
4	出厂检验			
5	物流配送			
6	评价			

一、安全注意事项

请结合在实训室生产时的安全事项，写出本任务需要注意的安全事项。

____

____

二、设备及工器具的清洗消毒

（1）请阅读下述材料，完成设备及工器具的清洗消毒，并做好记录（表 14–13）。

设备及工器具的清洗消毒流程：清刮干净残留肉糜→清水刷洗→清洁剂刷洗→清水冲洗→消毒液消毒→清水冲洗→沥干水分→定点定位放置。

表 14–13　清洗消毒记录表

设备及工器具名称	清洗消毒方法	完成人	完成时间	是否完成

（2）相关要求：同“任务一　屠宰加工猪”设备及工器具的清洗、消毒相关要求。

三、原辅材料的准备

按照工艺配方准确计算、领取原辅材料，并完成原辅材料准备记录，具体见表14–14。

表 14–14　原辅材料记录

序号	原辅材料名称	用量	完成人	完成时间
1				
2				
3				
4				
5				
6				
7				
8				

四、实施生产加工

严格执行《广式腊肉加工工艺规程》，按时完成任务，并填写生产记录（表 14–15）。

表 14–15　广式腊肉生产记录

序号	生产步骤	标准、要求	操作人	完成时间要求
1				
2				
3				
4				
5				
6				
7				
8				
9				
10				

五、出厂检验

请写出广式腊肉的出厂检验项目。

____

____

六、物流配送

请分析并写出广式腊肉物流配送过程中需要注意的问题。

____

____

学习活动四　任务评价

建议学时： 0.5 学时。

学习要求： 通过最后的任务评价，学生能明白做事要善始善终，知道自己掌握了多少，知道自己要努力的方向。

分小组按照任务评价表要求进行评价（表 14-16）。

表 14-16　任务评价表

<table>
<tr><th>项次</th><th colspan="2">项目要求</th><th>配分</th><th>评分细则</th><th>自我评价</th><th>小组评价</th><th>教师评价</th></tr>
<tr><td rowspan="7">素养（20分）</td><td rowspan="4">纪律情况（5 分）</td><td>按时到岗，不迟到、早退</td><td>2 分</td><td>缺勤全扣，迟到、早退出现 1 次扣 1 分</td><td></td><td></td><td></td></tr>
<tr><td>积极思考、回答问题</td><td>2 分</td><td>根据上课统计情况得 1~2 分</td><td></td><td></td><td></td></tr>
<tr><td>学习用品准备</td><td>1 分</td><td>自己主动准备好学习用品并确保齐全得 1 分</td><td></td><td></td><td></td></tr>
<tr><td>执行教师命令</td><td>0 分</td><td>此为否定项，违规酌情扣 10~100 分，违反校规按校规处理</td><td></td><td></td><td></td></tr>
<tr><td rowspan="3">职业道德（6 分）</td><td>主动与他人合作</td><td>2 分</td><td>主动合作得 2 分，被动合作得 1 分</td><td></td><td></td><td></td></tr>
<tr><td>主动帮助同学</td><td>2 分</td><td>主动帮助同学得 2 分，被动帮助同学得 1 分</td><td></td><td></td><td></td></tr>
<tr><td>严谨、追求完美</td><td>2 分</td><td>对工作精益求精且效果明显得 2 分，对工作认真得 1 分，其余不得分</td><td></td><td></td><td></td></tr>
</table>

续表

项次	项目要求		配分	评分细则	自我评价	小组评价	教师评价
	“6S”（4分）	桌面、地面整洁	2分	自己工位的桌面、地面整洁无杂物得2分，不合格不得分			
		物品定置管理	2分	按定置要求放置得2分，其余不得分			
	阅读能力（5分）	快速阅读能力	5分	能快速准确地明确任务要求并清晰表达得5分，能主动沟通并在受指导后达标得3分，其余不得分			
核心技术（60分）	接受任务（15分）	识读计划单	5分	能全部完成任务得5分，其余视情况得1~4分			
		确定生产工艺和设备	5分	能全部完成任务得5分，其余视情况得1~4分			
		编写任务分析报告	5分	能全部完成任务得5分，其余视情况得1~4分			
	制订方案（15分）	编制工作流程	5分	能全部完成任务得5分，其余视情况得1~4分			
		编制仪器设备清单	5分	能全部完成任务得5分，其余视情况得1~4分			
		编制原辅材料清单	5分	能全部完成任务得5分，其余视情况得1~4分			
	任务实施（30分）	编制生产方案	5分	能全部完成任务得5分，其余视情况得1~4分			
		设备器具清洗消毒	5分	能全部完成任务得5分，其余视情况得1~4分			
		原辅材料准备	5分	能全部完成任务得5分，其余视情况得1~4分			
		生产加工	15分	能全部完成任务得15分，其余视情况得1~14分			
工作页完成情况（20分）	按时、保质保量完成工作页（20分）	按时提交	4分	按时提交得4分，迟交不得分			
		书写整齐度	3分	文字工整、字迹清楚得3分			
		内容完成程度	4分	视完成情况分别得1~4分			
		回答准确率	5分	视准确率情况分别得1~5分			
		有独到的见解	4分	视见解程度分别得1~4分			
合计			100分				
总分[加权平均分（自我评价占20%，小组评价占30%，教师评价占50%）]							

学习活动五 相关知识

一、广式腊肉的生产工艺

（一）工艺流程

原料选择→预处理→配料→腌制→烘烤→包装。

（二）工艺配方

去骨带皮五花肉 85 kg，白糖 5.5 kg，白酱油 5.49 kg，曲酒 1.9 kg，麻油 1 kg，食盐 1 kg，D- 异抗坏血酸钠 0.1 kg，亚硝酸钠 0.01 kg。

（三）操作步骤

1. 原料选择

选择经兽医卫生检验检疫合格的新鲜、优质五花肉，要求无伤疤、肥膘厚度在 1.5 cm 以上且肥瘦层次分明。一般肥瘦比为 5 ： 5 或 4 ： 6。

2. 预处理

将原料肉剔去肋骨、椎骨、软骨、奶脯和碎肉，边缘修割整齐，切成长 35~36 cm、宽 3 cm、重 200~210 g 的肉条，在肉条顶端硬膘右边斜刀穿皮打成 0.3~0.4 cm 的小孔（用于穿绳悬挂）；将切好的肉条用 30 ℃左右的温水浸泡、漂洗 1~2 min，除去肉表面的浮油、污物等，沥干水分，放入洁净的盘中。

3. 配料

按配料标准，先把糖、硝酸钠、食盐倒入洁净的料盆内，然后加入曲酒、白酱油、香油等辅料，使固体腌料和液体调料充分混匀，完全溶化。

4. 腌制

采用湿腌法，将沥干水分的肉条放入洁净的盘中，加入混合好的配料，随即翻动，使每根肉条都与腌液接触，在 4~6 ℃环境温度下腌制 48~72 h，要求在腌制过程中每 12 h 翻缸一次。

5. 烘烤

用全自动熏蒸炉进行烘烤，先将炉温调至 55 ℃烘烤 12 h ，然后再将炉温调整至 50 ℃烘烤 24 h 即可。烘烤结束后，要求表皮干燥，瘦肉呈玫瑰红色，肥膘透明或呈乳白色即可。

6. 包装

采用真空包装，包装材料选用不透氧、不透水汽、耐油的塑料复合薄膜袋。腊肉烘烤后，应在通风处冷凉，待热气散尽再包装，以免影响包装效果和质量。

产品真空包装后可以在 20 ℃下保存 180 d。

（四）注意事项

（1）要严格控制腌制温度及时间，除上述湿腌方法外，也可以采用干腌法，直接把配料均匀地擦抹在肉的表面，抹好后将肉放在缸内或池内。放时，皮面在下，肉面向上，最上面一层肉面向下，皮面向上，整齐地放在腌缸或腌肉池内，最后，将抹剩下的配料全部均匀地撒在缸内或池内的肉面层上。具体的腌制时间视腌制方法、肉条大小、腌制温度的不同而有所差异，最终以腌制料能充分地渗透到肉中且腌透为准。

（2）烘烤温度不能太高，以免肥肉出油、瘦肉色泽发黑；烘烤温度也不能太低，以免水分蒸发不足，成品水分活度过大，从而导致产品产酸变质。

（3）烘烤时间可根据产品规格、半成品的大小进行调整，通常为48~72 h。

（五）成品感官质量标准

1. 一级鲜度感官质量标准

色泽鲜明，肌肉呈鲜红色或暗红色，脂肪透明或呈乳白色；肉质干爽、结实；具有广式腊肉固有的风味。

2. 二级鲜度感官质量标准

色泽稍淡，肌肉呈暗红色或咖啡色，脂肪呈乳白色，表面可以有霉点，但抹后无痕迹；肉身稍软；风味稍减，脂肪有轻度酸败味。

任务十五　南京板鸭加工

任务书

一、任务情境描述

公司销售部门收到“南京板鸭”订单，下达生产部，生产部编制生产计划单，下达生产车间。请你按照《南京板鸭加工工艺规程》，完成生产任务，并按时供货。

二、价值分析

南京板鸭俗称“琵琶鸭”，又称“官礼板鸭”和“贡鸭”，素有“北烤鸭南板鸭”之说，是南京地区一道传统名菜，用盐卤腌制风干而成，分腊板鸭和春板鸭2种。因其肉质细嫩紧密，像一块板，故名板鸭。南京板鸭色、香、味俱全，外形饱满，体肥皮白，肉质细嫩紧密，食之酥香，回味无穷。南京板鸭外形较干，状如平板，肉质酥烂细腻，香味浓郁，有干、板、酥、烂、香的特点。作为“江苏三宝”之一的南京板鸭驰名中外，已有600多年的历史，为南京人爱吃的菜肴，因而有“六朝风味”“百门佳品”的美誉。南京板鸭这个中国传统品牌肉制品具有广阔的前景，对从业者的职业化、专业化水平要求很高。从业者要能感知南京板鸭品牌文化的内涵和价值，具备与品牌文化匹配的价值追求，勇担品牌传承和创新发展的使命，具备遵照配方、执行工艺、规范加工、严格达标的职业素养和能力。

学习活动

南京板鸭加工的学习活动见表15-1。

表15-1　南京板鸭加工的学习活动

活动序号	学习活动	完成情况	完成时间 / min
1	接受任务		
2	制订方案		
3	任务实施		
4	任务评价		
5	相关知识		

学习活动一　接受任务

学习要求： 通过该活动，同学们要明确“南京板鸭生产计划单”中的具体要求，按时完成南京板鸭的生产任务。具体工作步骤及要求见表 15–2。

表 15–2　具体工作步骤及要求

序号	工作步骤	要求	完成情况	完成时间 / min
1	识读生产计划单	能快速准确地明确计划要求并清晰表达，在教师要求的时间内完成，能够读懂生产计划单中的各项内容		
2	确定生产工艺和设备	能够选择任务需要完成的工艺，并进行时间和工作场所安排，掌握相关理论知识		
3	编制任务分析报告	能够清晰地描写任务认知与理解等，思路清晰，语言描述流畅		

今接到一生产计划单，具体内容见表 15–3。

表 15–3　生产计划单

项目	内容	项目	内容
计划下达部门		计划接收部门	
计划下达日期		订单号	
产品代码		产品类别	
产品名称		产品规格	
单位		订单数量	
生产日期		包装物要求	
要求最迟到货时间		到货地点	
备注说明			

生产部编制计划人员：__________　　　　生产部部长：__________

一、识读生产计划单

（1）请用红色笔标出生产计划单中的关键词，并把关键词抄在下面横线上。

____

____

（2）请从关键词中选择词语组成一句话，说明生产计划单的要求（其中包含产品总量、规格、交货时间的具体要求）。

____

（3）请根据生产计划单中的信息，在下列横线上列式计算出产品需要的鸭子数量。

二、确定生产工艺和设备

（1）根据《南京板鸭加工工艺规程》，以表格形式列出工艺过程中的主要设备设施、技术参数和工作要求，详见表 15-4。

表 15-4　南京板鸭主要设备、参数及要求

工序	主要设备设施	技术参数	工作要求
原料选择			
宰杀			
修整			
腌制			
叠坯			
排坯			
成熟			
包装			
成品			

（2）为顺利完成生产任务，请查阅资料，写出南京板鸭的感官质量标准。

三、编写任务分析报告

（一）基本信息（表 15-5）

表 15-5　基本信息

项目	内容	备注
产品名称		
生产数量		
最迟到货时间		
领取原辅材料时间		
设备器具清洗消毒时间		

续表

项目	内容	备注
生产时间		
成品入库时间		

（二）任务分析

依据订单需求，按照《南京板鸭加工工艺规程》生产加工南京板鸭，请绘制详细的生产工艺流程图。

____

____

学习活动二　制订方案

学习要求：通过对《南京板鸭加工工艺规程》的分析，编制工作流程、仪器设备清单、原辅材料清单及生产方案。具体要求见表 15-6。

表 15-6　具体要求

序号	工作步骤	要求	完成情况
1	编制工作流程	在 30 min 内完成工作流程编制，工作流程内容完整	
2	编制仪器设备清单	在 30 min 内完成仪器设备清单编制，满足生产工艺需要	
3	编制原辅材料清单	在 20 min 内完成南京板鸭加工需求清单编制，与订单计划对接	
4	编制生产方案	在 40 min 内完成生产方案编制，确保生产工作顺利进行	

一、编制工作流程

（1）项目的主要工作流程可以分为 5 个部分，分别是设备及工器具的清洗消毒、原辅材料的准备、实施生产加工、出厂检验、物流配送。

请回忆一下，各部分的主要工作任务有哪些？各部分的工作要求分别是什么？大约需要花费多长时间？具体工作流程见表 15-7。

表 15-7　具体工作流程

序号	工作流程	主要工作内容	参考标准	时间 / h
1	设备及工器具的清洗消毒			
2	原辅材料的准备			
3	实施生产加工			

续表

序号	工作流程	主要工作内容	参考标准	时间 / h
4	出厂检验			
5	物流配送			

（2）请分析《南京板鸭加工工艺规程》，写出工作流程，并写出完整的工作内容和要求，详见表 15-8。

表 15-8 南京板鸭生产工作流程

序号	工作流程	具体工作内容	要求
1			
2			
3			
4			
5			
6			
7			
8			

二、编制仪器设备清单

为了完成生产过程，需要用到哪些仪器设备？请列表完成（表 15-9）。

表 15-9 南京板鸭生产仪器设备清单

序号	仪器设备名称	型号	作用	是否会操作
1				
2				
3				
4				
5				
6				
7				
8				

三、编制原辅材料清单

为了完成生产任务，需要用到哪些原辅材料？请列表完成（表 15-10）。

表 15-10 南京板鸭原辅材料清单

序号	原辅材料名称	用量	作用	备注
1				
2				
3				
4				
5				
6				
7				
8				

四、编制生产方案

方案名称：________________

（一）生产目标

（填写说明：概括说明本次生产任务要达到的目标。）

____

____

（二）工作内容安排（表 15-11）

表 15-11 南京板鸭生产工作内容安排

生产流程	仪器设备及原辅材料	生产要求	操作要求	计划时间 / h

（三）产品感官质量评价

（填写说明：从产品的色泽、组织状态、风味等进行感官质量评价。）

____

____

（四）有关安全注意事项及防护措施

（填写说明：生产过程中的安全操作及防护要求。）

学习活动三　任务实施

建议学时：4 学时。

学习要求：按照南京板鸭生产方案中的内容，完成生产过程。生产过程符合生产安全、食品安全、质量标准、现场“6S”管理等要求。具体要求见表 15-12。

表 15-12　工作步骤及要求

序号	工作流程	要求	学时安排	备注
1	设备及工、器具的清洗消毒	按照设备及工、器具清洗消毒规程按时完成上述工作		
2	原辅材料的准备	按照工艺配方准确计算并领取原辅材料		
3	实施生产加工	严格按照《南京板鸭加工工艺规程》执行，按时完成任务		
4	出厂检验			
5	物流配送			
6	评价			

一、安全注意事项

请结合在实训室生产时的安全事项，写出本任务需要注意的安全事项。

二、设备及工器具的清洗消毒

（1）请阅读下述材料，完成设备及工器具的清洗消毒，并做好记录（表 15-13）。设备及工器具的清洗消毒流程：清刮干净残留肉糜→清水刷洗→清洁剂刷洗→清水冲洗→消毒液消毒→清水冲洗→沥干水分→定点定位放置。

表 15-13　清洗消毒记录表

设备及工器具名称	清洗消毒方法	完成人	完成时间	是否完成

续表

设备及工器具名称	清洗消毒方法	完成人	完成时间	是否完成

（2）相关要求：同“任务一　屠宰加工猪”设备及工器具的清洗、消毒相关要求。

三、原辅材料的准备

按照工艺配方准确计算、领取原辅材料，并完成原辅材料准备记录，具体见表15–14。

表 15–14　原辅材料记录

序号	原辅材料名称	用量	完成人	完成时间
1				
2				
3				
4				
5				
6				
7				
8				

四、实施生产加工

严格执行《南京板鸭加工工艺规程》，按时完成任务，并填写生产记录（表 15–15）。

表 15–15　南京板鸭生产记录

序号	生产步骤	标准、要求	操作人	完成时间要求
1				
2				
3				
4				
5				
6				

续表

序号	生产步骤	标准、要求	操作人	完成时间要求
7				
8				
9				
10				

五、出厂检验

请写出南京板鸭的出厂检验项目。

____

____

六、物流配送

请分析并写出南京板鸭物流配送过程中需要注意的问题。

____

____

学习活动四　任务评价

建议学时：0.5 学时。

学习要求：通过最后的任务评价，学生能明白做事要善始善终，知道自己掌握了多少，知道自己要努力的方向。

分小组按照任务评价表要求进行评价（表 15–16）。

表 15–16　任务评价表

项次	项目要求		配分	评分细则	自我评价	小组评价	教师评价
素养（20分）	纪律情况（5 分）	按时到岗，不迟到、早退	2 分	缺勤全扣，迟到、早退出现 1 次扣 1 分			
		积极思考、回答问题	2 分	根据上课统计情况得 1~2 分			
		学习用品准备	1 分	自己主动准备好学习用品并确保齐全得 1 分			
		执行教师命令	0 分	此为否定项，违规酌情扣 10~100 分，违反校规按校规处理			

续表

项次	项目要求		配分	评分细则	自我评价	小组评价	教师评价
	职业道德（6分）	主动与他人合作	2分	主动合作得2分，被动合作得1分			
		主动帮助同学	2分	主动帮助同学得2分，被动帮助同学得1分			
		严谨、追求完美	2分	对工作精益求精且效果明显得2分，对工作认真得1分，其余不得分			
	“6S”（4分）	桌面、地面整洁	2分	自己工位的桌面、地面整洁无杂物得2分，不合格不得分			
		物品定置管理	2分	按定置要求放置得2分，其余不得分			
	阅读能力（5分）	快速阅读能力	5分	能快速准确地明确任务要求并清晰表达得5分，能主动沟通并在受指导后达标得3分，其余不得分			
核心技术（60分）	接受任务（15分）	识读计划单	5分	能全部完成任务得5分，其余视情况得1~4分			
		确定生产工艺和设备	5分	能全部完成任务得5分，其余视情况得1~4分			
		编写任务分析报告	5分	能全部完成任务得5分，其余视情况得1~4分			
	制订方案（15分）	编制工作流程	5分	能全部完成任务得5分，其余视情况得1~4分			
		编制仪器设备清单	5分	能全部完成任务得5分，其余视情况得1~4分			
		编制原辅材料清单	5分	能全部完成任务得5分，其余视情况得1~4分			
	任务实施（30分）	编制生产方案	5分	能全部完成任务得5分，其余视情况得1~4分			
		设备器具清洗消毒	5分	能全部完成任务得5分，其余视情况得1~4分			
		原辅材料准备	5分	能全部完成任务得5分，其余视情况得1~4分			
		生产加工	15分	能全部完成任务得15分，其余视情况得1~14分			

续表

<table>
<tr><th>项次</th><th colspan="2">项目要求</th><th>配分</th><th>评分细则</th><th>自我评价</th><th>小组评价</th><th>教师评价</th></tr>
<tr><td rowspan="5">工作页完成情况（20分）</td><td rowspan="5">按时、保质保量完成工作页（20 分）</td><td>按时提交</td><td>4 分</td><td>按时提交得 4 分，迟交不得分</td><td></td><td></td><td></td></tr>
<tr><td>书写整齐度</td><td>3 分</td><td>文字工整、字迹清楚得 3 分</td><td></td><td></td><td></td></tr>
<tr><td>内容完成程度</td><td>4 分</td><td>视完成情况分别得 1~4 分</td><td></td><td></td><td></td></tr>
<tr><td>回答准确率</td><td>5 分</td><td>视准确率情况分别得 1~5 分</td><td></td><td></td><td></td></tr>
<tr><td>有独到的见解</td><td>4 分</td><td>视见解程度分别得 1~4 分</td><td></td><td></td><td></td></tr>
<tr><td colspan="3">合计</td><td>100 分</td><td></td><td></td><td></td><td></td></tr>
<tr><td colspan="5">总分 [加权平均分（自我评价占 20%，小组评价占 30%，教师评价占 50%）]</td><td></td><td></td><td></td></tr>
</table>

学习活动五 相关知识

一、南京板鸭的分类和特点

南京板鸭（图 15-1）是我国著名特产，是咸鸭的一种，可分为腊板鸭和春板鸭两类。清代时，地方官员总要挑选质量较好的新板鸭进贡皇室，故又称“贡鸭”。其特点是体肥、皮白、肉红、骨绿（板鸭的骨并不是绿色的，只是一种形容的习惯语），肉质细嫩、紧密、味香，食用时具有香、酥、板（板的意思是指鸭肉细嫩紧密，南京俗称发板）、嫩的特色，余味回甜。

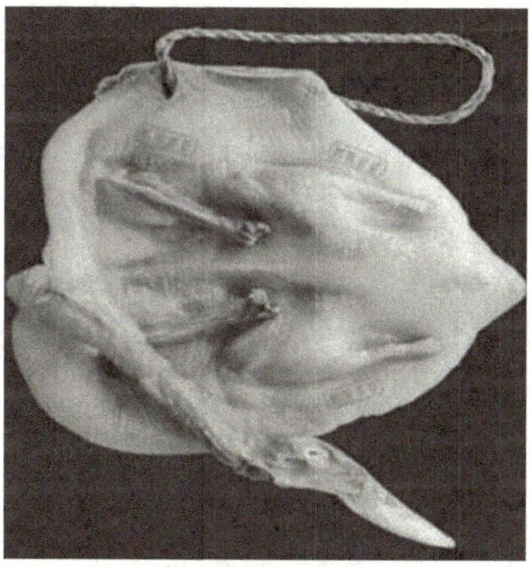

图 15-1 南京板鸭

彩图

二、腌制料的配制

（一）主料

新鲜光鸭 75 kg（35~40 只）。

（二）干腌辅料

食盐 4.7 kg（光鸭重的 1/16），八角 23.4 g(食盐重的 0.5%)。

炒盐制备：按干腌辅料配方将食盐放入锅内，加入八角，用火炒熟，磨细，即制成炒盐。

（三）湿腌辅料

洗鸭血水 75 kg，食盐 25 kg，生姜 50 g，八角 25 g，大葱 75 g。

盐卤的配制：按湿腌辅料配方向洗鸭血水中加入食盐，放锅中煮沸，使食盐溶解成饱和溶液，撇去血污，澄清，用纱布滤去杂质，再加入打扁的大片生姜、整粒的八角、整根的葱，冷却后即成新卤。新卤经过腌鸭后多次使用和长期贮藏即成老卤，每 200 g 老卤腌板鸭 150 kg。盐卤腌鸭 4 或 5 次后，必须煮沸 1 次，撇去上浮血污，并澄清。可适当补充食盐，使卤水保持一定的咸度。

三、南京板鸭生产工艺

（一）工艺流程

原料选择→宰杀→修整→腌制→叠坯→排坯→成熟→包装。

（二）操作步骤

1. 原料选择

腌制南京板鸭，要挑选体长，身宽，胸、腿肉发达，两腋有“核桃肉”，体重 1.75 kg 以上的健康活鸭为原料鸭。宰杀前要用稻谷饲养 15~20 d 催肥，使膘肥肉嫩、体肤洁白。无条件的也可用优质瘦肉鸭代替，体重 1.5~2 kg，以肌肉丰满、鸭体皮肤洁白、新鲜健康为宜。

2. 宰杀

候宰 12~24 h 的鸭，可采用颈宰杀法或口腔宰杀 2 种方法宰杀。鸭宰杀后，必须在 5 min 内用 60~65 ℃的热水进行烫毛，以利于拔净鸭毛。鸭毛拔完后，把鸭投入冷水中浸洗并用镊子拔净小毛。一般浸洗分 3 次，时间不宜过长，第一次约 10 min，第二次约 20 min，第三次约 60 min。浸洗的目的：洗去皮上残留的污垢，使皮肤洁白；使残留小毛在水中游动，便于拔出；从刀口浸出一部分残留的血液，降低鸭体温度，达到“四挺”（即头与颈要挺，胸要挺，左、右大腿要挺）的要求，使外形美观。

3. 修整

将浸洗后的鸭尸切除翅和脚，由肛门处拉断直肠，在右翼下开一长 5~6 cm 的半月口，取出食管、嗉囊及全部内脏。先用冷水洗净体腔，再放入冷水中浸泡 1~2 h，然后将鸭体取出，挂起，沥干水分，放在案板上（背部向上，腹部向下，头朝里，尾朝外），用手掌用力压扁三叉骨，使鸭体呈扁长方形。

4. 腌制

板鸭的腌制主要分擦盐、抠卤、复卤三步。

（1）擦盐：先取干腌辅料中 3/4 的食盐放入鸭体腔，反复转动鸭体，使腹腔内全部布满食盐。然后将余盐在大腿下部用手向上一勒，在肌肉与腿骨脱开的同时，使部分食盐进入骨肉之间，从而使大腿肌肉得以充分腌制，最后把落下的食盐分别揉搓在刀口、鸭嘴及胸部两旁肌肉上。将内外擦透盐后的鸭体逐只叠入缸中，干腌 12 h。

（2）抠卤：干腌 12 h 后，肌肉中的一部分水、血液被盐溶液拔出并留存在体腔内。为了使其能很快排出，用左手提起鸭的头部，右手二指撑开肛门，放出盐水，此工序称抠卤。再叠入缸内，经过 8 h 后进行第二次抠卤。目的是要腌透鸭体，拔出肌肉中剩余血水，使肌肉洁白美观。

（3）复卤：抠卤后，从右翅刀口处灌入预先配制好的盐卤（新卤或老卤，最好是老卤），再逐只浸入老卤缸中，缸上用竹篾盖上，并用石块压住，使鸭体全部浸入卤中，腌制 15~20 h。

5. 叠坯

复卤时间达到规定标准后，将鸭坯取出缸，沥尽卤水（扣卤），放在案板上用手掌压成扁形，再叠入缸内，这一道工序称叠胚。放入缸中时鸭头朝向缸中心，以免刀口渗出的血水污染鸭体。叠胚时间为 2~4 d。

6. 排坯

排坯即将鸭体用清水洗净，挂在档钉上，用手将颈拉开，胸部拍平，挑起腹肌（即两腿之间和肛门部用手指挑成球形），达到外形美观的目的，然后挂在通风处风干，待鸭皮干后，再收回复排，加盖印章，转到仓库晾挂保管，这一工序称排坯。排坯的目的是使鸭体肥大美观，同时也使鸭体内部通气。

7. 成熟

晾挂仓库必须通风良好，不受日晒雨淋，鸭体相互不接触，经过 2~3 周即为成品。

8. 包装

采用真空包装，一个袋中装 1 只，每 10 只装一箱，最后按要求密封即可。

四、板鸭生产时的注意事项

（1）正宗南京板鸭加工时，活鸭在屠宰前要用稻谷饲养数周，进行催肥，使其膘肥肉嫩，皮肤洁白。也有用米糠或玉米为主要饲料催肥的，但皮肤色泽、肉的品质都比稻谷催肥差。催肥后的鸭脂肪熔点高，在气温较高的情况下也不易滴油。

（2）活鸭在宰杀前一天停食，不断给水，使皮肤洁白，并利于褪毛。另外，用电击昏后宰杀有利于放血。

（3）开膛时刀口不要太大或太小，否则会影响美观或不利于净膛。浸鸭时要用冷水，并充分浸泡，浸出鸭体内剩余的血污，使肌肉洁白、味道鲜美。

（4）干腌擦盐时应遍及体内外，外部各处都要用盐擦透。特别是大腿处擦盐时要从大腿下部用力上抹，在肌肉与腿骨脱开的同时使部分食盐从骨与肉脱离处入内，使大腿肌肉也能充分腌透。

（5）在腌制过程中，需要定期将上、下层鸭体翻转，以保证腌制均匀，此过程称为翻缸。

（6）复卤时盖上加压不宜太紧，以免鸭体吸收盐分不均匀。复卤时间长短应根据季节、鸭体大小不同而确定。盐卤越陈旧，腌出的板鸭风味越好。

（7）叠坯时放入缸中的鸭体必须腹部向上，头朝向缸中心，以免刀口渗出血水污染鸭体。

（8）排坯后的鸭体不要挤压，防止变形。晾挂时若遇阴雨天，则时间要适当延长。

（9）保存中不要受潮或污染，在气候干燥时，可把腌制 3 周左右的鸭坯在缸内木板上盘叠堆起。

五、南京板鸭卫生标准（GB 2732—1988）

（一）南京板鸭的感官质量标准（表 15-17）

表 15-17　南京板鸭的感官质量标准

项目	一级鲜度	二级鲜度
外观	体表光洁，呈黄白色或乳白色，咸鸭有时呈灰白色，腹腔内壁干燥且有盐霜，肌肉切面呈玫瑰红色	体表呈淡红色或淡黄色，有少量油脂渗出，腹腔潮润且稍有霉点，肌肉切面呈暗红色
组织状态	肌肉切面紧密、有光泽	切面稀松，无光泽
气味	具有板鸭固有的气味	皮下及腹内脂肪有哈喇味，腹腔有腥味或轻度霉味
煮沸后肉汤及肉味	芳香，液面有大片团聚的脂肪，肉嫩味鲜	鲜味较差，有轻度哈喇味

（二）南京板鸭的理化指标（表 15-18）

表 15-18　南京板鸭的理化指标

项目	指 标	
	一级鲜度	二级鲜度
酸价（mg/g 脂肪，以 KOH 计）≤	1.6	3.0
过氧化值（meq/ kg）≤	197	315

拓展阅读

模块八　预制调理肉制品加工

调理肉制品是指以畜禽肉为主要原料，经过调味、腌制、滚揉、上浆、裹粉、成型、热加工等处理方式中的一种或数种，在低温条件下贮存、运输和销售的非即食类肉制品。这类制品相当一部分可以看作是常见肉制品的半成品，蕴含着肉品切分、调配、成型等基本操作。从实质上来看，调理肉制品是一种营养快捷的方便食品，有一定的保质期，其包装内容物预先经过不同程度和方式的调理，食用非常方便，发展前景广阔。调理肉制品按加热工艺的不同可分为预制调理肉制品和预加热调理肉制品两类。预制调理肉制品又可分为冷藏预制调理肉制品和冷冻预制调理肉制品。

预制调理肉制品因其食用方便、附加值高、营养均衡、品类丰富、小容量化等特点深受消费者欢迎，现已成为国内城市人群和发达国家人群的主要消费肉制品品种之一。

通过本模块的学习，你能学会：①调理鱼香肉丝加工；②速冻黑椒牛排加工。

任务十六 调理鱼香肉丝加工

任务书

一、任务情境描述

公司销售部门收到“调理鱼香肉丝”订单，下达生产部，生产部编制生产计划单，下达生产车间。请你按照《调理鱼香肉丝加工工艺规程》，完成生产任务，并按时供货。

二、价值分析

鱼香肉丝作为预制菜经典品类，已成为行业发展的缩影。我国预制菜市场规模预计 2026 年将突破万亿元，其中鱼香肉丝等传统菜品占据核心地位，成为餐饮供应链工业化升级的典型代表。鱼香肉丝预制化既保留了传统烹饪技艺的精髓，又通过工业化生产实现了风味标准化，让地方特色美食突破地域限制，成为全国性消费符号，增强了文化传播力。

预制菜产业带动了农业种植、食品加工、冷链物流等全链条发展。鱼香肉丝所需的猪肉、木耳等原料需求增长，促进了上游农产品标准化生产体系建设。行业快速发展，已涌现超 7.6 万家企业，为社会提供了大量的就业岗位。

学习活动

调理鱼香肉丝加工的学习活动见表 16–1。

表 16–1 调理鱼香肉丝加工的学习活动

活动序号	学习活动	完成情况	完成时间 / min
1	接受任务		
2	制订方案		
3	任务实施		
4	任务评价		
5	相关知识		

学习活动一 接受任务

学习要求：通过该活动，同学们要明确“调理鱼香肉丝生产计划单”中的具体要求，按时完成订单生产任务。具体工作步骤及要求见表 16-2。

表 16-2　具体工作步骤及要求

序号	工作步骤	要求	完成情况	完成时间 / min
1	识读生产计划单	能快速准确地明确计划要求并清晰表达，在教师要求的时间内完成，能够读懂生产计划单中的各项内容		
2	确定生产工艺和设备	能够选择任务需要完成的工艺，并进行时间和工作场所安排，掌握相关理论知识		
3	编制任务分析报告	能够清晰地描写任务认知与理解等，思路清晰，语言描述流畅		

今接到一生产任务单，具体内容见表 16-3。

表 16-3　生产计划单

项目	内容	项目	内容
计划下达部门		计划接收部门	
计划下达日期		订单号	
产品代码		产品类别	
产品名称		产品规格	
单位		订单数量	
生产日期		包装物要求	
要求最迟到货时间		到货地点	
备注说明			

生产部编制计划人员：__________　　　　生产部部长：__________

一、识读生产计划单

（1）请用红色笔标出生产计划单中的关键词，并把关键词抄在下面横线上。

____

____

（2）请从关键词中选择词语组成一句话，说明生产计划单的要求（其中包含产品总量、规格、交货时间的具体要求）。

____

____

（3）请根据生产计划单中的信息，在下列横线上列式计算出产品总吨数。

____

二、确定生产工艺和设备

（1）根据《调理鱼香肉丝加工工艺规程》，以表格形式列出工艺过程中的主要设备设施、技术参数和工作要求，详见表 16–4。

表 16–4　调理鱼香肉丝主要设备、参数及要求

工序	主要设备设施	技术参数	工作要求
原料选择			
原料切分			
原料肉腌制			
蔬菜预热和冷却			
调料包配制			
冷却			
包装			
冷藏或冷冻			

（2）为顺利完成生产任务，请查阅资料，写出调理鱼香肉丝的感官质量标准。

三、编写任务分析报告

（一）基本信息（表 16–5）

表 16–5　基本信息

项目	内容	备注
产品名称		
生产数量		
最迟到货时间		
领取原辅材料时间		
设备器具清洗消毒时间		
生产时间		
成品入库时间		

（二）任务分析

依据订单需求，按照《调理鱼香肉丝加工工艺规程》生产加工鱼香肉丝，请绘制详细的生产工艺流程图。

____

____

学习活动二　制订方案

学习要求：通过对《调理鱼香肉丝加工工艺规程》的分析，编制工作流程、仪器设备清单、原辅材料清单及生产方案，具体要求见表 16–6。

表 16–6　具体要求

序号	工作步骤	要求	完成情况
1	编制工作流程	在 30 min 内完成工作流程编制，工作流程内容完整	
2	编制仪器设备清单	在 30 min 内完成仪器设备清单编制，满足生产工艺需要	
3	编制原辅材料清单	在 20 min 内完成鱼香肉丝加工需求清单编制，与订单计划对接	
4	编制生产方案	在 40 min 内完成生产方案编制，确保生产工作顺利进行	

一、编制工作流程

（1）项目的主要工作流程可以分为 5 个部分，分别是设备及工器具的清洗消毒、原辅材料的准备、实施生产加工、出厂检验、物流配送。

请回忆一下，各部分的主要工作任务有哪些？各部分的工作要求分别是什么？大约需要花费多长时间？具体工作流程见表 16–7。

表 16–7　具体工作流程

序号	工作流程	主要工作内容	参考标准	时间 / h
1	设备及工器具的清洗消毒			
2	原辅材料的准备			
3	实施生产加工			
4	出厂检验			
5	物流配送			

（2）请分析《调理鱼香肉丝加工工艺规程》，写出工作流程，并写出完整的工作内容和要求，详见表 16–8。

表 16-8　调理鱼香肉丝生产工艺规程

序号	工作流程	具体工作内容	要求
1			
2			
3			
4			
5			
6			
7			
8			

二、编制仪器设备清单

为了完成生产过程，需要用到哪些仪器设备？请列表完成（表 16-9）。

表 16-9　调理鱼香肉丝生产仪器设备清单

序号	仪器设备名称	型号	作用	是否会操作
1				
2				
3				
4				
5				
6				
7				
8				

三、编制原辅材料清单

为了完成生产任务，需要用到哪些原辅材料？请列表完成（表 16-10）。

表 16-10　调理鱼香肉丝原辅材料清单

序号	原辅材料名称	用量	作用	备注
1				
2				
3				
4				

续表

序号	原辅材料名称	用量	作用	备注
5				
6				
7				
8				

四、编制生产方案

方案名称：________________

（一）生产目标

（填写说明：概括说明本次生产任务要达到的目标。）

____

____

（二）工作内容安排（表 16-11）

表 16-11　调理鱼香肉丝生产工作内容安排

生产流程	仪器设备及原辅材料	生产要求	操作要求	计划时间 / h

（三）产品感官质量评价

（填写说明：从产品的色泽、外观、组织状态、风味等进行感官质量评价。）

____

____

（四）有关安全注意事项及防护措施

（填写说明：生产过程中的安全操作及防护要求。）

____

____

学习活动三　任务实施

建议学时：2~3 学时。

学习要求：按照调理鱼香肉丝生产方案中的内容，完成生产过程。生产过程符合生产安全、食品安全、质量标准、现场“6S”管理等要求。工作流程及要求见表 16–12。

表 16–12　工作流程及要求

序号	工作流程	要求	学时安排	备注
1	设备及工器具的清洗消毒	按照设备及工器具清洗消毒规程按时完成上述工作		
2	原辅材料的准备	按照工艺配方准确计算并领取原辅材料		
3	实施生产加工	严格按照《调理鱼香肉丝加工工艺规程》执行，按时完成任务		
4	出厂检验			
5	物流配送			
6	评价			

一、安全注意事项

请结合在实训室生产时的安全事项，写出本任务需要注意的安全事项。

____

____

二、设备及工器具的清洗消毒

（1）请阅读下述材料，完成设备及工器具的清洗消毒，并做好记录（表 16–13）。

设备及工器具的清洗消毒流程：清刮干净残留肉丝或蔬菜→清水刷洗→清洁剂刷洗→清水冲洗→消毒液消毒→清水冲洗→沥干水分→定点定位放置。

表 16–13　清洗消毒记录表

设备及工器具名称	清洗消毒方法	完成人	完成时间	是否完成

续表

设备及工器具名称	清洗消毒方法	完成人	完成时间	是否完成

（2）相关要求：同“任务一　屠宰加工猪”设备及工器具的清洗、消毒相关要求。

三、原辅材料的准备

按照工艺配方准确计算、领取原辅材料，并完成原辅材料准备记录，具体见表16–14。

表 16–14　原辅材料记录

序号	原辅材料名称	用量	完成人	完成时间
1				
2				
3				
4				
5				
6				
7				
8				

四、实施生产加工

严格执行《调理鱼香肉丝加工工艺规程》，按时完成任务，并填写生产记录（表16–15）。

表 16–15　调理鱼香肉丝生产记录

序号	生产步骤	标准、要求	操作人	完成时间要求
1				
2				
3				
4				
5				
6				
7				

续表

序号	生产步骤	标准、要求	操作人	完成时间要求
8				
9				
10				

五、出厂检验

请写出调理鱼香肉丝的出厂检验项目。

____

____

六、物流配送

请分析并写出调理鱼香肉丝物流配送过程中需要注意的问题。

____

____

学习活动四　任务评价

建议学时：0.5 学时。

学习要求：通过最后的任务评价，学生能明白做事要善始善终，知道自己掌握的程度和要努力的方向。

分小组按照任务评价表要求进行评价（表 16–16）。

表 16–16　任务评价表

项次	项目要求		配分	评分细则	自我评价	小组评价	教师评价
素养（20分）	纪律情况（5 分）	按时到岗，不迟到、早退	2 分	缺勤全扣，迟到、早退出现 1 次扣 1 分			
		积极思考、回答问题	2 分	根据上课统计情况得 1~2 分			
		学习用品准备	1 分	自己主动准备好学习用品并齐全得 1 分			
		执行教师命令	0 分	此为否定项，违规酌情扣 10~100 分，违反校规按校规处理			

续表

<table>
<tr><th>项次</th><th colspan="2">项目要求</th><th>配分</th><th>评分细则</th><th>自我评价</th><th>小组评价</th><th>教师评价</th></tr>
<tr><td rowspan="6"></td><td rowspan="3">职业道德（6分）</td><td>主动与他人合作</td><td>2分</td><td>主动合作得2分，被动合作得1分</td><td></td><td></td><td></td></tr>
<tr><td>主动帮助同学</td><td>2分</td><td>主动帮助同学得2分，被动帮助同学得1分</td><td></td><td></td><td></td></tr>
<tr><td>严谨、追求完美</td><td>2分</td><td>对工作精益求精且效果明显得2分，对工作认真得1分，其余不得分</td><td></td><td></td><td></td></tr>
<tr><td rowspan="2">“6S”（4分）</td><td>桌面、地面整洁</td><td>2分</td><td>自己工位的桌面、地面整洁无杂物得2分，不合格不得分</td><td></td><td></td><td></td></tr>
<tr><td>物品定置管理</td><td>2分</td><td>按定置要求放置得2分，其余不得分</td><td></td><td></td><td></td></tr>
<tr><td>阅读能力（5分）</td><td>快速阅读能力</td><td>5分</td><td>能快速准确地明确任务要求并清晰表达得5分，能主动沟通并在受指导后达标得3分，其余不得分</td><td></td><td></td><td></td></tr>
<tr><td rowspan="10">核心技术（60分）</td><td rowspan="3">接受任务（15分）</td><td>识读计划单</td><td>5分</td><td>能全部完成任务得5分，其余视情况得1~4分</td><td></td><td></td><td></td></tr>
<tr><td>确定生产工艺和设备</td><td>5分</td><td>能全部完成任务得5分，其余视情况得1~4分</td><td></td><td></td><td></td></tr>
<tr><td>编写任务分析报告</td><td>5分</td><td>能全部完成任务得5分，其余视情况得1~4分</td><td></td><td></td><td></td></tr>
<tr><td rowspan="3">制订方案（15分）</td><td>编制工作流程</td><td>5分</td><td>能全部完成任务得5分，其余视情况得1~4分</td><td></td><td></td><td></td></tr>
<tr><td>编制仪器设备清单</td><td>5分</td><td>能全部完成任务得5分，其余视情况得1~4分</td><td></td><td></td><td></td></tr>
<tr><td>编制原辅材料清单</td><td>5分</td><td>能全部完成任务得5分，其余视情况得1~4分</td><td></td><td></td><td></td></tr>
<tr><td rowspan="4">任务实施（30分）</td><td>编制生产方案</td><td>5分</td><td>能全部完成任务得5分，其余视情况得1~4分</td><td></td><td></td><td></td></tr>
<tr><td>设备器具清洗消毒</td><td>5分</td><td>能全部完成任务得5分，其余视情况得1~4分</td><td></td><td></td><td></td></tr>
<tr><td>原辅材料准备</td><td>5分</td><td>能全部完成任务得5分，其余视情况得1~4分</td><td></td><td></td><td></td></tr>
<tr><td>生产加工</td><td>15分</td><td>能全部完成任务得15分，其余视情况得1~14分</td><td></td><td></td><td></td></tr>
</table>

续表

项次	项目要求		配分	评分细则	自我评价	小组评价	教师评价
工作页完成情况（20分）	按时、保质保量完成工作页（20分）	按时提交	4分	按时提交得4分，迟交不得分			
		书写整齐度	3分	文字工整、字迹清楚得3分			
		内容完成程度	4分	视完成情况分别得1~4分			
		回答准确率	5分	视准确率情况分别得1~5分			
		有独到的见解	4分	视见解程度分别得1~4分			
合计			100分				
总分[加权平均分（自我评价占20%，小组评价占30%，教师评价占50%）]							

学习活动五　相关知识

一、调理鱼香肉丝生产工艺

（一）工艺流程

原辅材料验收→原料预处理和配料→原料肉腌制→蔬菜预热和冷却→鱼香汁的配制→冷却→包装→冷藏或冷冻、运输、销售。

（二）工艺配方

猪里脊肉58.82 kg，蔬菜（竹笋）8.82 kg，蔬菜（胡萝卜）8.82 kg，蔬菜（木耳）1.76 kg，淀粉2.94 kg，泡椒1.76 kg，姜1.18 kg，蒜1.18 kg，葱0.88 kg，白砂糖3.24 kg，香醋3.24 kg，料酒2.94 kg，老抽0.71 kg，生抽0.94 kg，食盐0.59 kg，鸡精0.29 kg，味精0.0588 kg，植物油1.47 kg，复合磷酸盐0.147 kg，乳酸链球菌素0.147 kg，D-异抗坏血酸钠0.0588 kg。

（三）操作要点

1. 原辅材料验收

原料肉选用经兽医宰前检疫、宰后检验合格的鲜（冻）猪里脊肉。若选择的是冻肉，使用前需采用空气解冻法进行解冻。蔬菜选用新鲜的竹笋、胡萝卜、木耳。

2. 原料预处理和配料

将猪里脊肉切分成长约6 cm、粗3 mm的二粗丝，竹笋、胡萝卜去皮并切细丝，木耳温水泡发后切细丝，泡椒、葱、姜、蒜切末备用。另根据配方和实际需要称取所需配料。

3. 原料肉腌制

将切好的里脊肉倒入搅拌机内，边搅拌边加入食盐、复合磷酸盐、乳酸链球菌素、D- 异抗坏血酸钠和料酒，搅至肉发黏。将 1/3 的淀粉加少量水调制成水淀粉，加入肉中继续搅拌，直至淀粉被肉充分吸收。加入植物油，稍微搅拌均匀即可出料，开始腌制，腌制时间 15 min。腌制在冷却室进行。

4. 蔬菜预热和冷却

将竹笋丝和胡萝卜丝分别倒入沸水中焯 3 min、1 min，然后捞出过冷水进行冷却。

5. 鱼香汁的配制

将剩余淀粉加适量水勾成水淀粉，加入白糖、香醋、生抽、老抽、鸡精、味精、适量水，调成鱼香汁。

6. 冷却

将调理后的原料及时送往冷却室进行冷却，冷却至产品中心温度为 0~4 ℃。

7. 包装

将冷却后的肉丝、蔬菜丝根据包装规格要求分别用真空包装机进行包装，鱼香汁和淀粉为普通独立小包装，需在小包装外加一层包装。

8. 冷藏或冷冻、运输、销售

冷藏调理鱼香肉丝需要在 0~4 ℃低温下进行冷藏，运输过程中车厢内保持 0~4 ℃的低温环境，销售过程中应陈列在 0~4 ℃的冷藏柜中。冷冻调理鱼香肉丝需要在 -18 ℃低温下进行冻藏，运输过程中厢体温度保持在 -18 ℃以下，销售过程应摆放在冷冻柜中。

二、调理鱼香肉丝的产品特点及成品质量标准

（一）产品特点

肉丝、蔬菜丝各自粗细长度相对均匀；肉丝质地细腻，蔬菜丝的色泽、脆度和硬度保持良好。腌制肉丝、蔬菜丝、淀粉、鱼香汁在外包装里面分别独立内置小包装，腌制肉丝和蔬菜丝内包装采用真空包装，淀粉和鱼香汁的内包装、外包装可采用普通包装。包装完整，封口严密、无破损。调理鱼香肉丝在食用前需进行烹饪熟制，在外包装上应明确标识烹饪方法：先将淀粉加 3 倍水调成水淀粉，然后在锅中倒油，中火烧至油六分热时倒入腌制里脊肉丝，翻炒至断生，接着倒入蔬菜丝，大火翻炒至断生，倒入鱼香汁和水淀粉，边倒边翻炒，中小火慢炒慢熬至汤汁浓稠即可。

（二）调理鱼香肉丝的成品质量标准（表 16–17）

表 16–17　调理鱼香肉丝的成品质量标准

<table>
<tr><th>标准</th><th>项目</th><th colspan="4">指标</th><th>检验方法</th></tr>
<tr><td rowspan="4">感官质量标准</td><td>色泽</td><td colspan="4">具有产品应有的色泽，蔬菜色泽鲜艳</td><td rowspan="4">取适量试样置于白色瓷盘中，在自然光下观察组织形态、色泽和有无杂质情况。按产品包装或标签上标明的食用方法进行熟制后嗅闻和品尝，检查其气味和滋味</td></tr>
<tr><td>组织状态</td><td colspan="4">肉丝粗细均匀，水淀粉吸收充分，蔬菜丝粗细一致</td></tr>
<tr><td>气味与滋味</td><td colspan="4">具有产品独特的气味和滋味，无异味</td></tr>
<tr><td>杂质</td><td colspan="4">外表及内部无肉眼可见杂质</td></tr>
<tr><td rowspan="2">理化指标</td><td>过氧化值（以脂肪计）/（g/100 g）</td><td colspan="4">≤ 0.25</td><td>见 GB 5009.227—2016</td></tr>
<tr><td>氯化物（以 Cl^- 计）</td><td colspan="4">≤ 4.0%</td><td>见 GB 5009.44—2016</td></tr>
<tr><td rowspan="5">微生物指标</td><td rowspan="2">—</td><td colspan="4">采样方案及限量（若非指定，均以 CFU/g 表示）</td><td>—</td></tr>
<tr><td>n</td><td>c</td><td>m</td><td>M</td><td>采样按 GB 4789.1—2016 执行</td></tr>
<tr><td>沙门氏菌 /（CFU/g）</td><td>5</td><td>0</td><td>0/25 g</td><td>-</td><td>检测按 GB 4789.4—2016 执行</td></tr>
<tr><td>金黄色葡萄球菌 /（CFU/g）</td><td>5</td><td>1</td><td>1000</td><td>10000</td><td>见 GB 4789.10—2016 平板计数法</td></tr>
<tr><td>致病菌</td><td colspan="5">不得检出</td></tr>
</table>

注：n 为同一批次产品应采集的样品件数；c 为最大可允许超出 m 值的样品数；m 为致病菌指标可接受水平的限量值；M 为致病菌指标的最高安全限量值。

三、调理肉制品的概念、常见种类和分类方法

（一）概念

调理肉制品是以畜禽肉为主要原料，绞制或切制后添加调味料、蔬菜等辅料，经滚揉、搅拌、调味或预加热等工艺加工而成，需要在冷藏（0~4 ℃）或冷冻（–18 ℃）条件下储藏、运输及销售，食用前需经二次加工的非即食类肉制品。

（二）常见种类

调理肉制品的种类在不断发展演变，从传统火腿到风味火腿，从熏制肉品到炭烧食品，从西式炸鸡块到红烧肉，从比萨饼到回锅肉。调理肉制品逐渐从过去的方便贮存、保鲜转向家庭菜肴，引领健康饮食文化潮流。

目前市场上常见的调理肉制品包括油炸类，如炸鸡块、炸鸡柳、炸鱼排等；烧烤类，如川香烤鸡翅、烤肉串、烤鱼等；菜肴类，如鱼香肉丝、酸菜鱼、宫保鸡丁

等；乳化类，如各种肉丸类；汤羹类，如鱼汤、羊汤、鸡汤等；肉酱类，如羊肉酱、香菇肉酱、酱香鸡肉酱等。

（三）分类方法

调理肉制品通常按照加热工艺和贮藏方式进行分类：按加热工艺可分为预制调理肉制品和预加热调理肉制品两类；按贮藏方式可分为冷藏调理肉制品和冷冻调理肉制品两类。

1. 预制调理肉制品

预制调理肉制品指以畜禽肉或其可食副产品为主要原料，经分割、修整等初加工后，添加或不添加其他原料、辅料、调味品和食品添加剂等，经相关工艺加工制作，未经熟制的非即食肉制品，并在冷藏或冷冻条件下贮藏、运输和销售。按贮藏方式可将预制调理肉制品分为以下两类。

（1）冷藏预制调理肉类：指以畜禽肉或其可食副产品为主要原料，经分割、切片（条）或绞碎、斩拌、乳化等制作工序，添加或不添加其他原料、辅料、调味品和食品添加剂等，经调理、冷却、包装、冷藏制成的冷藏预制调理肉类。

（2）冷冻预制调理肉类：指以畜禽肉或其可食副产品为主要原料，经分割、切片（条）或绞碎、斩拌、乳化等制作工序，添加或不添加其他原料、辅料、调味品和食品添加剂等，经调理、冷冻或不冷冻、包装、冻藏制成的冷冻预制调理肉类。

2. 预加热调理肉制品

预加热调理肉制品指以畜禽肉或其可食副产品为主要原料，经分割、修整等初加工后，添加或不添加其他原料、辅料、调味品和食品添加剂等，经熟制等相关工艺加工制作，并在冷藏或冷冻条件下贮藏、运输和销售的调理肉制品。例如，经过熟制（油炸或水煮）的鸡肉丸就是预加热调理肉制品。

四、调理肉制品的发展历程

从 200 多年前拿破仑政府以巨额奖赏征求研究船员用耐储藏方便食品开始，调理肉制品主要经历了两个发展阶段，分别是第一代罐头调理肉制品、第二代低温（冷藏冷冻类）调理肉制品。具体介绍如下。

（一）第一代罐头调理肉制品

1. 罐头调理肉制品

肉罐头被人们称为第一代调理肉制品，它具有以下显著特征：①卫生安全性高，保质期长，有利于流通和经营。②无须冷藏或冻藏，在常温下即可贮藏、流通和销售。③属于完全调理肉制品，开罐即食，无须经过二次加工，比较方便，尤其适用于野外工作者和军人的膳食供应。④高温烹煮会对某些鲜食产品的风味造成极大破坏，如质地软烂、香气异变、色泽晦暗，完全丧失新鲜度；还可使某些肉制品的质地劣变、口感下降、切片性变差。⑤高温下热敏性成分微生物被破坏、蛋白质变性凝固，某些氨基酸含量下降。⑥难以获得日常烹饪方式所具备的食品的色、香、味。由此可见，罐头食品在拥有许多优点的同时，在品质和风味上也存在一定的缺陷，值得重视并需要解决。

2. 软罐头肉制品

软罐头肉制品指以优质复合材料热封而成的容器包装经预处理后的食品原料，严密封口后在 100 ℃以上的湿热条件下处理，以达到商业无菌要求的食品。软罐头食品的原料主要是畜禽肉类、水产品，用它们单独或配合生产的熟制方便食品种类繁多，一般按包装形式的不同可分为袋装食品、盘装食品和结扎食品。在严格灭菌、调理加工方面与罐头食品很相似，但在其他方面也存在明显区别：①开启容易，携带和食用都更为方便；②加热时属于薄板型传热，传热效率高，能耗更少；③包装材料质轻，可减少装卸、运输负荷；④调理方式多样，产品种类更为丰富。

（二）第二代低温调理肉制品

低温调理肉制品现在已经被消费者广为接受，究其原因，除了本身所具备的耐贮存、易调理、口味多样等特性十分符合现代的快节奏生活需求外，家用冰箱、微波炉的普及，以及低温调理肉制品所依存贩售的线上、线下超市和卖场所呈现的舒适便捷的购物环境也起着一定的助推作用。低温调理肉制品在调理和包装工艺上多数还结合了真空技术，以延长制品的保质期，如真空搅拌、真空腌制、真空滚揉、真空包装等。

1. 冷冻调理肉制品

人工制冷技术的问世催生了冷冻调理肉制品，各种冷冻调理肉制品让消费者的一日三餐变得丰富多彩，给人们的生活带来了极大便利。现在的冷冻调理肉制品多为速冻类。这类肉制品的主要特点如下：①在肉制品调理加工完后进行包装并立即冻结，产品必须在 -18 ℃的条件下贮存、销售，风味和品质都保存较好；②一般不存在过度加热的情况，调理方式更为灵活多变；③必须构建配套完善的冷链流通系统，才能保证产品品质和经济效益；④缺点是在生产过程中易被微生物污染，包装后不再灭菌，存在安全隐患。

2. 冷藏调理肉制品

冷藏调理肉制品是采用新鲜原料，经一系列的调理加工后真空封装于塑料或复合材料包装物中，经（或不经）巴氏灭菌、快冷、低温冷藏销售的新型方便肉制品。与软罐头相比，它的最大优势是灭菌方式采用 100 ℃以下的巴氏灭菌，可最大程度地保持肉制品的色、香、味、营养成分和组织质地，使产品具有良好的鲜、嫩度和口感。除此之外，它还有以下优点：①真空包装，以控制肉制品成分的氧化和好氧性微生物的生长繁殖；②先包装再灭菌，避免了二次污染；③灭菌后快速冷却，低温保存和流通。

五、调理食品的包装方法及形式

（一）真空袋包装

真空袋包装在调理肉制品中被广泛应用。包装材料主体大多用成型性能好且无伸展性的尼龙 / 聚乙烯（PA/PE）复合材料，外部薄膜采用对光电标志灵敏、适合印刷的聚酯 / 聚乙烯（PET/PE）复合材料。

（二）纸盒包装

冷冻制品纸盒包装可分为上部装载和内部装载 2 种方式。前者采用由 PE 或聚丙烯（PP）塑料薄膜与纸板压合在一起的材料，经小型包装机冲压裁剪、制盒机制盒、内容物从上部填充后，机械自动封盖；后者采用盒盖与盒身连成一体的片形体，机械将其上、下分开时，内容物从侧面进入，再自动封口。

（三）铝箔包装

铝箔作为包装材料具有耐热、耐寒、良好的阻隔性等优点，能够防止食品吸收外部的不良气味，防止食品干燥和重量减少等。这种材料热传导性好，适合作为解冻后再加热的容器。

（四）微波炉用包装

包装容器主要采用可加热的塑料盒，这种塑料盒的材料在微波炉和烤箱中都可使用。由美国开发的压合容器，用长纤维的原纸和聚酯挤压成型，纸厚 0.43~0.69 mm，涂层厚 25~38 μm，一般能够耐受 200~300 ℃的高温。日本微波炉加热专用的包装材料采用的是聚酯 / 纸、聚丙烯和耐热的聚酯等。

六、调理肉制品的保鲜技术

对调理肉制品而言，没有任何一种单一的保鲜措施是全面的，必须采用综合保鲜技术，将栅栏因子理论应用于调理肉制品的保鲜。在实际生产中，主要将不同的栅栏因子有效地结合起来，从不同方面来抑制肉类的腐败微生物，形成对微生物的多靶攻击，从而延长产品的货架期。天然保鲜剂与冷杀菌技术的有机结合是调理肉制品保鲜的必然趋势。

（一）速冻保鲜技术

速冻保鲜是预制肉制品的主要保鲜技术，将畜禽肉经过适当加工后以包装或散装形式在冷冻（–18 ℃）条件下贮存、运输、销售，可有效地利用低温来抑制微生物的生长繁殖，达到保鲜的目的。速冻技术在赋予产品较长的保质期的同时，还能提高产品的安全性，防止肉制品中肉汁、营养的流失，以及鲜、嫩度的降低。

（二）保鲜剂的使用

保鲜剂包括化学保鲜剂和天然保鲜剂两大类，如天然植物提取液、乳酸链球菌素、溶菌酶、山梨酸钾、D- 异抗坏血酸钠、复合磷酸盐等。利用保鲜剂来控制调理肉制品中微生物的生长繁殖、脂肪氧化、色泽劣变，可有效地延长产品货架期。目前，合理有效的保鲜剂已在调理肉制品的生产、贮运和销售过程中得到了广泛的应用。

（三）辐照处理

辐照处理是利用放射线发出的能量，以电磁波的形式透过物质，物质中的分子吸收辐射能量被激活成离子或自由基，引起化学键破裂，使物质内部结构发生变化，同时对微生物细胞中的 DNA 造成损伤，进而损害整个细胞，影响其正常生长发育和新陈代谢。食品辐照处理是一种冷处理方法，节能、高效、无残留、无污染、应用范围广，且能最大程度地保持食品原有的品质和风味。

（四）气调保鲜

气调保鲜是指在密封性能好的材料中装进食品，并采用一定的方法，改变其中的气体环境，进而抑制微生物的生长繁殖及生命活性，从而延长食品货架期的技术。气调包装常用的气体为 CO_2、O_2 和 N_2。CO_2 是气调包装中最关键的一种气体，对大多数需氧型微生物和霉菌都有较强的抑制作用，但对厌氧菌无抑制作用。高浓度 CO_2 的抑菌作用的机制是其可影响细菌细胞壁的渗透性，改变其 pH 并抑制酶的活性。

（五）高压处理

高压可使微生物及酶蛋白质凝固，从而使微生物和酶失去活性，因而其逐渐被用于食品（包括肉制品）加工的防腐保藏中。非加热的高压处理既能使肉嫩化、加速肉的成熟，又能杀灭肉中所含微生物、钝化酶的活性，起到灭菌保鲜的作用。这种保鲜技术还能保持肉的营养价值、风味、鲜度和色泽等品质指标基本不变。

（六）微波杀菌

食品的微波杀菌开始于 20 世纪 60 年代，20 世纪 80 年代后发展较快。微波杀菌是一种非电离辐射杀菌，与传统热力杀菌相比，其具有穿透力强、节约能源、加热效率高、适用范围广等特点。微波杀菌便于控制，且食品的营养成分及色、香、味在杀菌后仍接近食物的天然品质。微波杀菌机理包括热效应和非热力效应。非热力效应是指在温度没有明显变化的情况下，细胞所发生的生理、生化和功能上的变化，又称生物效应。微波加热的过程是交变电磁场对物料中水、蛋白质、核酸等极性分子发生作用，使极性分子产生高速取向运动，相互摩擦，导致内部温度急剧升高，使微生物的蛋白质、核酸等分子结构改性或失活，对微生物产生破坏作用。在升温的同时，微波会使细胞膜破裂，并改变脂质体的渗透性，对微生物细胞赖以与外界交换能量和信息的保持其正常生态活动的离子通道产生影响，使微生物细胞出现调节功能严重障碍，达到灭菌的目的。此外，微波具有选择加热性，对微生物的作用大于对微生物生长介质的作用。

（七）高密度超临界 CO_2 杀菌

高密度超临界 CO_2 杀菌是近些年来发展起来的一种新型的冷杀菌技术，是指利用超临界 CO_2（31.1 ℃、7.36 MPa）进行杀菌的技术，具有杀菌温度低、无残留、无污染、营养损失少、安全性高等诸多优点。

七、预制调理肉制品的标签和标志规定

预制调理肉制品预包装标签和标志除应符合《食品安全国家标准　预包装食品标签通则》（GB 7718—2011）、《食品安全国家标准　预包装食品营养标签通则》（GB 28050—2025）和国家有关规定外，还应标示非即食等提示信息及烹调方法等内容。包装储运图示标志应符合《包装储运图示标志》（GB/T 191—2016）的规定。

八、调理鱼香肉丝加工中的常见质量问题及解决措施

（一）包装袋胀袋

1. 原因分析

造成调理鱼香肉丝包装袋胀袋的根本原因是微生物的繁殖。微生物会在养分、水分、氧气充足的环境中快速生长繁殖，鱼香肉丝中脂肪、蛋白质、水分等为微生物的繁殖提供了良好的营养和水分条件。当处于有氧气的环境中时，微生物就会在食品中大量繁殖，释放出 CO_2，从而导致包装袋胀袋现象的发生。

2. 解决措施

（1）包装袋的阻隔性：如氧气透过率、水蒸气透过率测试，用于判断所用包装材料的阻隔性是否满足包装食品的需要。

（2）包装袋的密封性：如密封与泄漏、破压力测试，可以及时发现成品包装是否有泄漏问题，确定发生泄漏的位置和机械强度薄弱的部位。如热封强度测试可判断热封强度是否满足食品内容物的需求，并确定热封不良的部位。

（3）包装袋的物理机械性能：如拉断力与断裂伸长率、抗穿刺强度、抗摆锤冲击性能、剥离强度等测试，可综合判断包装袋的韧性、耐穿刺性及耐揉搓性等物理机械性能是否符合包装与运输过程的需求。

通过以上针对包装材料的性能检测，基本可以做到对于食品包装材料质量的控制，杜绝因包装材料不合格而导致的包装袋胀袋的问题。

（二）食用前二次加工时肉丝粘连严重

1. 原因分析

肉丝粘连的可能原因包括：①腌肉时淀粉添加过多，未被肉丝充分吸收，肉丝表面挂糊过多，二次加工（如烹饪）过程中易粘连；②腌肉时未使用植物油或植物油用量过少；③腌肉时间过长，可溶性蛋白质析出过多，肉丝黏度过高；④二次加

工（如烹饪）过程中翻动过快或过慢，翻动过快底部未熟肉丝互相粘连且粘锅，翻动过慢肉丝互相粘连成块不易再分开。

2. 解决措施

（1）适当降低腌肉时淀粉的添加量。

（2）腌肉前在肉丝里适当使用植物油。

（3）腌肉时间要适宜，不能过长。

（4）二次加工过程中需把握操作时机。

（三）二次加工后鱼香味不突出或不协调

1. 原因分析

二次加工后鱼香味不突出或不协调的可能原因包括：①鱼香汁用量不足；②糖醋比例不适宜。

2. 解决措施

（1）适当增加鱼香汁的使用量。

（2）将香醋：糖醋控制为 1：1。

九、购买和食用调理肉制品的注意事项

（一）购买要严选，冷链要关注

冷链是保证调理肉制品产品品质的重要条件，消费者在购买时，应尽量选择冷链系统较为健全的大型商超、农贸市场，避免购买过多汁液渗出的冷藏调理肉制品，以及解冻变软、包装袋中含较多冰霜的冷冻调理肉制品。

（二）食用要尽快，保存要恰当

调理肉制品加工过程中多数未经杀菌，在冷藏或冷冻条件下部分微生物仍会存活或缓慢生长，产品营养及食用品质逐步降低，消费者应在保质期内尽快加工食用。冷冻调理肉制品，尤其是裹粉类调理肉制品，解冻后再次冻结会使产品酥脆度明显下降。因此，为保证产品的口感并减少二次污染，应避免反复冻融。调理肉制品应严格按照产品标签中标注的储藏条件存放，避免食用胀袋或有异味的产品。无论是冷藏调理肉制品，还是冷冻调理肉制品，如不立即食用，均建议放入冰箱冷冻室保存。

（三）加热要全熟，食用要均衡

调理肉制品在腌制、滚揉等加工环节容易带入微生物，冷藏或冻藏条件下无法彻底抑制腐败菌、致病菌等微生物的生长，因此在食用调理肉制品时，应烹饪至全熟，以消除微生物污染的不良影响。经油炸或烤制后的调理肉制品要适量食用，同时应搭配果蔬、杂粮等，以保障营养均衡与健康。

任务十七　速冻黑椒牛排加工

任务书

一、任务情境描述

公司销售部门收到“速冻黑椒牛排”订单，下达生产部，生产部编制生产计划单，下达生产车间。请你按照《速冻黑椒牛排加工工艺规程》，完成生产任务，并按时供货。

二、价值分析

速冻黑椒牛排是以鲜、冻分割牛肉（带骨或不带骨）为主要原料，经修整、腌制（或不腌制）、成型（或不成型）、冷冻（或不冷冻）、切片（或不切片）、速冻、包装等工艺制作的生制肉制品。它富含优质蛋白质、铁、锌和B族维生素等营养成分。这些成分对人体发育、免疫系统维护、神经系统健康和能量代谢等方面具有重要作用。例如，蛋白质有助于肌肉生长和修复，铁元素有助于预防缺铁性贫血，锌元素则有助于维持人体正常的新陈代谢和免疫功能。

牛排作为高档西餐食材，具有较高的市场价值。其价格昂贵，部分高端牛排（如日本和牛）的价格更是高达4元/克，整头牛的价格可达25万元。这种高价值使得牛排在餐饮业中占据重要地位，成为高端餐厅和宴会的常见菜品。

牛排在西方饮食文化中占有重要地位，常出现在各种正式场合和庆典中。它不仅是一种美食，还代表着一种生活方式和文化传统。此外，牛排的制作和品尝过程也是一种社交活动，能够增进人与人之间的交流和互动。

学习活动

速冻黑椒牛排加工的学习活动见表17-1。

表17-1　速冻黑椒牛排加工的学习活动

活动序号	学习活动	完成情况	完成时间/min
1	接受任务		
2	制订方案		
3	任务实施		

续表

活动序号	学习活动	完成情况	完成时间 /min
4	任务评价		
5	相关知识		

学习活动一　接受任务

学习要求： 通过该活动，同学们要明确“速冻黑椒牛排生产计划单”中的具体要求，按时完成速冻黑椒牛排的生产任务。具体工作步骤及要求见表 17–2。

表 17–2　具体工作步骤及要求

序号	工作步骤	要求	完成情况	完成时间 / min
1	识读生产计划单	能快速准确地明确计划要求并清晰表达，在教师要求的时间内完成，能够读懂生产计划单中的各项内容		
2	确定生产工艺和设备	能够选择任务需要完成的工艺，并进行时间和工作场所安排，掌握相关理论知识		
3	编制任务分析报告	能够清晰地描写任务认知与理解等，思路清晰，语言描述流畅		

今接到一生产计划单，具体内容见表 17–3。

表 17–3　生产计划单

项目	内容	项目	内容
计划下达部门		计划接收部门	
计划下达日期		订单号	
产品代码		产品类别	
产品名称		产品规格	
单位		订单数量	
生产日期		包装物要求	
要求最迟到货时间		到货地点	
备注说明			

生产部编制计划人员：__________　　　　生产部部长：__________

一、识读生产计划单

（1）请用红色笔标出生产计划单中的关键词，并把关键词抄在下面横线上。

____

（2）请从关键词中选择词语组成一句话，说明生产计划单的要求（其中包含产品总量、规格、交货时间的具体要求）。

（3）请根据生产计划单中的信息，在下列横线上列式计算出产品总吨数。

二、确定生产工艺和设备

（1）根据《速冻黑椒牛排加工工艺规程》，以表格形式列出工艺过程中的主要设备设施、技术参数和工作要求，详见表 17-4。

表 17-4　速冻黑椒牛排主要设备、参数及要求

工序	主要设备设施	技术参数	工作要求
原料选择			
原料肉解冻			
原料修整			
辅料配制			
打浆、注射			
压膜			
腌制			
产品速冻			
脱模			
修整、锯片			
装袋、速冻			
金检、装箱			

（2）为顺利完成生产任务，请查阅资料，写出速冻黑椒牛排的感官质量标准。

三、编写任务分析报告

（一）基本信息（表 17-5）

表 17-5 基本信息

项目	内容	备注
产品名称		
生产数量		
最迟到货时间		
领取原辅材料时间		
设备器具清洗消毒时间		
生产时间		
成品入库时间		

（二）任务分析

依据订单需求，按照《速冻黑椒牛排加工工艺规程》生产加工速冻黑椒牛排，请绘制详细的生产工艺流程图。

____

____

学习活动二　制订方案

学习要求：通过对《速冻黑椒牛排加工工艺规程》的分析，编制工作流程、仪器设备清单、原辅材料清单及生产方案。具体要求见表 17-6。

表 17-6 具体要求

序号	工作步骤	要求	完成情况
1	编制工作流程	在 30 min 内完成工作流程编制，工作流程内容完整	
2	编制仪器设备清单	在 30 min 内完成仪器设备清单编制，满足生产工艺需要	
3	编制原辅材料清单	在 20 min 内完成黑椒牛排加工需求清单编制，与订单计划对接	
4	编制生产方案	在 40 min 内完成生产方案编制，确保生产工作顺利进行	

一、编制工作流程

（1）项目的主要工作流程可以分为 5 个部分，分别是设备及工器具的清洗消毒、原辅材料的准备、实施生产加工、出厂检验、物流配送。

请回忆一下，各部分的主要工作任务有哪些？各部分的工作要求分别是什么？大约需要花费多长时间？具体工作流程见表 17–7。

表 17–7　具体工作流程

序号	工作流程	主要工作内容	参考标准	时间 / h
1	设备及工器具的清洗消毒			
2	原辅材料的准备			
3	实施生产加工			
4	出厂检验			
5	物流配送			

（2）请分析《速冻黑椒牛排加工工艺规程》，写出工作流程，并写出完整的工作内容和要求，详见表 17–8。

表 17–8　速冻黑椒牛排生产工作流程

序号	工作流程	具体工作内容	要求
1			
2			
3			
4			
5			
6			
7			
8			

二、编制仪器设备清单

为了完成生产过程，需要用到哪些仪器设备？请列表完成（表 17–9）。

表 17–9　速冻黑椒牛排生产仪器设备清单

序号	仪器设备名称	型号	作用	是否会操作
1				
2				
3				
4				
5				

续表

序号	仪器设备名称	型号	作用	是否会操作
6				
7				
8				

三、编制原辅材料清单

为了完成生产任务，需要用到哪些原辅材料？请列表完成（表 17–10）。

表 17–10　速冻黑椒牛排原辅材料清单

序号	原辅材料名称	用量	作用	备注
1				
2				
3				
4				
5				
6				
7				
8				

四、编制生产方案

方案名称：______________________

（一）生产目标

（填写说明：概括说明本次生产任务要达到的目标。）

____

____

（二）工作内容安排（表 17–11）

表 17–11　速冻黑椒牛排生产工作内容安排

生产流程	仪器设备及原辅材料	生产要求	操作要求	计划时间 / h

续表

生产流程	仪器设备及原辅材料	生产要求	操作要求	计划时间 / h

（三）产品感官质量评价

（填写说明：从产品的色泽、组织状态，风味等进行感官质量评价。）

____

____

（四）有关安全注意事项及防护措施

（填写说明：生产过程中的安全操作及防护要求。）

____

____

学习活动三　任务实施

建议学时： 2~3 学时。

学习要求： 按照速冻黑椒牛排生产方案中的内容，完成生产过程。生产过程符合生产安全、食品安全、质量标准、现场“6S”管理等要求。具体工作流程见表 17-12。

表 17-12　工作流程及要求

序号	工作流程	要求	学时安排	备注
1	设备及工器具的清洗消毒	按照设备及工器具清洗消毒规程按时完成上述工作		
2	原辅材料的准备	按照工艺配方准确计算并领取原辅材料		
3	实施生产加工	严格按照《速冻黑椒牛排加工工艺规程》执行，按时完成任务		
4	出厂检验			
5	物流配送			
6	评价			

一、安全注意事项

请结合在实训室生产时的安全事项，写出本任务需要注意的安全事项。

____

____

二、设备及工器具的清洗消毒

（1）请阅读下述材料，完成设备及工器具的清洗消毒，并做好记录（表 17–13）。设备及工器具的清洗消毒流程：清刮干净残留肉糜→清水刷洗→清洁剂刷洗→清水冲洗→消毒液消毒→清水冲洗→沥干水分→定点定位放置。

表 17–13　清洗消毒记录表

设备及工器具名称	清洗消毒方法	完成人	完成时间	是否完成

（2）相关要求：同“任务一　屠宰加工猪”设备及工器具的清洗、消毒相关要求。

三、原辅材料的准备

按照工艺配方准确计算、领取原辅材料，并完成原辅材料准备记录，具体见表 17–14。

表 17–14　原辅材料记录

序号	原辅材料名称	用量	完成人	完成时间
1				
2				
3				
4				
5				
6				
7				
8				

四、实施生产加工

严格执行《速冻黑椒牛排加工工艺规程》，按时完成任务，并填写生产记录（表17-15）。

表 17-15　速冻黑椒牛排生产记录

序号	生产步骤	标准、要求	操作人	完成时间要求
1				
2				
3				
4				
5				
6				
7				
8				
9				
10				

五、出厂检验

请写出速冻黑椒牛排的出厂检验项目。

____

____

六、物流配送

请分析并写出速冻黑椒牛排物流配送过程中需要注意的问题。

____

____

学习活动四　任务评价

建议学时：0.5 学时。

学习要求：通过最后的任务评价，学生能明白做事要善始善终，知道自己掌握了多少，知道自己要努力的方向。

分小组按照任务评价表要求进行评价（表 17-16）。

表 17–16　任务评价表

<table>
<tr><th>项次</th><th colspan="2">项目要求</th><th>配分</th><th>评分细则</th><th>自我评价</th><th>小组评价</th><th>教师评价</th></tr>
<tr><td rowspan="10">素养（20分）</td><td rowspan="4">纪律情况（5分）</td><td>按时到岗，不迟到、早退</td><td>2分</td><td>缺勤全扣，迟到、早退出现1次扣1分</td><td></td><td></td><td></td></tr>
<tr><td>积极思考、回答问题</td><td>2分</td><td>根据上课统计情况得1~2分</td><td></td><td></td><td></td></tr>
<tr><td>学习用品准备</td><td>1分</td><td>自己主动准备好学习用品并齐全得1分</td><td></td><td></td><td></td></tr>
<tr><td>执行教师命令</td><td>0分</td><td>此为否定项，违规酌情扣10~100分，违反校规按校规处理</td><td></td><td></td><td></td></tr>
<tr><td rowspan="3">职业道德（6分）</td><td>主动与他人合作</td><td>2分</td><td>主动合作得2分，被动合作得1分</td><td></td><td></td><td></td></tr>
<tr><td>主动帮助同学</td><td>2分</td><td>主动帮助同学得2分，被动帮助同学得1分</td><td></td><td></td><td></td></tr>
<tr><td>严谨、追求完美</td><td>2分</td><td>对工作精益求精且效果明显得2分，对工作认真得1分，其余不得分</td><td></td><td></td><td></td></tr>
<tr><td rowspan="2">“6S”（4分）</td><td>桌面、地面整洁</td><td>2分</td><td>自己工位的桌面、地面整洁无杂物得2分，不合格不得分</td><td></td><td></td><td></td></tr>
<tr><td>物品定置管理</td><td>2分</td><td>按定置要求放置得2分，其余不得分</td><td></td><td></td><td></td></tr>
<tr><td>阅读能力（5分）</td><td>快速阅读能力</td><td>5分</td><td>能快速准确地明确任务要求并清晰表达得5分，能主动沟通并在受指导后达标得3分，其余不得分</td><td></td><td></td><td></td></tr>
<tr><td rowspan="6">核心技术（60分）</td><td rowspan="3">接受任务（15分）</td><td>识读计划单</td><td>5分</td><td>能全部完成任务得5分，其余视情况得1~4分</td><td></td><td></td><td></td></tr>
<tr><td>确定生产工艺和设备</td><td>5分</td><td>能全部完成任务得5分，其余视情况得1~4分</td><td></td><td></td><td></td></tr>
<tr><td>编写任务分析报告</td><td>5分</td><td>能全部完成任务得5分，其余视情况得1~4分</td><td></td><td></td><td></td></tr>
<tr><td rowspan="3">制订方案（15分）</td><td>编制工作流程</td><td>5分</td><td>能全部完成任务得5分，其余视情况得1~4分</td><td></td><td></td><td></td></tr>
<tr><td>编制仪器设备清单</td><td>5分</td><td>能全部完成任务得5分，其余视情况得1~4分</td><td></td><td></td><td></td></tr>
<tr><td>编制原辅材料清单</td><td>5分</td><td>能全部完成任务得5分，其余视情况得1~4分</td><td></td><td></td><td></td></tr>
</table>

续表

项次	项目要求		配分	评分细则	自我评价	小组评价	教师评价
	任务实施（30分）	编制生产方案	5分	能全部完成任务得5分，其余视情况得1~4分			
		设备器具清洗消毒	5分	能全部完成任务得5分，其余视情况得1~4分			
		原辅材料准备	5分	能全部完成任务得5分，其余视情况得1~4分			
		生产加工	15分	能全部完成任务得15分，其余视情况得1~14分			
工作页完成情况（20分）	按时、保质保量完成工作页（20分）	按时提交	4分	按时提交得4分，迟交不得分			
		书写整齐度	3分	文字工整、字迹清楚得3分			
		内容完成程度	4分	视完成情况分别得1~4分			
		回答准确率	5分	视准确率情况分别得1~5分			
		有独到的见解	4分	视见解程度分别得1~4分			
合计			100分				
总分［加权平均分（自我评价占20%，小组评价占30%，教师评价占50%）］							

学习活动五　相关知识

一、速冻黑椒牛排生产工艺

（一）工艺流程

原料肉的选择与处理→原料肉解冻→原料修整→辅料配制→打浆→注射→真空滚揉→压膜→腌制→速冻→脱模→修整→锯片→装袋→成品速冻→金属检测→装箱→入库。

（二）工艺配方

牛肉 30 kg，淀粉 1.2 kg、老抽 0.45 kg、食盐 0.18 kg、黑胡椒粉 0.6 kg、白砂糖 0.45 kg、味精 0.18 kg、白胡椒粉 0.09 kg、弹性蛋白酶 0.3 kg、无花果蛋白酶 0.3 kg。

（三）操作要点

1. 原料肉选择与处理

原料牛来自非疫区，无疫病，经过兽医卫生检验检疫合格，健康状况良好。

2. 原料肉解冻

解冻工艺要求：温度为 0~12 ℃，解冻时间为 12~24 h，解冻后肉中心温度为 0~7 ℃。

3. 原料修整

原料修割按照《预冷分割工序卡》执行。将解冻后的牛霖肉进行精修，将脂肪、筋膜、淤血全部去除。

4. 辅料配制

配料人员依据《黑椒经典牛排》配料表进行配置，1 人称量，1 人复核，两人共同签字。辅料配制前要进行过筛。

5. 打浆

将配置好的辅料使用冰水溶解，放入打浆机中进行打浆，打浆时间为 10 min。

6. 注射

将牛肉单层平铺在网带上，布满网带，注射 1 次，标准注射率为 40% ±2%，实际达不到标准注射量的，根据标准注射量，把不足部分在滚揉时补齐，注射机压力为 0.3~0.8 MPa，注射机设备型号为 ZN 1180/WS 40P30。

7. 真空滚揉

滚揉工艺参数设定：时间为 1 h；转速为 6 r/min ；真空度为 -0.08 MPa，设备型号为 RGR-2500 hY。

8. 压膜

将滚揉后的牛肉以顺丝放入塑料模具中进行压模，每个塑料模具盛放两块，使用扎带将塑料模具扎紧，在压模过程中加入谷氨酰胺转氨酶（使用比例小于 0.1%），压模紧密无空洞，每个重 5.5 kg 左右。

9. 腌制

腌制环境温度为 0~12 ℃，腌制时间为 2 h。

10. 速冻

速冻室温度为 -35 ℃以下；速冻时间为 24 h 以上；速冻后产品中心温度为 -18 ℃以下。

11. 脱模

将速冻好的牛肉脱去模具，并确认产品中无塑料残留。

12. 修整

将牛肉中凸出部位修平，使产品保持近似圆形。

13. 锯片

将修整好的产品锯成每片 75+3 g，厚度为 1.2 ± 0.1 cm。

14. 装袋

4片/袋，每袋280+5 g，单袋重量不低于280 g，内袋为真空白袋，外袋为印刷袋。

15. 成品速冻

将包装好的产品转入速冻库速冻，产品中心温度为 –18 ℃以下。

16. 金属检测

每袋产品过金属检测仪1次。

17. 装箱

将产品装入带有箱衬（二道方箱720 mm × 966 mm）的冷冻牛肉箱（560 mm × 350 mm × 180 mm）中，每箱定量20袋/箱，净含量为5.6 kg，装箱后用胶带封口，并呈"#"形进行打包，在包装箱的短侧面相对应位置卡印粘贴产品名称、生产日期、净重、质检员章、动物产品检疫合格证及出厂合格证标识卡印。

18. 入库

将外包装完毕的产品码放至托盘上，每层5箱（横2纵3），品种及净重标识面朝外码放，每托盘码放不多于12层，转至18 ℃的成品库中贮存，产品距墙壁≥ 30 cm，距地面≥ 12 cm。

要求：成品入库及时迅速，库存产品按照生产时间的先后摆放，先进先出，要求产品库存温度≤ –18 ℃。

二、速冻黑椒牛排的分类及质量标准

（一）速冻黑椒牛排的分类

最常见的三大牛排为菲力牛排、肉眼牛排、西冷牛排。

（二）速冻黑椒牛排的质量标准

1. 速冻黑椒牛排的理化指标（表17–17）。

表17–17　速冻黑椒牛排的理化指标

项目	指标	
	原切牛排	调理牛排
水分/（g/100 g）≤	77	82
蛋白质/（g/100 g）≥	—	12
淀粉/（g/100 g）≤	—	2.0
挥发性盐基氮/（mg/100 g）≤	15	15

2. 食品安全指标

（1）污染物限量：污染物限量应符合《食品安全国家标准　食品中污染物限量》

（GB 2762—2022）的规定。

（2）食品添加剂：使用食品添加剂应符合《食品安全国家标准　食品添加剂使用标准》（GB 2760—2024）的规定。

（3）微生物限量：应符合国家食品安全相关标准的规定。

（4）净含量：应符合《定量包装商品计量监督管理办法》的规定。

拓展阅读

模块九　发酵肉制品加工

发酵肉制品是指在自然或人工控制条件下，利用微生物或酶的发酵作用，使原料肉发生一系列生物化学变化及物理变化，而形成具有特殊风味、色泽和质地及较长保藏期的肉制品。其主要特点是营养丰富、风味独特、保质期长。通过有益微生物的发酵，引起肉中蛋白质变性和降解，既改善了产品质地，也提高了蛋白质的吸收率；在微生物发酵及内源酶的共同作用下，形成醇类、酸类、杂环化合物、核苷酸等大量芳香类物质，赋予产品独特的风味；肉中有益微生物可产生乳酸、乳酸菌素等代谢产物，降低肉制品pH，对致病菌和腐败菌形成竞争性抑制，而发酵的同时还会降低肉制品水分含量，这些将提高产品安全性并延长产品货架期。我国发酵肉制品种类较多，如传统的中式香肠、腊肉、火腿都是由自身微生物自然发酵的产品。自然发酵的肉制品依靠原料肉自身微生物菌群中的乳酸菌与杂菌的竞争作用，生长周期长，产品质量难以控制。为了确保产品的风味特色、质量，缩短生产周期，早期的自然发酵已经被人工接种取代。

目前世界上许多国家，如意大利、美国、西班牙，已进行了发酵肉制品的人工发酵工业化生产，具有相当大的规模。我国引进西式发酵香肠始于20世纪80年代末，并随之开展了加工工艺改进、发酵菌种筛选、发酵剂配制等大量研究工作。

通过本模块的学习，你能学会：①萨拉米发酵香肠加工；②中式发酵火腿（金华火腿）加工；③西式发酵火腿加工。

任务十八　萨拉米发酵香肠加工

任务书

一、任务情境描述

公司销售部门收到“萨拉米发酵香肠”订单，下达生产部，生产部编制生产计划单，下达生产车间。请你按照《萨拉米发酵香肠加工工艺规程》，完成生产任务，并按时供货。

二、价值分析

萨拉米（salami，又名莎乐美），又译为“意大利香肠”，是欧洲一种风干猪肉香肠（有些地区会用马肉），名字来自意大利语“salare”一词，是加盐的意思。萨拉米发酵香肠可以直接配红酒食用，它本质上就是一类风味独特的发酵风干肉肠，不经任何烹饪加工，只由发酵和风干制作而成，富含蛋白质、矿物质和维生素，低脂肪特性使其成为健身人群的能量补充选择，制作过程中通过发酵和风干保留营养，可提升人体吸收效率。

它起源于古罗马时期的肉类保存技术，历经千年演变为欧洲饮食文化标志，承载着农耕时代人类应对食物短缺的智慧，其制作工艺涉及肉类腌制、发酵、风干等复杂工序，为手工艺人提供了就业机会，并促进了传统食品加工技术的传承。

全球萨拉米市场规模持续扩大，中国等新兴市场通过优化包装技术（如气调保鲜、定量切片）适应“懒人经济”需求，推动产业升级。

学习活动

萨拉米发酵香肠加工的学习活动见表 18–1。

表 18–1　萨拉米发酵香肠加工的学习活动

活动序号	学习活动	完成情况	完成时间 / min
1	接受任务		
2	制订方案		
3	任务实施		
4	任务评价		
5	相关知识		

学习活动一 接受任务

学习要求：通过该活动，同学们要明确“萨拉米发酵香肠生产计划单”中的具体要求，按时完成萨拉米发酵香肠的生产任务。具体工作步骤及要求见表 18-2。

表 18-2 具体工作步骤及要求

序号	工作步骤	要求	完成情况	完成时间 / min
1	识读生产计划单	能快速准确地明确计划要求并清晰表达，在教师要求的时间内完成，能够读懂生产计划单中的各项内容		
2	确定生产工艺和设备	能够选择任务需要完成的工艺，并进行时间和工作场所安排，掌握相关理论知识		
3	编制任务分析报告	能够清晰地描写任务认知与理解等，思路清晰，语言描述流畅		

今接到一生产计划单，具体内容见表 18-3。

表 18-3 生产计划单

项目	内容	项目	内容
计划下达部门		计划接收部门	
计划下达日期		订单号	
产品代码		产品类别	
产品名称		产品规格	
单位		订单数量	
生产日期		包装物要求	
要求最迟到货时间		到货地点	
备注说明			

生产部编制计划人员：__________ 生产部部长：__________

一、识读生产计划单

（1）请用红色笔标出生产计划单中的关键词，并把关键词抄在下面横线上。

____

____

（2）请从关键词中选择词语组成一句话，说明生产计划单的要求（其中包含产品总量、规格、交货时间的具体要求）。

____

（3）请根据生产计划单中的信息，在下列横线上列式计算出产品总重量。

二、确定生产工艺和设备

（1）根据《萨拉米发酵香肠加工工艺规程》，以表格形式列出工艺过程中的主要设备设施、技术参数和工作要求，详见表 18-4。

表 18-4　萨拉米发酵香肠主要设备、参数及要求

工序	主要设备设施	技术参数	工作要求
原料选择			
原料肉修整			
腌制			
灌肠			
发酵			
包装			
入库			

（2）为顺利完成生产任务，请查阅资料，写出萨拉米发酵香肠的感官质量标准。

三、编写任务分析报告

（一）基本信息（表 18-5）

表 18-5　基本信息

项目	内容	备注
产品名称		
生产数量		
最迟到货时间		
领取原辅材料时间		
设备器具清洗消毒时间		
生产时间		
成品入库时间		

（二）任务分析

依据订单需求，按照《萨拉米发酵香肠加工工艺规程》生产加工萨拉米发酵香肠，请绘制详细的生产工艺流程图。

____

____

学习活动二　制订方案

学习要求：通过对《萨拉米发酵香肠加工工艺规程》的分析，编制工作流程、仪器设备清单、原辅材料清单及生产方案，具体要求见表 18-6。

表 18-6　具体要求

序号	工作步骤	要求	完成情况
1	编制工作流程	在 30 min 内完成工作流程编制，工作流程内容完整	
2	编制仪器设备清单	在 30 min 内完成仪器设备清单编制，满足生产工艺需要	
3	编制原辅材料清单	在 20 min 内完成萨拉米香肠加工需求清单编制，与订单计划对接	
4	编制生产方案	在 40 min 内完成生产方案编制，确保生产工作顺利进行	

一、编制工作流程

（1）项目的主要工作流程可以分为 5 个部分，分别是设备及工器具的清洗消毒、原辅材料的准备、实施生产加工、出厂检验、物流配送。

请回忆一下，各部分的主要工作任务有哪些？各部分的工作要求分别是什么？大约需要花费多长时间？具体工作流程见表 18-7。

表 18-7　具体工作流程

序号	工作流程	主要工作内容	参考标准	时间 / h
1	设备及工器具的清洗消毒			
2	原辅材料的准备			
3	实施生产加工			
4	出厂检验			
5	物流配送			

（2）请分析《萨拉米发酵香肠加工工艺规程》，写出工作流程，并写出完整的工作内容和要求，详见表 18-8。

表 18-8　萨拉米发酵香肠生产工作流程

序号	工作流程	具体工作内容	要求
1			
2			
3			
4			
5			
6			
7			
8			

二、编制仪器设备清单

为了完成生产过程，需要用到哪些仪器设备？请列表完成（表 18–9）。

表 18–9　萨拉米发酵香肠生产仪器设备清单

序号	仪器设备名称	型号	作用	是否会操作
1				
2				
3				
4				
5				
6				
7				
8				

三、编制原辅材料清单

为了完成生产任务，需要用到哪些原辅材料？请列表完成（表 18–10）。

表 18–10　萨拉米发酵香肠原辅材料清单

序号	原辅材料名称	用量	作用	备注
1				
2				
3				
4				

续表

序号	原辅材料名称	用量	作用	备注
5				
6				
7				
8				

四、编制生产方案

方案名称：______________

（一）生产目标

（填写说明：概括说明本次生产任务要达到的目标。）

____

____

（二）工作内容安排（表 18-11）

表 18-11 萨拉米发酵香肠生产工作内容安排

生产流程	仪器设备及原辅材料	生产要求	操作要求	计划时间 / h

（三）产品感官质量评价

（填写说明：从产品的外观、色泽、组织状态、风味等进行感官质量评价。）

____

____

（四）有关安全注意事项及防护措施

（填写说明：生产过程中的安全操作及防护要求。）

____

____

学习活动三 任务实施

建议学时： 4 学时。

学习要求：按照萨拉米发酵香肠生产实施方案中的内容，完成生产过程。生产过程中符合生产安全、食品安全、质量标准、现场“6S”管理等要求。工作流程及要求见表18-12。

表18-12 工作流程及要求

序号	工作流程	要求	学时安排	备注
1	设备及工器具的清洗消毒	按照设备及工器具清洗消毒规程按时完成上述工作		
2	原辅材料的准备	按照工艺配方准确计算并领取原辅材料		
3	实施生产加工	严格按照《萨拉米发酵香肠加工工艺规程》执行，按时完成任务		
4	出厂检验			
5	物流配送			
6	评价			

一、安全注意事项

请结合在实训室生产时的安全事项，写出本任务需要注意的安全事项。

____

____

二、设备及工器具的清洗消毒

（1）请阅读下述材料，完成设备及工器具的清洗消毒，并做好记录（表18-13）。设备及工器具的清洗消毒流程：清刮干净残留肉糜→清水刷洗→清洁剂刷洗→清水冲洗→消毒液消毒→清水冲洗→沥干水分→定点定位放置。

表18-13 清洗消毒记录表

设备及工器具名称	清洗消毒方法	完成人	完成时间	是否完成

（2）相关要求：同“任务一　屠宰加工猪”设备及工器具的清洗、消毒相关要求。

三、原辅材料的准备

按照工艺配方准确计算、领取原辅材料，并完成原辅材料准备记录，具体见表18–14。

表 18–14　原辅材料记录

序号	原辅材料名称	用量	完成人	完成时间
1				
2				
3				
4				
5				
6				
7				
8				

四、实施生产加工

严格执行《萨拉米发酵香肠加工工艺规程》，按时完成任务，并填写生产记录（表18–15）。

表 18–15　萨拉米发酵香肠生产记录

序号	生产步骤	标准、要求	操作人	完成时间要求
1				
2				
3				
4				
5				
6				
7				
8				
9				
10				

五、出厂检验

请写出萨拉米发酵香肠的出厂检验项目。

____

____

六、物流配送

请分析并写出萨拉米发酵香肠物流配送过程中需要注意的问题。

____

____

学习活动四　任务评价

建议学时：0.5 学时。

学习要求：通过最后的任务评价，学生能明白做事要善始善终，知道自己掌握了多少，知道自己要努力的方向。

分小组按照任务评价表要求进行评价（表 18–16）。

表 18–16　任务评价表

项次	项目要求		配分	评分细则	自我评价	小组评价	教师评价
素养（20分）	纪律情况（5分）	按时到岗，不迟到、早退	2 分	缺勤全扣，迟到、早退出现 1 次扣 1 分			
		积极思考、回答问题	2 分	根据上课统计情况得 1~2 分			
		学习用品准备	1 分	自己主动准备好学习用品并齐全得 1 分			
		执行教师命令	0 分	此为否定项，违规酌情扣 10~100 分，违反校规按校规处理			
	职业道德（6分）	主动与他人合作	2 分	主动合作得 2 分，被动合作得 1 分			
		主动帮助同学	2 分	主动帮助同学得 2 分，被动帮助同学得 1 分			
		严谨、追求完美	2 分	对工作精益求精且效果明显得 2 分，对工作认真得 1 分，其余不得分			

续表

<table>
<tr><th>项次</th><th colspan="2">项目要求</th><th>配分</th><th>评分细则</th><th>自我评价</th><th>小组评价</th><th>教师评价</th></tr>
<tr><td rowspan="3"></td><td rowspan="2">“6S”（4分）</td><td>桌面、地面整洁</td><td>2分</td><td>自己工位的桌面、地面整洁无杂物得2分，不合格不得分</td><td></td><td></td><td></td></tr>
<tr><td>物品定置管理</td><td>2分</td><td>按定置要求放置得2分，其余不得分</td><td></td><td></td><td></td></tr>
<tr><td>阅读能力（5分）</td><td>快速阅读能力</td><td>5分</td><td>能快速准确地明确任务要求并清晰表达得5分，能主动沟通并在受指导后达标得3分，其余不得分</td><td></td><td></td><td></td></tr>
<tr><td rowspan="10">核心技术（60分）</td><td rowspan="3">接受任务（15分）</td><td>识读计划单</td><td>5分</td><td>能全部完成任务得5分，其余视情况得1~4分</td><td></td><td></td><td></td></tr>
<tr><td>确定生产工艺和设备</td><td>5分</td><td>能全部完成任务得5分，其余视情况得1~4分</td><td></td><td></td><td></td></tr>
<tr><td>编写任务分析报告</td><td>5分</td><td>能全部完成任务得5分，其余视情况得1~4分</td><td></td><td></td><td></td></tr>
<tr><td rowspan="3">制订方案（15分）</td><td>编制工作流程</td><td>5分</td><td>能全部完成任务得5分，其余视情况得1~4分</td><td></td><td></td><td></td></tr>
<tr><td>编制仪器设备清单</td><td>5分</td><td>能全部完成任务得5分，其余视情况得1~4分</td><td></td><td></td><td></td></tr>
<tr><td>编制原辅材料清单</td><td>5分</td><td>能全部完成任务得5分，其余视情况得1~4分</td><td></td><td></td><td></td></tr>
<tr><td rowspan="4">任务实施（30分）</td><td>编制生产方案</td><td>5分</td><td>能全部完成任务得5分，其余视情况得1~4分</td><td></td><td></td><td></td></tr>
<tr><td>设备器具清洗消毒</td><td>5分</td><td>能全部完成任务得5分，其余视情况得1~4分</td><td></td><td></td><td></td></tr>
<tr><td>原辅材料准备</td><td>5分</td><td>能全部完成任务得5分，其余视情况得1~4分</td><td></td><td></td><td></td></tr>
<tr><td>生产加工</td><td>15分</td><td>能全部完成任务得15分，其余视情况得1~14分</td><td></td><td></td><td></td></tr>
<tr><td rowspan="5">工作页完成情况（20分）</td><td rowspan="5">按时、保质保量完成工作页（20分）</td><td>按时提交</td><td>4分</td><td>按时提交得4分，迟交不得分</td><td></td><td></td><td></td></tr>
<tr><td>书写整齐度</td><td>3分</td><td>文字工整、字迹清楚得3分</td><td></td><td></td><td></td></tr>
<tr><td>内容完成程度</td><td>4分</td><td>视完成情况分别得1~4分</td><td></td><td></td><td></td></tr>
<tr><td>回答准确率</td><td>5分</td><td>视准确率情况分别得1~5分</td><td></td><td></td><td></td></tr>
<tr><td>有独到的见解</td><td>4分</td><td>视见解程度分别得1~4分</td><td></td><td></td><td></td></tr>
<tr><td colspan="3">合计</td><td>100分</td><td></td><td></td><td></td><td></td></tr>
<tr><td colspan="5">总分[加权平均分（自我评价占20%，小组评价占30%，教师评价占50%）]</td><td></td><td></td><td></td></tr>
</table>

学习活动五 相关知识

一、萨拉米发酵香肠生产工艺

（一）工艺流程

原料肉的修整与切块→腌制绞肉→搅拌→灌制→发酵→干燥→真空包装→储藏。

（二）主要原料

猪肉、肠衣、发酵剂、亚硝酸钠、复合磷酸盐、D－异抗坏血酸钠、精盐、白胡椒粉、辣椒粉、白砂糖、味精等。

（三）操作要点

1. 原料肉的修整与切块

将猪肉解冻，选择原料肉并切成长、宽、高均为 4~5 cm 的肉块，并用凉水漂洗干净，晾凉后待腌制。

2. 腌制

将复合盐（盐、亚硝酸钠、复合磷酸盐按比例混合）放入切好的猪肉块中，搅拌均匀后置于 0 ℃条件下腌制 24 h。

3. 绞肉

将腌制好的肉块放入绞肉机中。选择 5 mm 孔径的出肉板，搅拌成泥状并放入不锈钢盆中备用。

4. 搅拌

按配方要求将调味料、辅料、适量的冰水与打成泥状的猪肉置于搅拌机中，搅拌均匀。按不同比例接种发酵剂。

5. 灌制

将肠衣在温水中浸泡 5~10 min，以待备用。把搅拌好的肉馅置于灌肠机内灌制在肠衣中。灌制时，肉馅要松紧适度，防止灌得过多而胀破肠衣。灌制完成后用针尖排掉肠内空气。肠体长度为 2~10 cm。

6. 发酵

灌制完成后，用温水漂洗肠体，去除肠体表面的污物和杂质。放入恒温恒湿箱中，在 35 ℃条件下发酵 24 h，湿度为 90%~95%。当 pH 值达到 5.0~5.2 时终止发酵。

7. 干燥

干燥的主要目的是去除肠体内多余的水分，促进产品成熟，使发酵剂失活，终止发酵。烘烤时先采用 45 ℃、30 min，使香肠中心温度达到 40 ℃，防止香肠后续发酵。再在 70 ℃条件下烘烤 2 h 即为成品。

8. 真空包装

干燥后的成品冷却后，利用真空包装袋和真空包装机将干燥后的成品进行真空包装。真空包装有利于保持香肠的色泽，防止脂肪氧化。

9. 储藏

将真空包装后的成品置于冰箱中，在0~5 ℃条件下保藏。

二、发酵香肠的概念

发酵香肠是指将绞碎的肉（通常是猪肉或牛肉）和脂肪同盐、糖、香辛料等（有时还要加微生物发酵剂）混合后灌进肠衣，经过微生物发酵或成熟干燥（或不经过成熟干燥）而制成的具有特定的微生物特性的肉制品。

三、发酵肉制品的种类

发酵肉制品的分类常以酸性（pH高低）、原料形态（绞碎或不绞碎）、发酵方法［有无接种微生物或（和）添加碳水化合物］、表面有无霉菌生长、脱水程度、地名等进行命名。

（一）发酵香肠的分类

（1）按地名命名是最传统、最常用的方法，如黎巴嫩大香肠、塞尔维拉特香肠、欧洲干香肠、萨拉米香肠等。

（2）发酵香肠按脱水程度可分成半干发酵香肠和干发酵香肠：含水质量分数33%以上的为半干发酵香肠；含水质量分数30%以下的为干发酵香肠。

（3）发酵香肠按发酵程度可分为低酸发酵肉制品和高酸发酵肉制品：pH值≥5.5的为低酸发酵肉制品，pH值＜5.4的为高酸发酵肉制品。

（二）发酵火腿的分类

（1）中式发酵火腿：如金华火腿、如皋火腿等。

（2）西式发酵火腿：如带骨火腿、去骨火腿等。

任务十九　中式发酵火腿（金华火腿）加工

任务书

一、任务情境描述

公司销售部门收到“金华火腿”订单，下达生产部，生产部编制生产计划单，下达生产车间。请你按照《金华火腿加工工艺规程》，完成生产任务，并按时供货。

二、价值分析

金华火腿产业年产值超23亿元，占国内火腿市场40%份额，直接带动近万人就业。2025年数据显示，其年产量稳定在400万条，出口量达3000吨以上，形成了覆盖原料养殖、加工、销售的全产业链。金华火腿不仅是地方经济支柱，更成为城市文化名片。其历史典故（如宗泽传说）、文人佳话及“一腿顶十茅”的市场美誉，强化了地域文化认同感和自豪感。

金华火腿制作技艺始于唐宋，被列入国家级非物质文化遗产名录，拥有1名国家级非物质文化遗产代表性传承人及多名省、市级非物质文化遗产代表性传承人，是中华饮食文化的重要载体。作为春节等传统节日馈赠长辈的礼品，金华火腿逐渐替代烟、酒，成为传递孝心与文化认同的载体，兼具礼仪性和实用性。

学习活动

金华火腿加工的学习活动见表19-1。

表19-1　金华火腿加工的学习活动

活动序号	学习活动	完成情况	完成时间 / min
1	接受任务		
2	制订方案		
3	任务实施		
4	任务评价		
5	相关知识		

学习活动一　接受任务

学习要求：通过该活动，同学们要明确“金华火腿生产计划单”中的具体要求，按时完成金华火腿的生产任务。具体工作步骤及要求见表 19–2。

表 19–2　具体工作步骤及要求

序号	工作步骤	要求	完成情况	完成时间 / min
1	识读生产计划单	能快速准确地明确计划要求并清晰表达，在教师要求的时间内完成，能够读懂生产计划单中的各项内容		
2	确定生产工艺和设备	能够选择任务需要完成的工艺，并进行时间和工作场所安排，掌握相关理论知识		
3	编制任务分析报告	能够清晰地描写任务认知与理解等，思路清晰，语言描述流畅		

今接到一生产计划单，具体内容见表 19–3。

表 19–3　生产计划单

项目	内容	项目	内容
计划下达部门		计划接收部门	
计划下达日期		订单号	
产品代码		产品类别	
产品名称		产品规格	
单位		订单数量	
生产日期		包装物要求	
要求最迟到货时间		到货地点	
备注说明			

生产部编制计划人员：__________　　　　生产部部长：__________

一、识读生产计划单

（1）请用红色笔标出生产计划单中的关键词，并把关键词抄在下面横线上。

____

____

（2）请从关键词中选择词语组成一句话，说明生产计划单的要求（其中包含产品总量、规格、交货时间的具体要求）。

____

（3）请根据生产计划单中的信息，在下列横线上列式计算出产品总吨数。

二、确定生产工艺和设备

（1）根据《金华火腿加工工艺规程》，以表格形式列出工艺过程中的主要设备设施、技术参数和工作要求，详见表 19–4。

表 19–4　金华火腿主要设备、参数及要求

工序	主要设备设施	技术参数	工作要求
原料选择			
修整腿坯			
擦盐腌制			
洗腿			
晒腿、整形			
发酵、修整			
落架、堆叠			

（2）为顺利完成生产任务，请查阅资料，写出金华火腿的感官质量标准。

三、编写任务分析报告

（一）基本信息（表 19–5）

表 19–5　基本信息

项目	内容	备注
产品名称		
生产数量		
最迟到货时间		
领取原辅材料时间		
设备器具清洗消毒时间		
生产时间		
成品入库时间		

（二）任务分析

依据订单需求，按照《金华火腿加工工艺规程》生产加工金华火腿，请绘制详细的生产工艺流程图。

____

____

学习活动二　制订方案

学习要求：通过对《金华火腿加工工艺规程》的分析，编制工作流程、仪器设备清单、原辅材料清单及生产方案，具体要求见表 19-6。

表 19-6　具体要求

序号	工作步骤	要求	完成情况
1	编制工作流程	在 30 min 内完成工作流程编制，工作流程内容完整	
2	编制仪器设备清单	在 30 min 内完成仪器设备清单编制，满足生产工艺需要	
3	编制原辅材料清单	在 20 min 内完成金华火腿加工需求清单编制，与订单计划对接	
4	编制生产方案	在 40 min 内完成生产方案编制，确保生产工作顺利进行	

一、编制工作流程

（1）项目的主要工作流程可以分为 5 个部分，分别是设备及工器具的清洗消毒、原辅材料的准备、实施生产加工、出厂检验、物流配送。

请回忆一下，各部分的主要工作任务有哪些？各部分的工作要求分别是什么？大约需要花费多长时间？具体工作流程见表 19-7。

表 19-7　具体工作流程

序号	工作流程	主要工作内容	参考标准	时间 /h
1	设备及工器具的清洗消毒			
2	原辅材料的准备			
3	实施生产加工			
4	出厂检验			
5	物流配送			

（2）请分析《金华火腿加工工艺规程》，写出工作流程，并写出完整的工作内容和要求，详见表 19-8。

表 19-8　金华火腿生产工作流程

序号	工作流程	具体工作内容	要求
1			
2			
3			
4			
5			
6			
7			
8			

二、编制仪器设备清单

为了完成生产过程，需要用到哪些仪器设备？请列表完成（表 19-9）。

表 19-9　金华火腿生产仪器设备清单

序号	仪器设备名称	型号	作用	是否会操作
1				
2				
3				
4				
5				
6				
7				
8				

三、编制原辅材料清单

为了完成生产任务，需要用到哪些原辅材料？请列表完成（表 19-10）。

表 19-10　金华火腿原辅材料清单

序号	原辅材料名称	用量	作用	备注
1				
2				
3				
4				

续表

序号	原辅材料名称	用量	作用	备注
5				
6				
7				
8				

四、编制生产方案

方案名称：______________________

（一）生产目标

（填写说明：概括说明本次生产任务要达到的目标。）

___

___

（二）工作内容安排（表 19-11）

表 19-11　金华火腿生产工作内容安排

生产流程	仪器设备及原辅材料	生产要求	操作要求	计划时间 / h

（三）产品感官质量评价

（填写说明：从产品的外观、色泽、组织状态，风味等进行感官质量评价。）

___

___

（四）有关安全注意事项及防护措施

（填写说明：生产过程中的安全操作及防护要求。）

___

___

学习活动三　任务实施

建议学时：4 学时。

学习要求：按照金华火腿生产方案中的内容，完成生产过程。生产过程符合生产安全、食品安全、质量标准、现场“6S”管理等要求。工作流程及要求见表 19–12。

表 19–12　工作流程及要求

序号	工作流程	要求	学时安排	备注
1	设备及工器具的清洗消毒	按照设备及工器具清洗消毒规程按时完成上述工作		
2	原辅材料的准备	按照工艺配方准确计算并领取原辅材料		
3	实施生产加工	严格按照《金华火腿加工工艺规程》执行，按时完成任务		
4	出厂检验			
5	物流配送			
6	评价			

一、安全注意事项

请结合在实训室生产时的安全事项，写出本任务需要注意的安全事项。

____

____

二、设备及工器具的清洗消毒

（1）请阅读下述材料，完成设备及工器具的清洗消毒，并做好记录（表 19–13）。设备及工器具的清洗消毒流程：清刮干净残留肉糜→清水刷洗→清洁剂刷洗→清水冲洗→消毒液消毒→清水冲洗→沥干水分→定点定位放置。

表 19–13　清洗消毒记录表

设备及工器具名称	清洗消毒方法	完成人	完成时间	是否完成

（2）相关要求：同“任务一　屠宰加工猪”设备及工器具的清洗、消毒相关要求。

三、原辅材料的准备

按照工艺配方准确计算、领取原辅材料，并完成原辅材料准备记录，具体见表19-14。

表 19-14　原辅材料记录

序号	原辅材料名称	用量	完成人	完成时间
1				
2				
3				
4				
5				
6				
7				
8				

四、实施生产加工

严格执行《金华火腿加工工艺规程》，按时完成任务，并填写生产记录（表19-15）。

表 19-15　金华火腿生产记录

序号	生产步骤	标准、要求	操作人	完成时间要求
1				
2				
3				
4				
5				
6				
7				
8				
9				
10				

五、出厂检验

请写出金华火腿的出厂检验项目。

____

____

六、物流配送

请分析并写出金华火腿物流配送过程中需要注意的问题。

____

____

学习活动四　任务评价

建议学时： 0.5 学时。

学习要求： 通过最后的任务评价，学生能明白做事要善始善终，知道自己掌握了多少，知道自己要努力的方向。

分小组按照任务评价表要求进行评价（表 19–16）。

表 19–16　任务评价表

项次	项目要求		配分	评分细则	自我评价	小组评价	教师评价
素养（20分）	纪律情况（5分）	按时到岗，不迟到、早退	2分	缺勤全扣，迟到、早退出现1次扣1分			
		积极思考、回答问题	2分	根据上课统计情况得1~2分			
		学习用品准备	1分	自己主动准备好学习用品并齐全得1分			
		执行教师命令	0分	此为否定项，违规酌情扣10~100分，违反校规按校规处理			
	职业道德（6分）	主动与他人合作	2分	主动合作得2分，被动合作得1分			
		主动帮助同学	2分	主动帮助同学得2分，被动帮助同学得1分			
		严谨、追求完美	2分	对工作精益求精且效果明显得2分，对工作认真得1分，其余不得分			

续表

<table>
<tr><th>项次</th><th colspan="2">项目要求</th><th>配分</th><th>评分细则</th><th>自我评价</th><th>小组评价</th><th>教师评价</th></tr>
<tr><td rowspan="3"></td><td rowspan="2">“6S”（4分）</td><td>桌面、地面整洁</td><td>2分</td><td>自己工位的桌面、地面整洁无杂物得2分，不合格不得分</td><td></td><td></td><td></td></tr>
<tr><td>物品定置管理</td><td>2分</td><td>按定置要求放置得2分，其余不得分</td><td></td><td></td><td></td></tr>
<tr><td>阅读能力（5分）</td><td>快速阅读能力</td><td>5分</td><td>能快速准确地明确任务要求并清晰表达得5分，能主动沟通并在受指导后达标得3分，其余不得分</td><td></td><td></td><td></td></tr>
<tr><td rowspan="10">核心技术（60分）</td><td rowspan="3">接受任务（15分）</td><td>识读计划单</td><td>5分</td><td>能全部完成任务得5分，其余视情况得1~4分</td><td></td><td></td><td></td></tr>
<tr><td>确定生产工艺和设备</td><td>5分</td><td>能全部完成任务得5分，其余视情况得1~4分</td><td></td><td></td><td></td></tr>
<tr><td>编写任务分析报告</td><td>5分</td><td>能全部完成任务得5分，其余视情况得1~4分</td><td></td><td></td><td></td></tr>
<tr><td rowspan="3">制订方案（15分）</td><td>编制工作流程</td><td>5分</td><td>能全部完成任务得5分，其余视情况得1~4分</td><td></td><td></td><td></td></tr>
<tr><td>编制仪器设备清单</td><td>5分</td><td>能全部完成任务得5分，其余视情况得1~4分</td><td></td><td></td><td></td></tr>
<tr><td>编制原辅材料清单</td><td>5分</td><td>能全部完成任务得5分，其余视情况得1~4分</td><td></td><td></td><td></td></tr>
<tr><td rowspan="4">任务实施（30分）</td><td>编制生产方案</td><td>5分</td><td>能全部完成任务得5分，其余视情况得1~4分</td><td></td><td></td><td></td></tr>
<tr><td>设备器具清洗消毒</td><td>5分</td><td>能全部完成任务得5分，其余视情况得1~4分</td><td></td><td></td><td></td></tr>
<tr><td>原辅材料准备</td><td>5分</td><td>能全部完成任务得5分，其余视情况得1~4分</td><td></td><td></td><td></td></tr>
<tr><td>生产加工</td><td>15分</td><td>能全部完成任务得15分，其余视情况得1~14分</td><td></td><td></td><td></td></tr>
<tr><td rowspan="5">工作页完成情况（20分）</td><td rowspan="5">按时、保质保量完成工作页（20分）</td><td>按时提交</td><td>4分</td><td>按时提交得4分，迟交不得分</td><td></td><td></td><td></td></tr>
<tr><td>书写整齐度</td><td>3分</td><td>文字工整、字迹清楚得3分</td><td></td><td></td><td></td></tr>
<tr><td>内容完成程度</td><td>4分</td><td>视完成情况分别得1~4分</td><td></td><td></td><td></td></tr>
<tr><td>回答准确率</td><td>5分</td><td>视准确率情况分别得1~5分</td><td></td><td></td><td></td></tr>
<tr><td>有独到的见解</td><td>4分</td><td>视见解程度分别得1~4分</td><td></td><td></td><td></td></tr>
<tr><td colspan="3">合计</td><td>100分</td><td></td><td></td><td></td><td></td></tr>
<tr><td colspan="5">总分[加权平均分（自我评价占20%，小组评价占30%，教师评价占50%）]</td><td></td><td></td><td></td></tr>
</table>

学习活动五　相关知识

一、金华火腿生产工艺

（一）工艺流程

原料选择→修割腿坯→擦盐腌制→洗腿→晒腿、整形→发酵、修整→落架、堆叠、成品。

（二）工艺配方

鲜猪腿 50 kg，食盐 5 kg，硝酸钠 0.02 kg。

（三）操作要点

1. 原料选择

原料选择对腌制品的质量有直接关系，应先选择健康的瘦肉，要求将放血完全、不带毛、不吹气、经兽医卫生检验检疫合格的白条肉作为加工原料。对于个体过小、腿心扁薄肉少的猪、种公猪、种母猪、病伤猪、黄膘猪等的腿一律不能使用。白条肉选料的标准如下。

（1）皮肉无损伤，皮薄骨细，腿心丰满，腿重 5.0~6.5 kg。

（2）脚爪纤细，小腿细长。

（3）肉色鲜红，肉质细嫩。

（4）肥膘洁白，厚度在 2.5 mm 左右。

2. 修割腿坯

刚验收的鲜腿粗糙，必须初步修整后方可进行腌制。主要是刮净腿皮细毛和脚蹄间的毛，除去蹄壳，挤出血管中残留的淤血，然后按下列顺序进行修整。

原料腿的切割方法：①后腿的切线，先在最后一节腰椎骨节处切断，然后沿大腿骨斜行切下；②前腿切线，前端沿颈椎第 2 骨节处将前颈肉切除，后端沿从前往后数第 6 肋骨处切下，最后将胸骨连同肋骨末端的软骨切下，使成方腿。

削骨：用大骨刀削平耻骨，休整坐骨，斩去脊骨，使肌肉外露，除去尾骨后将周围过多的脂肪和碎肉清除。根据鲜腿的大小、形状，看腿定型，即鲜腿大而肥、肌肉丰满者修整成琵琶形；腿小而瘦、肌肉较薄者修整成柳叶形（图 19–1）。

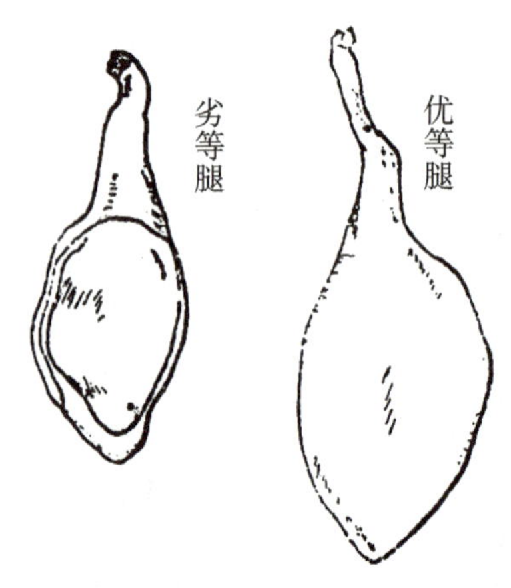

图 19–1　鲜腿原胚

3. 擦盐腌制

修腿后即可用食盐和硝酸盐进行腌制。腌制

是加工火腿的主要环节，是决定火腿质量的重要工艺流程。腌制的关键是根据不同温度恰当地控制时间、加盐数量、翻倒次数，腌制时的最适温度为 3~8 ℃，用盐量为鲜腿重的 9%~10%，气温高盐量可增到 12%，分 6 或 7 次上盐，一般腌制 30~35 d，如腿大，可延长到 40 d。

（1）第一次用盐（出血水盐）：首先在腰椎骨节处、耻骨节及肌肉原处撒上一层薄薄的食盐和硝酸盐。5 kg 重的鲜腿坯用盐量为 100 g 左右（图 19–2）。敷好盐后肉面朝上按交叉法或倒插法堆叠并在每层之间隔以竹条或木板条。在一般气温下可堆叠 12~14 层，气温高时少堆几层或经 12 h 再敷盐 1 次，腌制 24 h。堆叠方法见图 19–3。

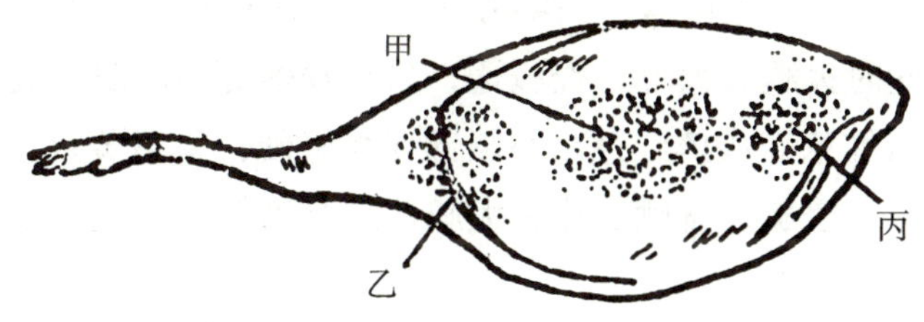

图 19– 2　腿面敷盐部位

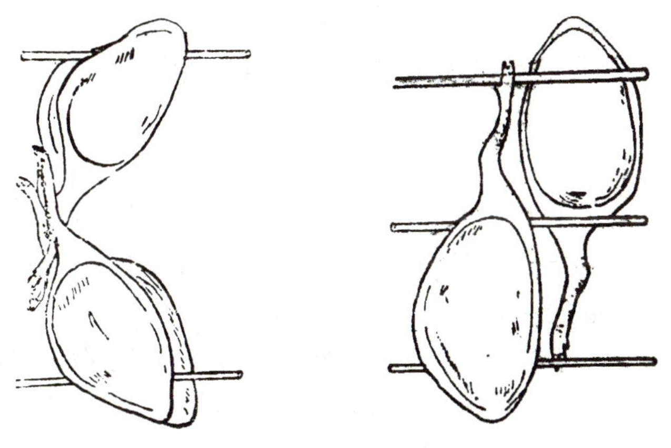

图 19–3　腌腿堆叠方法

（2）第二次用盐（上大盐）：在第一次上盐 24 h 后翻腿的同时进行第二次用盐，这次用盐量最多，占总用盐量的 50%，50 kg 鲜腿坯用盐 2~2.5 kg。上盐前，再次用手挤出血管中淤血。腿面的不同部位上盐厚度不同，在腰椎骨及耻骨关节处上盐厚些，其次是大腿上部肌肉厚处用盐量加多，因这三处不但肌肉厚，而且在肌肉内部包藏有偏圆的大腿骨、耻骨，故必须多加盐，以加速食盐的渗透。气温高时还可在三签上撒些硝酸钠，堆叠方式同第一次。三签头是火腿表面肌肉最厚的 3 个部位，因此，应注意加重这些部位的上盐量。其后，每隔 3 d 翻 1 次腿。

第二次用盐后肌肉变化比较明显，肌肉组织呈暗红色，肌肉脱水变硬、坚实，腿呈扁平状，中间厚处肌肉凹下，四周脂肪凸出丰满。

（3）第三次用盐：经 5~6 d 后进行第三次用盐，首先将腿轻轻放在板上，用手轻抹肉面和三签头余盐。根据腿的大小，观察三签头余盐情况，同时用手指测试腿面的软硬度，以便决定盐量的增减，然后重新倒堆，将原来的上层换到下层，堆叠方式与前期相同，这次用盐量为 50 kg 鲜腿坯约用盐 1~1.5 kg。

（4）第四次用盐：在第三次用盐后 7 d 进行，这次用盐的目的是通过上下翻堆而调节腿温，并检查三签头的盐溶化程度，如不够再抹盐，擦去腿皮上的黏盐，以防止腿的颜色发白且无光亮，50 kg 鲜腿坯用盐 0.75 kg 左右。

（5）第五次、第六次用盐：当第五次、第六次用盐时，上盐部位更明显集中在三签头部位，此时火腿大部分已经腌透，只是脊椎骨下部肌肉处还要敷少许盐。火腿肌肉颜色由暗红色变成鲜红色，小腿部变得坚硬，呈橘黄色。经 6 次用盐后，重量小的可直接进入浸腿、洗晒工序，大腿可进行第七次上盐。在翻堆几次后，约经 30 d 后结束腌制。

在火腿腌制过程中，应注意以下几点：①鲜腿腌制应按先后顺序排列堆叠，标明日期、只数，不准乱堆放；② 4 kg 以下的小火腿必须单独腌制堆叠，避免与大中火腿混堆，好控制盐量，保证质量；③如果温度变化较大，要及时翻堆，更换食盐；④腌制时抹盐要均匀，腿皮切忌用盐，以防腿皮无光；⑤翻堆时要轻拿轻放，堆叠整齐，防止脱盐。

4. 洗腿

鲜腿腌制结束后，腿坯表面上油腻污物及盐渣必须清洗，以保持腿的清洁和有助于色、香、味的形成。洗去多余的盐分，使产品咸淡适中，并防止在晒腿工序中出现盐霜，也有利于后期的发酵。

洗腿主要是将腿上的油污、杂质刷洗干净。腿坯浸泡一段时间后即可进行洗腿，洗腿一般用竹刷，洗腿时按脚爪、皮面、肉面和腿尖下面，顺肌纤维方向依次洗涮干净，不得使瘦肉翘起，然后刮去皮上的残毛，洗刷时不得损伤皮肉。洗腿后再将腿坯浸泡在水中，第二次洗腿在晒前进行。

5. 晒腿、整形

将洗净的火腿每 2 只用绳扎在一起，吊挂在晒腿架上，用刀刮去剩余细毛和污物，约经 4 h，待皮面无水后加盖厂印、商标，再经 3~4 h，腿皮微干、肉面尚软时开始整形。晒腿时应检查腿头上的脊骨是否折断，如有折断，则用刀削去，以防因积水而影响质量。

整形一般分三步：①在火腿内部（即腿身），用两手从腿的两侧往腿心部用力挤压，使腿心饱满，呈橄榄形。②在小腿部，先用木锤敲打膝部，再用校骨凳将小腿插入凳孔中轻轻攀折，使小腿正直，直至膝踝无皱纹。③在脚爪部，用手捏弯脚爪，将脚爪加工成镰刀形。经整形后的火腿肌肉更加紧缩，有利于贮藏发酵。

整形后继续晾晒，并不断修割整形，直至形状基本固定、美观，此时腿重为鲜腿重的 85%~90%。晾晒时间的长短根据季节、气温、风速、火腿大小、肥瘦、含盐量的不同而异，冬季晾晒时间为 5~6 d，春季晾晒时间为 4~5 d。

6. 发酵、修整

火腿经腌制、洗晒和整形等工序后，在外形、质地、气味、颜色等方面尚未达到应有的要求，特别是没有产生火腿特有的芳香味，与一般咸肉相似，因此，必须经过发酵过程。

在发酵前要逐只检查火腿的干燥程度，以及是否有虫害和虫卵。火腿进入发酵场地后，要逐只悬挂在腿架上，应按大、中、小分类悬挂，彼此相距 5~7 cm，离地 2 m。经过 2~3 个月的晾挂发酵，肌肉表面逐渐生成绿、白、黄色霉菌时即完成发酵。

火腿发酵后，水分蒸发，腿身逐渐干燥，腿骨外露，需再次进行修整，即修平趾骨、修正股骨、修平坐骨，并从腿脚向上割去脚皮，实现腿正直、两旁均匀、腿身呈竹叶形的效果，随后撒上稻壳。撒好后仍将腿依次上挂，继续发酵。

7. 落架、堆叠、成品

经过发酵、修整后的火腿，根据干燥程度分批落架，按照大小分别堆叠在木床上，肉面向上，皮面向下，堆高不超过 15 只，每隔 10 d 左右翻堆 1 次，使之渗油均匀。经过半个月的后熟过程，即为成品。

二、金华火腿的质量标准

（一）金华火腿的感官质量标准（表 19–17）

表 19–17　金华火腿的感官质量标准

项目	特级	一级	二级
香气	三签香	三签香	二签香，一签无异味
外观	腿心饱满，皮薄脚小，白蹄无毛，无红斑，无损伤，无虫蛀、鼠伤，无裂缝，小蹄至髋关节长度 40 cm 以上，刀工光洁，皮面平整，印鉴标记明晰	腿心较饱满，皮薄脚小，无毛，无虫蛀、鼠伤，轻微红斑，轻微损伤，轻微裂缝，刀工光洁，皮面平整，印鉴标记明晰	腿心稍薄，但不露股骨头，腿脚稍粗，无毛，无虫蛀、鼠伤，刀工光洁，稍有红斑，稍有损伤，稍有裂缝，印鉴标记明晰
肉质	腿心饱满，瘦肉比例≥ 65%	腿心饱满，瘦肉比例≥ 60%	腿心稍薄，瘦肉比例≥ 55%

续表

项目	特级	一级	二级
色泽	皮色黄亮，肉面光滑油润，肌肉切面呈深玫瑰红色，脂肪切面呈白色或稍红色，有光泽		
组织状态	肉皮与肉不脱离，肌肉干燥致密，肉质细嫩，切面平整，有光泽		
滋味	咸淡适中，口感鲜美，回味悠长		
爪弯	蹄壳表面与脚骨直线的延长线成直角或锐角		

注：金华火腿的三签香检验法如下。头签：膝关节附近。二签：髋关节附近偏腿背侧（有腰椎骨的一端）。三签：脊椎与髋骨之间（近髋骨的凹弯处），用一支专用的竹签从肉面垂直插入火腿厚度的 1/3~1/2 后迅速拨出，嗅其气味，香味浓郁且味正者为优。

（二）金华火腿的理化指标（表 19–18）

表 19–18　金华火腿的理化指标

项目	要求
瘦肉比例≥	65%
水分（以瘦肉计）	28%~42%
盐分（以瘦肉中的氯化钠计）≤	11%
过氧化值（以脂肪计）/（g/100 g）≤	0.25
三甲胺氮 /（mg/100 g）≤	1.3

（三）金华火腿的食品添加剂指标（表 19–19）

表 19–19　金华火腿的食品添加剂指标

项目	要求	
亚硝酸盐（以亚硝酸钠计）/（mg/ kg）≤	使用量	残留量
	75	10
其他食品添加剂指标	应符合《食品安全国家标准　食品中添加剂使用标准》（GB 2760—2024）的规定	

三、中式发酵火腿的种类及特点

（一）中式发酵火腿的种类

中式火腿是带皮、骨、爪的鲜猪肉后腿，经腌制、洗晒或风干、发酵加工而成的具有中国火腿特有风味的肉制品。中式发酵火腿种类丰富，大致可以分为三大类：长江以南地区的南腿，长江以北地区的北腿，云、贵、川地区的云腿。以火腿产地分类，中式火腿包括：浙江省的金华火腿、浙江火腿；江西省的安福火腿；江苏省的如皋火腿；云南省的宣威火腿、鹤庆圆火腿；四川省的冕宁火腿、达县火腿；湖北省的恩施火腿；贵州省的威宁火腿等。以火腿成品的外形分类，中式火腿包括竹叶形的竹叶火腿、琵琶形的琵琶火腿、圆形的圆火腿、方盘形的盘火腿。以加工腌制时的季节分类，中式火腿包括腌制于初冬的早冬火腿、腌制于隆冬季节的正冬火腿、腌制于立春以后的早春火腿、腌制于春分以后的晚春火腿，其中以正冬火腿品质最佳。

（二）中式发酵火腿的特点

中式皮薄肉嫩，肉质红白鲜艳，肌肉呈玫瑰红色，具有独特的腌制风味，虽然肥瘦兼具，但食而不腻，易于保藏。

任务二十　西式发酵火腿加工

任务书

一、任务情境描述

公司销售部门收到“西式发酵火腿”订单，下达生产部，生产部编制生产计划单，下达生产车间。请你按照《西式发酵火腿加工工艺规程》，完成生产任务，并按时供货。

二、价值分析

西式发酵火腿起源于欧洲，并在美国、加拿大、日本等国家广为流行。鸦片战争后，西式火腿传入我国，因其肉嫩味美而深受欢迎。这种食品不仅是美食，而且是文化交流的载体，促进了中西方文化的交流与融合。随着现代低脂轻盐饮食习惯的发展，即食发酵肉制品越来越受欢迎。

西式发酵火腿的制作工艺包括腌制、干燥和发酵等步骤。腌制是用盐脱水并抑制微生物生长，随后将火腿送入干燥室进行自然发酵，这一过程赋予火腿特有的嫩度和风味。发酵时间较长，通常需要几个月到几年不等，具体时间取决于火腿的等级和质量要求，而发酵过程中产生的有益微生物和酶类有助于提高火腿的消化吸收率，使其更有助于促进人体健康。

学习活动

西式发酵火腿加工的学习活动见表 20–1。

表 20–1　西式发酵火腿加工的学习活动

活动序号	学习活动	完成情况	完成时间 / min
1	接受任务		
2	制订方案		
3	任务实施		
4	任务评价		
5	相关知识		

学习活动一　接受任务

学习要求：通过该活动，同学们要明确“西式发酵火腿生产计划单”中的具体要求，按时完成西式发酵火腿的生产任务。具体工作步骤及要求见表 20–2。

表 20–2　具体工作步骤及要求

序号	工作步骤	要求	完成情况	完成时间 / min
1	识读生产计划单	能快速准确地明确计划要求并清晰表达，在教师要求的时间内完成，能够读懂生产计划单中的各项内容		
2	确定生产工艺和设备	能够选择任务需要完成的工艺，并进行时间和工作场所安排，掌握相关理论知识		
3	编制任务分析报告	能够清晰地描写任务认知与理解等，思路清晰，语言描述流畅		

今接到一生产计划单，具体内容见表 20–3。

表 20–3　生产计划单

项目	内容	项目	内容
计划下达部门		计划接收部门	
计划下达日期		订单号	
产品代码		产品类别	
产品名称		产品规格	
单位		订单数量	
生产日期		包装物要求	
要求最迟到货时间		到货地点	
备注说明			

生产部编制计划人员：__________　　　　生产部部长：__________

一、识读生产计划单

（1）请用红色笔标出生产计划单中的关键词，并把关键词抄在下面横线上。

____

____

（2）请从关键词中选择词语组成一句话，说明生产计划单的要求（其中包含产品总量、规格、交货时间的具体要求）。

____

（3）请根据生产计划单中的信息，在下列横线上列式计算出产品总重量。

二、确定生产工艺和设备

（1）根据《西式发酵火腿加工工艺规程》，以表格形式列出工艺过程中的主要设备设施、技术参数和工作要求，详见表 20–4。

表 20–4　西式发酵火腿主要设备、参数及要求

工序	主要设备设施	技术参数	工作要求
原料选择			
原料肉修整			
腌制			
清洗、整形及风干			
熟化			
包装			
入库			

（2）为顺利完成生产任务，请查阅资料，写出西式发酵火腿的感官质量标准。

三、编写任务分析报告

（一）基本信息（表 20–5）

表 20–5　基本信息

项目	内容	备注
产品名称		
生产数量		
最迟到货时间		
领取原辅材料时间		
设备器具清洗消毒时间		
生产时间		
成品入库时间		

（二）任务分析

依据订单需求，按照《西式发酵火腿加工工艺规程》生产加工西式发酵火腿，请同学们绘制详细的生产工艺流程图。

____

____

学习活动二　制订方案

学习要求：通过对《西式发酵火腿加工工艺规程》的分析，编制工作流程、仪器设备清单、原辅材料清单及生产方案，具体要求见表 20–6。

表 20–6　具体要求

序号	工作步骤	要求	完成情况
1	编制工作流程	在 30 min 内完成工作流程编制，工作流程内容完整	
2	编制仪器设备清单	在 30 min 内完成仪器设备清单编制，满足生产工艺需要	
3	编制原辅材料清单	在 20 min 内完成西式发酵火腿加工需求清单编制，与订单计划对接	
4	编制生产方案	在 40 min 内完成生产方案编制，确保生产工作顺利进行	

一、编制工作流程

（1）项目的主要工作流程可以分为 5 个部分，分别是设备及工器具的清洗消毒、原辅材料的准备、实施生产加工、出厂检验、物流配送。

请回忆一下，各部分的主要工作任务有哪些？各部分的工作要求分别是什么？大约需要花费多长时间？具体工作流程见表 20–7。

表 20–7　具体工作流程

序号	工作流程	主要工作内容	参考标准	时间 / h
1	设备及工器具的清洗消毒			
2	原辅材料的准备			
3	实施生产加工			
4	出厂检验			
5	物流配送			

（2）请分析《西式发酵火腿加工工艺规程》，写出工作流程，并写出完整的工作内容和要求，详见表 20–8。

表 20-8　西式发酵火腿生产工作流程

序号	工作流程	具体工作内容	要求
1			
2			
3			
4			
5			
6			
7			
8			

二、编制仪器设备清单

为了完成生产过程，需要用到哪些仪器设备？请列表完成（表 20-9）。

表 20-9　西式发酵火腿生产仪器设备清单

序号	仪器设备名称	型号	作用	是否会操作
1				
2				
3				
4				
5				
6				
7				
8				

三、编制原辅材料清单

为了完成生产任务，需要用到哪些原辅材料？请列表完成（表 20-10）。

表 20-10　西式发酵火腿原辅材料清单

序号	原辅材料名称	用量	作用	备注
1				
2				
3				
4				

续表

序号	原辅材料名称	用量	作用	备注
5				
6				
7				
8				

四、编制生产方案

方案名称：______________

（一）生产目标

（填写说明：概括说明本次生产任务要达到的目标。）

____

____

（二）工作内容安排（表 20-11）

表 20-11　西式发酵火腿生产工作内容安排

生产流程	仪器设备及原辅材料	生产要求	操作要求	计划时间 / h

（三）产品感官质量评价

（填写说明：从产品的外观、色泽、组织状态，风味等进行感官质量评价。）

____

____

（四）有关安全注意事项及防护措施

（填写说明：生产过程中的安全操作及防护要求。）

____

____

学习活动三 任务实施

建议学时：4 学时。

学习要求：按照西式发酵火腿生产实施方案中的内容，完成生产过程。生产过程中符合生产安全、食品安全、质量标准、现场“6S”管理等要求。工作流程及要求见表 20–12。

表 20–12 工作流程及要求

序号	工作流程	要求	学时安排	备注
1	设备及工器具的清洗消毒	按照设备及工器具清洗消毒规程按时完成上述工作		
2	原辅材料的准备	按照工艺配方准确计算并领取原辅材料		
3	实施生产加工	严格按照《西式发酵火腿加工工艺规程》执行，按时完成任务		
4	出厂检验			
5	物流配送			
6	评价			

一、安全注意事项

请结合在实训室生产时的安全事项，写出本任务需要注意的安全事项。

____

____

二、设备及工器具的清洗消毒

（1）请阅读下述材料，完成设备及工器具的清洗消毒，并做好记录（表 20–13）。设备及工器具的清洗消毒流程：清刮干净残留肉糜→清水刷洗→清洁剂刷洗→清水冲洗→消毒液消毒→清水冲洗→沥干水分→定点定位放置。

表 20–13 清洗消毒记录表

设备及工器具名称	清洗消毒方法	完成人	完成时间	是否完成

续表

设备及工器具名称	清洗消毒方法	完成人	完成时间	是否完成

（2）相关要求：同“任务一　屠宰加工猪”设备及工器具的清洗、消毒相关要求。

三、原辅材料的准备

按照工艺配方准确计算、领取原辅材料，并完成原辅材料准备记录，具体见表20-14。

表 20-14　原辅材料记录

序号	原辅材料名称	用量	完成人	完成时间
1				
2				
3				
4				
5				
6				
7				
8				

四、实施生产加工

严格执行《西式发酵火腿加工工艺规程》，按时完成任务，并填写生产记录（表20-15）。

表 20-15　西式发酵火腿生产记录

序号	生产步骤	标准、要求	操作人	完成时间要求
1				
2				
3				
4				
5				
6				

续表

序号	生产步骤	标准、要求	操作人	完成时间要求
7				
8				
9				
10				

五、出厂检验

请写出西式发酵火腿的出厂检验项目。

____

____

六、物流配送

请分析并写出西式发酵火腿物流配送过程中需要注意的问题。

____

____

学习活动四　任务评价

建议学时：0.5 学时。

学习要求：通过最后的任务评价，学生能明白做事要善始善终，知道自己掌握了多少，知道自己要努力的方向。

分小组按照任务评价表要求进行评价（表 20–16）。

表 20–16　任务评价表

项次	项目要求		配分	评分细则	自我评价	小组评价	教师评价
素养（20分）	纪律情况（5 分）	按时到岗，不迟到、早退	2 分	缺勤全扣，迟到、早退出现 1 次扣 1 分			
		积极思考、回答问题	2 分	根据上课统计情况得 1~2 分			
		学习用品准备	1 分	自己主动准备好学习用品并齐全得 1 分			
		执行教师命令	0 分	此为否定项，违规酌情扣 10~100 分，违反校规按校规处理			

续表

项次	项目要求		配分	评分细则	自我评价	小组评价	教师评价
	职业道德（6分）	主动与他人合作	2分	主动合作得2分，被动合作得1分			
		主动帮助同学	2分	主动帮助同学得2分，被动帮助同学得1分			
		严谨、追求完美	2分	对工作精益求精且效果明显得2分，对工作认真得1分，其余不得分			
	“6S”（4分）	桌面、地面整洁	2分	自己工位的桌面、地面整洁无杂物得2分，不合格不得分			
		物品定置管理	2分	按定置要求放置得2分，其余不得分			
	阅读能力（5分）	快速阅读能力	5分	能快速准确地明确任务要求并清晰表达得5分，能主动沟通并在受指导后达标得3分，其余不得分			
核心技术（60分）	接受任务（15分）	识读计划单	5分	能全部完成任务得5分，其余视情况得1~4分			
		确定生产工艺和设备	5分	能全部完成任务得5分，其余视情况得1~4分			
		编写任务分析报告	5分	能全部完成任务得5分，其余视情况得1~4分			
	制订方案（15分）	编制工作流程	5分	能全部完成任务得5分，其余视情况得1~4分			
		编制仪器设备清单	5分	能全部完成任务得5分，其余视情况得1~4分			
		编制原辅材料清单	5分	能全部完成任务得5分，其余视情况得1~4分			
	任务实施（30分）	编制生产方案	5分	能全部完成任务得5分，其余视情况得1~4分			
		设备器具清洗消毒	5分	能全部完成任务得5分，其余视情况得1~4分			
		原辅材料准备	5分	能全部完成任务得5分，其余视情况得1~4分			
		生产加工	15分	能全部完成任务得15分，其余视情况得1~14分			

续表

项次	项目要求		配分	评分细则	自我评价	小组评价	教师评价
工作页完成情况（20分）	按时、保质保量完成工作页（20分）	按时提交	4分	按时提交得4分，迟交不得分			
		书写整齐度	3分	文字工整、字迹清楚得3分			
		内容完成程度	4分	视完成情况分别得1~4分			
		回答准确率	5分	视准确率情况分别得1~5分			
		有独到的见解	4分	视见解程度分别得1~4分			
合计			100分				
总分[加权平均分（自我评价占20%，小组评价占30%，教师评价占50%）]							

学习活动五　相关知识

一、西式发酵火腿生产工艺

（一）工艺流程

原料肉选择→原料肉修整→腌制→清洗、整形及风干→熟化→包装→入库。

（二）工艺配方

猪后腿肉，颗粒状海盐的用量为肉重的6%。

（三）操作要点

1. 原料肉选择

选择生长9个月以上、体重在145 kg以上的长白猪作为原料猪，以单只猪腿重量不低于10 kg的猪后腿为原料肉。这个时期的猪肌肉中水分含量较少，在上盐阶段不会因吸收过多的盐分而造成火腿含盐量过度增加，有利于形成西式发酵火腿特有的风味。通过公司的屠宰车间屠宰后，经过24 h冷却、排酸以备用。

2. 原料肉修整

将选好的猪后腿肉进行修整，去掉后蹄，皮要包住后腿骨，后腿部位不能有过深刀口。同时修去淤血、碎骨等，尤其是必须将猪毛及其他异物挑出，股骨部分必须把周边的碎肉清理干净，否则极易感染微生物，造成猪腿腐败。

3. 腌制

（1）一次上盐：时间为5~6 d。上盐前，先用按摩机对猪腿进行轻微按摩，以挤压出静脉残留的淤血，疏松肌肉组织，以便于上盐。称重后将猪腿置于上盐平台，先用湿盐（按25 kg盐：10 L水搅拌均匀）搓拭猪腿表皮，同时用干盐覆盖猪腿其他部位，上盐量为原料肉的4%，最后把火腿置于温度为2~3 ℃、湿度为

80%~85% 的上盐间内，直至原料肉失重 1.5%~2%，期间要求火腿表面盐度必须保持在 70%~80%。

（2）二次上盐：时间为 6~7 d。当原料肉失重 1.5%~2% 时，将猪后腿表面剩余的盐去掉，用猪腿用按摩机挤压按摩，疏松肌肉组织，促进盐分均匀平衡地渗透到猪腿当中，上盐时表皮用湿盐，其他部位用干盐，上盐量为肉重的 2%。二次上盐的湿度要低于一次上盐的湿度，调整至 70%~80%，这有利于火腿表面温和地脱水，然后调节上盐间的温度为 2~3 ℃，至猪后腿中心盐度必须保持在 70%~80%，失重达到原料肉的 3.5%~4%。

（3）去盐：二次上盐后，使用刷子将猪后腿表面的盐粒去掉，保证猪后腿表面无盐、无异物。最后用低压水喷头对猪腿表面进行清洗，保证火腿表面无血污、盐粒。

（4）预腌制：时间为 2 周左右，火腿在该阶段会发生强烈的干燥作用。猪腿清洗干净后，使用砸绳机将火腿悬挂在架子上，较高处猪腿使用提升机将架子放下悬挂。将架车放置在预腌制间，设置温度为 3~5 ℃，相对湿度为 60%~75%，直至失重达到原料肉的 9%~10%。

（5）腌制：将预腌制间装有猪腿的架车拉至腌制间，进入腌制阶段，控制腌制间温度为 3~5 ℃，调整相对湿度为 65%~80%，直至失重达到原料肉的 18%~20%，大约需要 14 周时间。

4. 清洗、整形及风干

腌制后，使用 40~45 ℃温水对猪腿进行高压清洗，可以有效防止火腿感染微生物而造成火腿腐败。期间要检查蒸汽的压力与清洗机中水的温度，同时清洗操作应在干燥通风的环境下进行。清洗完毕，保证火腿表面无残余盐分和不洁物。沥干水后，逐只进行整形，修成鸡大腿形，然后将猪腿在室温中静置 1~2 h，进入风干间，使温度由 24 ℃至 14 ℃，逐渐降低，直至失重并达到原料肉的 21%~23%，一般会持续 1 周左右。

5. 熟化

熟化阶段是一个长时间的过程，大概需要 14 周左右的时间。在熟化阶段，会产生很多生化反应及酶反应，该反应对猪腿风味、香味、口感及消化特性的形成至关重要。该阶段分为预熟化、热熟化、冷熟化。预熟化阶段温度为 13~15 ℃，该阶段结束后要在猪腿表面抹上猪油，可有效防止火腿过度干燥。热熟化阶段湿度为 18 ℃。冷熟化阶段温度为 13~15 ℃，相对湿度在 75%~93%，至失重且达到原料肉的 28%~30%。

6. 包装

（1）最终包装产品前，需全部用马骨针进行感官质量检验，防止出现坏腿。

（2）进行产品包装时，要求环境温度控制在 15 ℃以下，同时火腿内包装材料应符合《复合食品包装袋卫生标准》（GB 9683—1988）的规定，外包装为瓦楞纸箱，外包装应符合《运输包装用单瓦楞纸箱和双瓦楞纸箱》（GB/T 6543—2025）的规定。包装要牢固、防潮、整洁、美观、无异气味，便于装卸、仓储和运输。

7. 入库

产品检验合格后应立即进入成品库，库温为 0~4 ℃。

二、西式发酵火腿的质量指标

（一）西式发酵火腿的感官质量标准（表 20-17）

表 20-17　西式发酵火腿的感官质量标准

项目	要求
针香	具有该产品特有的香气（采用马骨针检验）
外观	腿心饱满，切面露股骨头，刀工平洁，皮面平整
色泽	表皮有光泽，肉面光滑油润，肌肉切面呈深玫瑰色，脂肪切面呈白色或微红色，有光泽
组织形态	皮与肉不脱离，肌肉干燥细致，肉质细嫩，切片平整，有光泽
气味及滋味	肉质细嫩，口感鲜美，回味悠长
杂质	无肉眼可见的外来杂质

注：针香指马骨针插入火腿肌肉内拔出后散发的香气；腿心指火腿的股骨部位。

（二）西式发酵火腿的理化指标（表 20-18）

表 20-18　西式发酵火腿的理化指标

项目	要求
水分（以瘦肉计）	30%~32%
盐分（以瘦肉中的氯化钠计）≤	11%
过氧化值（以脂肪计）/（g/100 g）≤	0.15
亚硝酸盐（以亚硝酸钠计）/（mg/kg）≤	2.5

（三）西式发酵火腿的微生物指标（表 20-19）

表 20-19　西式发酵火腿微生物指标

项目	要求
菌落总数（CFU/ cm^2）	≤ 30
沙门菌	不得检出
金黄色葡萄球菌	不得检出
大肠埃希菌	不得检出

三、西式发酵火腿的种类及特点

（一）西式发酵火腿的种类

西式发酵火腿历史悠久，最早甚至可以追溯到罗马帝国，已有近 2000 年历史，因此种类较多。比较著名的西式发酵火腿品种有美国的乡村火腿、西班牙的伊比利亚火腿、意大利的帕尔玛火腿和德国的西发里亚火腿等。其中最具有代表性的是意大利的帕尔玛火腿，它经腌制和风干而成，但不经过烟熏。它与我国的金华火腿和西班牙的伊比利亚火腿并称为“世界三大火腿”。

（二）西式发酵火腿的特点

西式发酵火腿是以猪后腿为原料，添加食用盐为辅料，经修整、腌制、自然发酵、包装等主要工艺加工制成的具有发酵风味的可直接食用的火腿。西式发酵火腿是当今世界上与奶酪、红酒齐名的健康营养发酵食品，在欧洲发达国家，西式发酵火腿作为传统美食的代表，以其独特的生产工艺、醇正的口感风味、顶级的品质质量，称为高档宴席上不可或缺的重要菜品，是健康和品位的象征。我国传统的干腌火腿（如金华火腿等）也属于发酵火腿的范畴。相比而言，中式发酵火腿和西式发酵火腿都是以整条猪后腿为原料生产，经过腌制、发酵等工艺，但不同的是，传统的中式发酵火腿需要加热才能食用，而西式发酵火腿可生食。

西式发酵火腿经过微生物发酵成熟，主要是肉的蛋白质、脂类在加工过程中发生生物化学变化，包括蛋白质的降解和脂类的氧化水解。与其他肉制品相比，其突出的特点包括以下几点。

（1）生产工艺独特，营养价值在所有肉制品中名列前茅。发酵过程中，微生物发酵产生蛋白酶，将肉中的蛋白质分解成氨基酸和肽，同时形成一些风味物质，如酸类杂环化合物、醇类、核苷酸和氨基酸等；生产全程温度控制在 28 ℃以下，无加热过程，确保营养不流失，最大程度地保留了肉的营养。

（2）无任何添加剂，保证食品安全。生产过程中只用食盐，无任何添加剂，通过猪腿原料中自有微生物的发酵，对致病菌和腐败菌起到抑制作用，保证产品的安全性。

但低温发酵限制了发酵速度，造成西式发酵火腿的自然发酵时间长、成本高，故售价较高。由于口味和价格等方面的原因，其在我国还不能被消费者广泛认可。

拓展阅读

附录　肉制品生产车间卫生管理规程

为规范肉及肉制品生产车间各环节的卫生管理，确保食品安全，结合肉类企业生产特点编写肉制品生间车间卫生管理规程，供师生们学习参考。本规程从“控制目标、控制措施、纠偏措施、监控和记录保持”四个方面着手，分别对“生产用水（或冰）的控制、食品按触表面及环境的卫生控制、交叉污染控制、卫生设施控制、污染物控制、化学药品控制管理、员工健康与培训、虫害控制”等八个环节进行规范。具体如下：

一、生产用水（或冰）的控制

（一）控制目标

确保生产用水（或冰）安全、卫生，防止生产用水（或冰）受到直接或间接的污染。

（二）控制措施

1. 水源

车间生产用水水质必须符合《生活饮用水卫生标准》（GB 5749—2022）要求，即：菌落总数≤ 100 CFU/mL，总大肠菌群每 100 mL 水样中不得检出；0.02 mg/L ≤二氧化氯水管末端检测值＜ 0.8 mg/L（余氯：水管末端检测值≥ 0.05 mg/L）（二氧化氯或余氯指标仅限于检测使用氯消毒的生产用水）。

2. 水的管理与处理

水源来自于市政自来水或自备井水，生产用水由专业水处理人员负责管理，使用前经过消毒处理，保证水质的安全卫生。

3. 防止饮用水与污水的交叉污染

工厂供水网络图应清楚标识：加工热水管用红色、冷水管用绿色加以区别；每个水管出水口都应该有编号，并明确标识；通往加工车间的主输水管安装防虹吸的单向阀。在生产用水管道和非生产用水管道之间不应该有交叉联接。每月对生产用水管道进行检查，并将结果记录存档。

4. 废水排放

生产过程中脚踏消毒、洗手消毒、刷洗设备、工具、器具、冲洗地面等产生的废水直接排入下水道，排放应当通畅，不得倒流。

5. 水（冰）的检测及制冰设备的要求

专业检测人员每天开工生产前对水（冰）质进行感官质量检验，并将检验结果记录存档。每周接取生产用水水管末梢或总水管水样至少 1 个，化验室对其微生物指标进行检测，每半年至少将所有水管末梢水样的微生物指标、二氧化氯或余氯含量循环检测一遍；生产用冰参照生产用水检测标准，保证每台制冰机每周检测一次微生物指标，取水（冰）时，应注明水管（冰机）编号，并出具检验报告。每年不低于 2 次由有资质的第三方检测机构对水质进行检测，检测报告存档备查。

设备清洗：连续生产时，每天按要求对制冰设备和盛装冰块的器具进行清洗消毒；不连续生产时，每次开工生产前和每次生产结束后要彻底刷洗制冰设备和盛装冰块的器具。

设备、工器具清洗消毒程序：清理附着物→清水冲洗→清洁剂刷洗→清水冲洗→ 0.01%~0.02% 次氯酸钠消毒液消毒 30 min →清水冲洗。

（三）纠偏措施

（1）如果有虹吸管倒流及生产用水和非生产用水管道之间交叉连接现象，必须立即采取有效措施防止污染，同时保证这种现象不再发生。若已经造成污染，该段时间内的产品按不合格品处理。

（2）当出现检测指标不符合要求时，首先终止该水源的使用，查找原因，直至该水源重新检测合格后方可继续使用，同时将该时间段生产的产品进行隔离、检测、评估。

（3）消毒液浓度达不到要求的，由卫生消毒专业人员按照规定浓度重新配制。热水消毒时水温度不达标的加热达标后重新消毒。

（4）生产设备、工器具等卫生检查不合格时，不允许生产使用，由品控人员监督车间人员重新清洗消毒，直至合格，并查找原因，采取措施，必要时对产品分时间段进行隔离送检，根据检测结果进行处理。

（四）监控和记录保持

生产车间负责填写设备、工器具等的刷洗消毒记录；企业化验检测室负责出具日常水质检验报告。有资质的第三方检测机构出具第三方水质检测报告。品控人员对消毒液的配制、卫生清理及消毒效果进行监督检查，根据检查结果填写卫生消毒检查表。记录保存期限不低于两年。

二、食品接触表面及环境的卫生控制

（一）控制目标

所有生产中使用的工器具、设备设施和接触产品的接触面必须清洁卫生。

（二）控制措施

1. 与产品相接触的设备设施、工器具等接触面的要求

无毒、无吸收性、不易碎且光滑；不使产品着色或锈蚀，耐腐蚀和磨损；严禁

使用木制品、皮革制品及纤维织物等；不会因热水、清洗剂和消毒剂进行清洗、消毒而发生破损或变化；由易于清洁和保持卫生的材料制成。

2. 清洗消毒原则

清洗消毒过程中应遵循由清洁区至污染区、由上至下、由内向外的原则，并避免因飞溅而再次造成污染。

3. 清洗消毒方法

连续生产时，按要求对所有接触产品的设备设施、围裙、袖头、工器具、室内空气、库房等进行消毒。生产中同一设备或工器具换产品品种生产时，如果配方不同，也同样应当按要求对设备和专用工器具进行刷洗。

不连续生产时，每次开工前和每次生产结束后，要彻底刷洗相关设备、工器具、工作案等。

4. 食品接触面清洁状况的监督检测

专业品控人员随时对消毒药品的配制方法（或浓度）、消毒用热水温度等进行监督检查。每天负责对设备、工器具、地面、传送带等卫生消毒情况进行监督检查，符合卫生要求后方可生产，并将结果记录存档；每周对车间机器设备、工器具等卫生消毒效果进行检测验证 1 或 2 次。

检测室负责每月至少对空气的卫生消毒情况进行 1 次微生物检测，并将结果记录存档，检测报告应传递给企业及车间管理人员。

（三）纠偏措施

（1）对消毒液浓度达不到要求的，由卫生消毒人员按照规定浓度重新配制；消毒水温达不到要求的，要升温至水温符合要求。

（2）车间设备、工器具等卫生检查不合格时，不允许生产使用，由品控人员监督车间重新清洗消毒，直至合格，并查找原因，采取措施，必要时对产品分时间段进行隔离送检，根据检测结果进行处理。

（3）若发现空气检测有不合格，应查找原因，并采取再清洁、再消毒措施，以达到清洁效果。

（四）监控和记录保持

车间负责出具对设备、工器具等的刷洗消毒记录。检测室对空气的卫生情况进行检测，并出具检验报告。品控人员对消毒液的配制、现场卫生打扫情况进行监督检查，根据检查结果填写卫生消毒检查表。所有记录保存期限不低于两年。

三、交叉污染控制

（一）控制目标

做好人员卫生、产品流程和储存等控制，防止产品造成交叉污染。

（二）控制措施

1. 车间布局

屠宰车间划分为非洁净区和洁净区；肉制品加工车间划分为生区和熟区。其中高温肉制品生产车间以杀菌工序为界，之前为生区，之后为熟区；低温肉制品生产车间以蒸煮卤制工序为界，之前为生区，之后为熟区。不同清洁程度的作业区分别有独立的人员通道进入生产区，生区、熟区职工的出入口、更衣室、卫生间等严格分开。不同清洁程度的作业区应当设立独立的工器具刷洗间。

2. 人流、物流、气流方向

（1）人流：生区与熟区（或非洁净区与洁净区）的职工工作期间不得相互串岗，不同工种的人员穿戴不同颜色的工作衣、帽加以区分。例如：高温肉制品生产车间生区可以穿戴淡蓝色、熟区可以穿戴白色工作衣帽区分；低温肉制品生产车间生区可以穿白色、熟区可以穿戴粉红色工作衣帽区分，其他专职打扫卫生人员、维修人员等非直接接触产品人员一律不得穿戴与直接接触产品人员同样颜色的工作衣帽。生区从事生制品加工的人员不得直接或间接接触熟制品，必要时应先对手进行彻底清洗、消毒，并二次更换工作衣后方可直接或间接接触熟制品。

（2）工器具：生、熟产品（或非洁净区与洁净区的产品）使用的工器具和设备不应当交叉使用。例如装生原料肉用的小料斗车、腌制盒等全部为生制产品生产用工器具，不得用来盛放裸露的熟制产品；盛放熟制产品的周转筐全部为熟制产品生产工器具，生制产品不应该使用；生、熟产品都用到的同类工器具应当用不同的标识加以区分。

（3）产品：生、熟产品严禁存放在同一库内，熟制品在成品库中不能无包装存放；运送生制品和熟制品不应该共用一个通道。

（4）原辅包装材料：车间所使用的原辅材料、内包装材料、外包装材料，分别由不同的入口进入车间。

（5）废弃物：废弃物放在回收废弃物的带盖密闭容器中，每班由专职卫生消毒人员从各区域的垃圾出口送出。

（6）气流：车间内设有空气调节装置，保证车间所需温度及气流从高清洁区流向低清洁区，直接与生产车间相通的风道应保持清洁和畅通，有防尘过滤装置，避免对产品表面的污染。

3. 人员卫生控制

（1）每个班次的员工上岗前均由车间安排专职卫生员对员工个人物品进行排查，非生产必须品不应当带入车间内部，例如员工个人带的外用药膏、药水、护肤品等私人物品统一上交、统一存放、专人管理，上岗前及生产过程中不允许使用，生产结束后方可归还员工，否则不得从事直接接触产品的工作。

（2）淋浴间保持卫生清洁，车间统一配备洗浴用品，更衣柜保持干燥卫生，生产加工人员不应当携带洗浴用品进入更衣室或将洗浴用品存放在更衣柜内，以防更衣柜发霉。

（3）生产加工人员工作期间衣帽穿戴整齐，工作服每天更换一次，并按工序分类收集后送到公司洗衣房清洗消毒，工作服的周转过程应使用整理箱等密闭容器装运。

（4）生产加工人员进入车间不准戴饰物，不得化妆，不得留长指甲，不得涂指甲油，不得留长胡须，头发不得外露；养成良好的卫生习惯，勤洗澡、勤理发、勤换衣服、勤剪指甲；穿工作衣不得乱坐、乱躺，以防污染工作衣；禁止在车间内生产场所吃东西，禁止随地吐痰。生产期间应当全程配戴口罩，并按要求戴手套。

（5）生产加工人员手部必须按要求进行清洗消毒，具体手洗消毒程序如下：双手用清水清洗→用清洗剂洗→用指甲刷刷指甲→用清水冲洗→烘干→用免冲洗手部消毒液涂抹消毒（或用75%食用酒精喷洒消毒）。

（6）非生产加工人员禁止进入食品生产场所，特殊情况下进入时应遵守和生产加工人员同样的卫生要求。

（7）人员进出生产车间流程包括以下几个方面。

进入车间流程：进入第一更衣室（脱去外衣、鞋）→进入第二更衣室（穿戴工作衣、工作帽、口罩、胶鞋）→风淋室风淋→手洗消毒、脚踏消毒→烘干→刮黏→进入生产车间。

去、返卫生间流程：出生产车间→手洗脚踏消毒走廊→进入第二更衣室（脱掉工作衣、工作帽、口罩、胶鞋，换上拖鞋）→卫生间门口（换卫生间专用拖鞋）→进卫生间→出卫生间（门口换拖鞋）→第二更衣室（穿戴工作衣、工作帽、口罩、胶鞋）→风淋室风淋→手洗消毒、脚踏消毒→烘干→刮黏→进入生产车间。

生产结束离开车间流程：出生产车间→手洗脚踏消毒走廊→进入第二更衣室（脱掉工作衣、工作帽、口罩、胶鞋，换上拖鞋）→进入第一更衣室（穿外衣、鞋）→离开更衣室。

注：第二更衣室内，配备有一次性口罩、已清洗消毒的工作衣和胶鞋，另外分别配备有收集待洗工作衣和胶鞋的密闭容器，收集后由专人送洗衣房清洗消毒。

（8）人员进车间工作前清洗消毒程序包括以下几个方面。

入车间前手洗消毒程序：双手用清水清洗→用清洗剂洗→用指甲刷刷指甲→用清水冲洗→烘干→用免冲洗手部消毒液涂抹消毒（或用75%食用酒精喷洒消毒）。

用后的指甲刷要放入消毒盒内，每个消毒盒内配备多个指甲刷，以备轮换消毒使用，每次用后放回消毒盒内，用0.01%~0.02%次氯酸钠消毒液浸泡消毒，刷头朝下浸入消毒液中，消毒后再由下一个人使用，防止交叉污染。

根据风淋室容量，每次进入风淋室的人数不得超过限定人数，确保人员之间有足够的间隙，风淋时转动身体，风淋时间不低于 15 s。

胶鞋在车间入口处脚踏消毒，池中用 0.02%~0.03% 次氯酸钠消毒液脚踏消毒。

专职卫生消毒人员按规定浓度配制指甲刷和脚踏消毒液，每 2 h 用试纸检测 1 次有效氯浓度，每 4 h 更换 1 次。

（9）出现下列情况的人员必须进行手洗消毒：①每次进入车间前；②被污染物污染之后或接触不洁物后；③从事与生产无关的其他活动之后；④离开生产加工现场再次返回之前。

4. 其他卫生控制

车间地面、下水道、墙壁应当保持清洁，每天随设备、工器具刷洗消毒时同步进行清洗消毒，地面保持干净卫生，无积水。天花板、灯具等环境设施每月至少彻底清理 1 次，品控人员对清理结果进行检查。

地面、下水道、墙壁清洗消程程序：清理附着物→清水冲洗→清洁剂刷洗→清水冲洗→ 0.02%~0.03% 次氯酸钠消毒液消毒 30 min →清水冲洗。

5. 人员卫生清洁状况的监督检测

品控人员随时对消毒药品的配制（或浓度）进行监督检查；每天负责对人员卫生清洁状况进行监督，符合卫生要求后方可参与生产，并将结果记录存档。

检测化验人员负责对人员的手每月至少进行 1 次微生物检测，并将结果记录存档，将检测报告结果及时报管理人员。

（三）纠偏措施

（1）若发现生产过程中存在生、熟交叉现象，则停止生产，对此期间加工的产品进行隔离评估。

（2）若发现未按要求的清洗消毒程序消毒、消毒药品浓度不达标、消毒效果达不到要求等情况，品控人员应监督重新配制、重新消毒，合格后方可参加正常生产，必要时对产品进行隔离、检测，根据检测结果进行处理。

（四）监控和记录保持

（1）由品控人员对生产过程中交叉污染、员工卫生、消毒药品配制、墙壁、天花板、灯具等进行检查，将检查结果填写在每日卫生消毒检查表中。

（2）对生产过程中出现的交叉污染情况，由责任单位分析原因，并填写相关的纠偏措施记录。

（3）由生产车间负责填写人员消毒记录。

（4）由检测人员负责出具对人员卫生情况的检验报告。

四、卫生设施控制

（一）控制目标

通过配备必要的手洗消毒设施、卫生间和淋浴间等设施，并加以维护，为清洁生产和食品安全提供硬件保障。

（二）控制措施

1. 洗手消毒设施的设置和维护

（1）车间入口处必须设立足够数量的手洗消毒设施，原则上每 10 人 1 个水龙头（超过 200 人时，每增加 20 人，增加 1 个水龙头），若可使用的水龙头数量不足，人员需分批次进入车间，并配备洗手液、消毒液、干手设施及垃圾容器，保证人员能够按照要求进行手洗消毒。

（2）手洗消毒设施水龙头为非手动开关，排水必须畅通。

2. 卫生间、淋浴间设施的设置和维护

（1）在生产车间外设立卫生间、淋浴间，卫生间、淋浴间的门能自动关闭。卫生间内应当配备卫生纸、废纸桶、洗手消毒设施；淋浴间内设置有冷、热水管和足够数量的淋浴喷头，保证每 20~25 人 1 个淋浴头。

（2）卫生间的便池为水冲式，下水道应当畅通，以便于及时冲洗，水压适中，冲水时确保不向外飞溅且能冲洗干净。

（3）卫生间、淋浴间内要安装照明、排风扇等设备设施，通风良好，并安装有防蚊蝇设施。

3. 卫生间、淋浴间、更衣室的卫生控制

（1）更衣室内有足够数量的更衣柜，做到一人一柜，室内卫生每班由专人打扫。

（2）卫生间、淋浴间、更衣室每班由专职人员按规定清理干净并消毒，保持地面、墙裙及配套设施清洁。

（三）纠偏措施

当发现洗手消毒设施、淋浴间和卫生间设施损坏时，及时通知维修工修理、更换或补充。

（四）监控和记录保持

（1）卫生监督人员经常对手洗消毒设施、卫生间和淋浴间设施进行检查，发现问题后，及时通知维修，确保其保持良好的状态。

（2）由品控人员每天对洗手消毒、卫生间、淋浴间等设施进行检查，并将检查结果填写在每日卫生消毒检查表中。

五、污染物控制

（一）控制目标

通过对冷凝水、设备维修零部件废弃物、地面积水、落地肉糜、玻璃、私人物品、包装材料等的控制，防止污染物对产品、包装材料的污染。

（二）控制措施

1. 对外来物的控制

（1）专业维修人员确保车间内排风、换气系统正常运行，避免生产区、储存区内形成冷凝水，防止冷凝水对产品、产品接触面及包装材料的污染。

（2）车间内机器设备按时维护保养，防止因零部件等松动或损坏而混入产品中。

（3）维修人员维修和保养设备时，严格按相关要求进行操作，维修后及时清理干净并清洗消毒，避免维修产生的废弃物及润滑剂等污染产品。与食品有可能直接接触的设备部位应当用食品级润滑剂。

（4）车间内地面保持干燥，不能存有积水，以免工器具通过时产生迸溅而造成污染。

（5）若肉糜落地污染，则直接报废；若大块原料肉落地，应当先修整再清洗干净并消毒后方可投入使用。

（6）车间产品外包装以前工序生产区安装的照明设施，应使用安全型照明设施或采取防护措施，以防止因灯具破碎而混入产品中。

（7）所有生产区、产品贮存区等应当不存放私人物品。

（8）任何进入生产车间的人员不得佩戴首饰、手表，不得携带任何与生产无关的物品。

（9）车间内生产设施维修、保养后应立即进行现场清理，并进行消毒。

2. 对包装材料控制

（1）购进的包装材料必须由供应商提供相关证件和检测报告。

（2）包装材料必须经检验、检测合格后，库管员才能办理入库手续；检验不合格禁止接收使用。

（3）应将外包装码放在干净卫生的垫板上，防止潮湿，码放要整齐，并与天花板保持一定距离，堆垛与地面距离不少于 10 cm，与墙壁距离不少于 30 cm。

（4）内包装材料应当有专库存放，不得与外包装材料混放；未打开的内包装材料按品种规格放置于干净的垫板上，摆放整齐；打开使用的内包装材料按品种规格放置于干净的塑料器容中；内包装材料使用前需进行消毒（一般采用紫外线消毒），并做好消毒记录。

（5）包装材料库内不得存放与包装材料无关的物品，库管员对库房卫生进行打扫，确保其卫生、整洁。

（6）内、外包装材料按不同品种、规格码放，并进行标识。

（7）库管员根据生产需要发放内、外包装材料，做好包装材料入调存记录，并及时收集、反馈包装材料卫生和质量信息。

3. 产品贮藏和运输卫生控制

（1）库房内设置待检区、合格品区、不合格品存放区，入库产品分区域存放，库内不得存放有碍卫生的物品。

（2）入库产品应按照不同品种、不同规格、不同生产批次分别离墙、离地码放，产品的码放要整齐、美观，标识要清楚，做到先进先出。

（3）库房卫生要经常打扫，保持库内清洁、卫生，地面墙面应光滑、无裂缝、无积尘、无积水、无霉变。

（4）常温成品库保持卫生、阴凉、通风、干燥，低温成品库库温按工艺要求控制（一般为0~4 ℃，有特殊要求的按要求控制），速冻产品存放库库温控制在-18 ℃以下。

（5）使用运输工具前，应对车辆进行清洗，用0.02%~0.03%次氯酸钠消毒液进行消毒。

（6）冷藏运输工具应清洁卫生、无异味、保温或制冷性能良好。

（7）在装卸过程中，要轻搬轻放，严防产品落地。

（8）产品交付时，品控人员对产品质量、车辆卫生进行检查，并做好记录。

4. 对玻璃的控制

（1）生产现场使用的玻璃制品通常包括玻璃窗、设备仪表盘（真空表、压力表、温度表）、配电柜电表（电流表、电压表）、消防箱玻璃门、安全出口标示、灭蝇灯、照明灯、紫外杀菌灯等。生产现场安装的温度计、钟表等不应当使用玻璃制品，应当用不易破碎的类似玻璃的透明材料或透明装置替代。

（2）根据实际情况，对生产场所易碰触到的玻璃窗、设备仪表盘、消防箱玻璃门、安全出口标示等应当加贴玻璃纸、塑料膜或加固塑料套；生产区域及车间内部库房照明灯具全部应当加装防爆灯罩，防止其破损后造成对产品的污染。

（3）车间对生产现场的玻璃制品建立台账，并设置专人每天检查一次本车间内所有的仪表盘、灯管、玻璃窗等玻璃制品的完好性，发现破损迹象的及时更换，并做好更换情况记录。

（4）生产过程中原则上严禁携带玻璃制品进入车间，有特殊情况（如维修人员更换灯管）时，应做好玻璃制品的隔离、防护，并对带入和带出的数量进行清点核对。

（三）纠偏措施

（1）如果发现车间内有冷凝水，则要求车间必须将冷凝水清理、擦拭干净后方可开始生产，同时通知维修施工人员对设施进行改进，增加通风设施，防止冷凝水凝结污染产品。

（2）如果被飞溅物污染，必须保证在重新开始生产前，对该区域进行清洗消毒，并对受到污染的产品进行隔离评估。

（3）如果发现维修现场没有及时清理、地面有积水、照明设施无防护措施等，应当及时进行清理、消毒、安装防护措施。

（4）如果发现有人进入车间时带有手表、首饰等私人物品，应及时将私人物品收缴，在车间外统一保管。

（5）对接收时发现的不合格包装材料，不应当接收；对发放时发现的不合格包装材料，应进行隔离和标识，严禁使用；对使用时发现的不合格包装材料，应当由职工挑出，不应当使用。

（6）运输车辆不符合卫生要求时，应重新清洗消毒，合格后方可发货。

（7）运输车辆保温或制冷性能达不到要求时必须重新调整，合格后方可发货使用。

（8）玻璃制品因任何原因发生破碎时，应当立即停止生产，并通知组长、当班主任和品控人员等管理者，并在当班主任、品控人员的指导和监控下，对事故现场可能受到易碎物品碎片污染的所有原辅材料、半成品或成品进行识别、隔离，按照不合格品处理。

（9）生产车间对出现的事故应彻底查明原因，形成书面报告，确定纠正和预防措施。

（10）生产车间按照纠正和预防措施及时对使用玻璃制品的设备设施进行维修，清理事故现场，经品控人员检查无隐患后方可重新开机继续生产。

（11）品控人员及管理者排查出现不加贴玻璃纸或防护不合格等现象时，应当立即督促车间及时整改。

（12）生产车间及相关操作人员应填写相关玻璃器具的检查情况记录。

（四）监控和记录保持

（1）设备维修部门负责做好设备的维修与保养，并填写设备维修与保养记录。

（2）品控人员每日对车间进行巡回检查，并填写卫生消毒检查表。

（3）制冷人员监控库房温度，并做巡查监控记录。

（4）负责发货人员做好成品发货记录。

（5）生产车间及相关操作人员应填写玻璃制品检查记录。

六、化学药品控制

（一）控制目标

通过对化学物品（包括润滑剂、清洗剂、消毒剂等）的正确购置、标识、贮存及使用，防止化学物品对产品、包装材料及产品接触表面造成污染。化学物品包括以下几类。①润滑剂：食品级润滑油、非食品级润滑油。②清洗剂：手洗和餐具用洗洁精、碳酸钠、泡沫清洗剂、抑菌洗手液等。③消毒剂：乳酸、75% 食用酒精、次氯酸钠消毒液、手消毒剂等。④其他：油墨、溶剂等。

（二）控制措施

1. 化学物品的购置

（1）润滑剂购置时要分食品级和非食品级。

（2）所使用的清洗剂和消毒剂必须经品控人员检验合格，并有供应商提供的相关证件和检测报告。

2. 化学物品的正确贮存

（1）食品级和非食品级润滑剂分开存放，并加以标识，避免混淆。

（2）清洗剂和消毒剂的贮存区域应科学安排，做到通风、避光、阴凉。

（3）润滑剂、清洗剂和消毒剂等化学物品必须在生产车间外设立专库存放、专人保管。

（4）生产车间内不应当储存杀虫剂等有毒化学药品。

3. 化学物品的正确标识和使用管理

（1）生产区域使用食品级润滑剂时，必须用食品级润滑剂专用油枪，并在润滑剂加油枪上标明“仅用食品级润滑剂”。

（2）由专人每天对库存的清洗剂和消毒剂进行清点、核对和检查。

（3）清洗剂和消毒剂领用原则为谁使用谁领用，领用时由车间按每日所需领取，并填写相关的领用记录，非使用部门不得领用。

（4）清洗剂和消毒剂应由培训合格的专人进行配制，并做好消毒药品配制的相关记录，配制时由品控人员进行监督。

（5）生产车间外围虫害防控应当由有资质的虫害防控人员操作，使用的药剂及采取的方法不得违反国家规定的法律法规；杀虫剂等药物不得进入生产车间，用后的化学药剂容器由虫害防控人员回收处理，不应当随意丢弃。

（三）纠偏措施

（1）对标记不清或证件不符合要求的化学物品退回厂家，拒绝接收使用。

（2）储存不当的化学物品应及时转移至合适地方，不恰当使用化学物品的人员应当重新接受培训，受污染的产品应当隔离评估处理。

（3）对以上其他物品控制，发现不符合要求时，督促执行人及时整改，对已经造成产品污染的，要立即进行隔离评估处理。

（四）监控和记录保持

（1）化学物品发放人员负责填写发放记录，车间领取人员同时填写相关的领用配制记录。

（2）品控人员对化学物品的标记、贮存和使用情况每日进行检查，并填写每日卫生消毒检查表。

（3）有资质的虫害防控人员负责做好车间外围消杀虫害相关药物的使用记录。

七、员工健康与培训管理

（一）控制目标

对职工健康状况与食品卫生安全知识进行控制，防止传染性疾病对产品造成污染，防止加工人员质量意识不强造成产品污染。

（二）控制措施

1. 人员健康状况管理

（1）对象：从事产品生产加工、检验、管理及有关人员。

（2）健康检查要求：严格按照《中华人民共和国食品安全法》有关规定执行。凡患有霍乱、细菌性和阿米巴性痢疾、伤寒和副伤寒、甲型及戊型病毒性肝炎等消化道传染病的人员，或患有活动性肺结核等有碍食品安全疾病的人员，或患有各种皮肤病（如化脓性和渗透性皮肤病、裂纹、湿疹、蜕皮、皮肤癣等）的人员，不得从事接触直接入口食品的工作。

（3）凡受刀伤或其他外伤的人员，不得从事接触直接入口食品的工作。

2. 健康检查时间或频度

（1）企业每年组织生产环节员工在当地有资质的医疗机构进行一次健康检查，由检查部门统一发放健康证，生产环节员工必须持有效的健康证方可正常上岗；新进或临时工作人员必须取得健康证后方可上岗。

（2）每班上岗前由车间专职卫生消毒人员对人员健康情况进行检查确认，主要检查职工手部是否有外伤、各种皮肤病（如化脓性和渗出性皮肤病、裂纹、湿疹、蜕皮、皮肤癣等）及其他影响卫生安全情况的疾病，并做好岗前健康检查记录。

3. 人员培训

（1）培训对象：新进人员、转岗人员、CCP点操作人员、配料人员、设备机手、卫生消毒人员、特种设备操作工等特殊岗位人员及管理人员。

（2）培训相关要求：结合生产实际情况编写本单位年度、月度、新进员工培训计划，根据计划聘请外部专家或内部有师资资格的人员进行培训，内容包括产品质量控制、食品安全与卫生控制等知识。其中生产加工工艺规程、卫生标准操作规程、ACCP 计划书等均应当作为重点培训内容。

（3）因生产需要，调岗人员调岗前必须对其进行新岗位操作规程等知识培训。

（4）特殊岗位人员上岗前必须经专业技术知识培训，经考核合格取得资格证后方可上岗。

（5）所有参加培训的人员，培训结束后应当接受考核，考核合格后方可上岗。

（三）纠偏措施

（1）凡发现患有霍乱、细菌性和阿米巴性痢疾、伤寒和副伤寒、甲型及戊型病毒性肝炎等消化道传染病的人员，或患有活动性肺结核等有碍食品安全疾病的人员，或患有各种皮肤病（如化脓性和渗透性皮肤病、裂纹、湿疹、蜕皮、皮肤癣等）的人员，不得从事接触直接入口食品的工作，待确诊排除上述疾病或经治疗痊愈后，经报请当地卫生行政部门批准后方可继续从事接触直接入口食品岗位的工作。

（2）凡发现受刀伤或有外伤的人员，应立即对其进行调岗并采取妥善措施包扎防护，不得从事接触直接入口食品岗位的工作，痊愈后方可继续从事以上岗位工作。

（3）培训考核不合格者，应再次接受培训，直至培训合格为止。

（四） 监控和记录保持

（1）单位工会或人事部门负责组织员工到有资质的医疗机构进行健康检查。

（2）健康证存放于员工工作的部门、车间，建立职工健康档案，并由专人管理。

（3）培养员工形成自觉意识，发现自身身体不适并可能患有以上提及或未提及的有碍食品卫生的传染性疾病时，应主动要求调岗或请假休息。

（4）每天由各部门、车间专人负责对本部门、车间人员的健康情况进行检查，并填写人员卫生检查记录。

（5）培训过程中和培训结束后，由培训老师填写相关培训和考核记录。

八、虫害控制

（一）控制目标

保障生产区域和生产现场无虫、蚊蝇和鼠害等，确保食品安全。

（二）控制措施

（1）生产车间各入口处应当装有防蚊虫和老鼠的硬件设施，如安装带闭门器的自动关闭门、自动电动升降门、门帘、风幕、水幕、纱窗、灭蝇器、档鼠板等，所有下水道口均应当设有防老鼠进入的不透钢网盖。

（2）生产车间应当保持生产区域和生产现场卫生清洁，不创造滋生蚊虫等滋生物的条件。

（3）生产垃圾应密闭保存，存放场所应符合相关标准规定。

（4）企业应当配备有专业资质的人员从事生产车间外围虫害防控工作，或由第三方有资质的虫控公司负责。

（三）纠偏措施

（1）发现门窗封闭不良、下水道口网盖不严、排水口筛网破损、风幕无法正常使用等问题时，应当及时修复，确保能正常使用。

（2）厂区内发现老鼠、蚊蝇等虫害时，应由专职虫控人员及时清除，并查找进入原因，采取针对性的措施，以从根本上解决问题。

（四）监控和记录保持

（1）品控人员每天对厂区和生间车间的清洁消毒情况进行监督检查，并填写每日卫生消毒检查表。

（2）生产车间做好相关清洗消毒记录。

（3）专职虫控人员做好生产车间外围相关的虫控记录。

拓展阅读

参考文献

[1] 刘登勇 . 肉品加工机械与设备 [M]. 北京：中国农业出版社，2014.

[2] 孔保华 . 西式低温肉制品加工技术 [M]. 北京：中国轻工业出版社，2013.

[3] 孔保华，陈倩 . 肉品科学与技术 [M]. 北京：中国农业出版社，2018.

[4] 周光宏 . 肉品加工学 [M]. 北京：中国农业出版社，2009.

[5] 陈玉勇，赵瑞靖 . 肉品加工与检测技术 [M]. 北京：中国轻工业出版社，2018.

[6] 王玉田，马兆瑞 . 肉品加工技术 [M]. 北京：中国农业出版社，2008.

[7] 张学全 . 肉制品加工技术 [M]. 北京：中国科学技术出版社，2012.

[8] 许瑞，杜连启 . 新型肉制品加工技术 [M]. 北京：化学工业出版社，2016.

[9] 孙京新 . 调理肉制品加工技术 [M]. 北京：中国农业出版社，2014.